Simulation des Straßenverkehrs in der Großstadt

Jörg Dallmeyer

Simulation des Straßenverkehrs in der Großstadt

Das Mit- und Gegeneinander verschiedener Verkehrsteilnehmertypen

Jörg Dallmeyer
Frankfurt am Main, Deutschland

Basiert auf der Dissertation „Akteursorientierte multimodale Straßenverkehrssimulation" Johann Wolfgang Goethe-Universität Frankfurt a.M., 2013

ISBN 978-3-658-05206-5   ISBN 978-3-658-05207-2 (eBook)
DOI 10.1007/978-3-658-05207-2

Die Deutsche Nationalbibliothek verzeichnet diese Publikation in der Deutschen Nationalbibliografie; detaillierte bibliografische Daten sind im Internet über http://dnb.d-nb.de abrufbar.

Springer Vieweg
© Springer Fachmedien Wiesbaden 2014
Das Werk einschließlich aller seiner Teile ist urheberrechtlich geschützt. Jede Verwertung, die nicht ausdrücklich vom Urheberrechtsgesetz zugelassen ist, bedarf der vorherigen Zustimmung des Verlags. Das gilt insbesondere für Vervielfältigungen, Bearbeitungen, Übersetzungen, Mikroverfilmungen und die Einspeicherung und Verarbeitung in elektronischen Systemen.

Die Wiedergabe von Gebrauchsnamen, Handelsnamen, Warenbezeichnungen usw. in diesem Werk berechtigt auch ohne besondere Kennzeichnung nicht zu der Annahme, dass solche Namen im Sinne der Warenzeichen- und Markenschutz-Gesetzgebung als frei zu betrachten wären und daher von jedermann benutzt werden dürften.

Gedruckt auf säurefreiem und chlorfrei gebleichtem Papier

Springer Vieweg ist eine Marke von Springer DE. Springer DE ist Teil der Fachverlagsgruppe Springer Science+Business Media.
www.springer-vieweg.de

Geleitwort

Im letzten Jahrhundert war die Mobilität der Menschen durch die massenhafte Verbreitung des Automobils geprägt. Insbesondere Vororte und ländliche Regionen konnten von dieser Entwicklung profitieren. Der stetig ansteigende Verkehr hat dazu geführt, dass die Infrastruktur zunehmend ausgelastet ist und bspw. Staus nur schwer zu umgehen sind. Daneben haben Umweltwirkungen und steigende Benzin- und Dieselpreise zu einer neuen Wahrnehmung des Verkehrs geführt. Die Gestaltung von Mobilität in Städten und in ländlichen Regionen ist in den nächsten Jahrzehnten weltweit eine der Kernaufgaben für Politik und Wissenschaft. Dabei wird es immer wichtiger, die Verkehrsformen nicht individuell zu betrachten, sondern insbesondere auch die Interaktionen zwischen ÖPNV, Autos, Fahrrädern und Fußgängern zu berücksichtigen. Die dominanten Verkehrsmodelle sind derzeit überwiegend auf Autos fokussiert. Dabei zielt die Ausrichtung des am häufigsten genutzten Modells, des sog. Nagel-Schreckenberg-Modells, eher auf den Überland- und Autobahnverkehr und es lässt sich nur mit erheblichen Aufwand und signifikanten Anpassungen in einem urbanen Szenario nutzen.

Mit dem vorliegenden Buch geht Herr Dallmeyer umfassend auf den Stand der Forschung in der Verkehrssimulation ein und bewertet die unterschiedlichen Ansätze im Kontext der eingangs genannten Herausforderungen. Darüber hinaus schlägt er einen innovativen Ansatz zur urbanen, multimodalen Verkehrssimulation vor, die Simulation unterschiedlicher Verkehrsformen in einem städtischen Umfeld. Dabei nutzt Herr Dallmeyer die Technologie der Softwareagenten, so dass spezifische Präferenzen der Verkehrsnutzer sowie individuelles Verhalten realitätsnah repräsentiert werden können. Zusätzlich zu dieser technischen Innovation basiert der Ansatz von Herrn Dallmeyer auf der Nutzung frei verfügbarer Geodaten, so dass mit geringem zeitlichen Aufwand ein Verkehrssimulationsmodell einer Stadt generiert werden kann. Daneben werden in diesem Buch interessante Evaluationen zu dieser Verkehrssimulation präsentiert, die die breite Anwendbarkeit des Simulationsansatzes zeigen, welche von der Erforschung neuer Lernalgorithmen bis zu ökologischen Untersuchungen des Straßenverkehrs reichen.

Das Buch bietet Fachexperten damit viele neue Denkansätze und Hilfestellungen bei der akteursorientierten, multimodalen Verkehrssimulation in

Städten. Die Darstellung der Konzeption und Spezifikation des Simulationssystems ist hervorragend gelungen. Gerade wegen der systematischen Darstellung des Umfelds und der vorausgehenden Konzepte wird das Buch aber auch zu einer überzeugenden Einführung in die Verkehrssimulation, die sicherlich für „Neulinge" auf diesem Gebiet und praktische Anwender lesenswert und anregend ist.

Ich wünsche allen Lesern bei der Lektüre einen hohen Nutzen für ihr jeweiliges Arbeitsgebiet.

Trier   Univ.-Prof. Dr.-Ing. Ingo J. Timm

Danksagung

Das vorliegende Buch wäre ohne die großzügige Schaltung einer Anzeige durch meinen Arbeitgeber, der CID GmbH, in dieser Form nicht möglich gewesen. Ich möchte mich dafür herzlich bei Herrn Alexander Lörch für seine spontane Zusage bedanken.

Während meiner Zeit als Doktorand an der Professur für Wirtschaftsinformatik und Simulation der Goethe-Universität Frankfurt am Main wurde ich von verschiedenen Personen und Institutionen unterstützt.

An erster Stelle möchte ich mich bei meinem Doktorvater Prof. Dr. Ingo Timm für seine fortwährende Unterstützung auch über räumliche Distanzen hinweg bedanken. Seine Ratschläge haben diese Arbeit häufig gelenkt und abgerundet.

Mein Dank geht ebenso an Herrn Prof. Dr. Lars Hedrich, der seit meiner Zeit als studentische Hilfskraft in seiner Professur für Entwurfsmethodik ein Ansprechpartner für mich geblieben ist.

Mein Dank geht an die Stiftung Polytechnische Gesellschaft Frankfurt am Main (SPTG), die mir ein MainCampus doctus Stipendium gewährte und mir somit eine finanzielle und ideelle Förderung zukommen ließ. Besonders hervorheben möchte ich den persönlichen Einsatz von Herrn Dr. Wolfgang Eimer und Herrn Tobias Ullrich.

Ebenso möchte ich mich bei der Goethe Graduate Academy GRADE (vormals Otto Stern School for Integrated Doctoral Education (OSS)) bedanken, die mir ein Stipendium zur Anschubfinanzierung als Promotionsstudent gewährte und mir die Teilnahme an verschiedenen Seminaren ermöglichte.

Herzlichen Dank an meine aktuellen und ehemaligen Kollegen Dr. habil. Andreas Lattner, Prof. Dr. René Schumann, Dimitrios Paraskevopoulos, Tjorben Bogon, Yann Lorion, Pascal Katzenbach und Marion Terrell für zahlreiche Diskussionen und Unterstützungen. Besonders hervorheben möchte ich hierbei Dr. habil. Andreas Lattner, der stets ein offenes Ohr hatte und sich Zeit für Beratungen und Kooperationen nahm.

Durch eine Kooperation mit Prof. Dr. Guido Cervone (George Mason University) entstanden die Ergebnisse der letzten Fallstudie dieser Arbeit. Diese Kooperation wurde durch fruchtbare Diskussionen begleitet. Vielen Dank hierfür.

Ich möchte Herrn Carsten Taubert danken, dessen Masterarbeit ich betreuen konnte. Seine Arbeit hat zur Verbesserung des entwickelten Systems beigetragen.

Im Rahmen dieser Arbeit konnte ich Daten verwenden, die mir vom Hessischen Landesamt für Bodenmanagement und Geoinformation und von Hessen Mobil - Straßen- und Verkehrsmanagement (vormals Hessische Straßen- und Verkehrsverwaltung HSVV) zur Verfügung gestellt wurden. Vielen Dank für diese freundliche Unterstützung. Gesondert hervorheben möchte ich den regen Austausch mit Frau Dagmar Holst von Hessen Mobil.

Die Vereinigung von Freunden und Förderern der Goethe-Universität bezuschusste mehrfach Reisen zu Tagungen und ermöglichte somit den wissenschaftlichen Austausch über die Grenzen der Bundesrepublik hinweg. Vielen Dank dafür. Aus gleichem Grunde geht mein Dank an die Hermann-Willkomm-Stiftung.

Ein herzliches Dankeschön möchte ich Herrn Prof. Dr. Jürgen Bereiter-Hahn aussprechen, der während meiner Zeit als Stipendiat der SPTG eine Mentorentätigkeit für mich übernahm.

Seit Beginn des Studiums an der Goethe-Universität bin ich mit Frau Claudia Stockhausen und Herrn Julius von Rosen befreundet. Ich denke, wir haben uns gegenseitig motiviert und unterstützt. Danke.

Meine Eltern - Heike und Uwe Dallmeyer - haben mir diesen Weg der Ausbildung ermöglicht. Vielen Dank für die fortwährende Geduld und Unterstützung jedweder Art.

Besonders bedanken möchte ich mich bei meiner Frau - Ina Dallmeyer - die mich in den vergangenen Jahren stets unterstützte und mir die nötige Motivation gab. Ohne sie wäre diese Arbeit mit Sicherheit nicht entstanden. Vielen Dank.

Bruchköbel   Dr. Jörg Dallmeyer

Inhaltsverzeichnis

1	**Einleitung**	1
	1.1 Motivierendes Beispiel	2
	1.2 Problemfelder	2
	1.3 Zielsetzung	3
	1.4 Anforderungsanalyse	4
	1.5 Beitrag zum Stand der Forschung	5
	1.6 Gliederung der Arbeit	7
2	**Grundlagen**	9
	2.1 Straßenkarten und Geodaten	9
	2.2 Verkehrsforschungsgrundlagen	10
	2.3 Simulation	12
	2.4 Verkehrssimulation	15
3	**Verkehrssimulationsmodelle**	17
	3.1 Modelle zur Fahrzeugmodellierung	17
	3.2 Fahrradmodelle	33
	3.3 Fußgängermodelle	36
	3.4 Detailmodellierung	42
	3.5 Diskussion	47
4	**Verkehrssimulationssysteme**	49
	4.1 Einordnung in den wissenschaftlichen Kontext	49
	4.2 Corsim	51
	4.3 Transims	52
	4.4 Matsim	55
	4.5 Vissim	57
	4.6 Integration	58
	4.7 Hutsim	59

4.8	Sumo	61
4.9	Weitere Simulationssysteme	62
4.10	Bewertung	64

5 Akteursorientierte multimodale Straßenverkehrssimulation   **67**
   5.1 Architektur 68
   5.2 Router 70
   5.3 Verkehrsmodell 71

6 Modellierung von Verkehrswegen   **73**
   6.1 OpenStreetMap als Datenquelle 74
   6.2 Ausschnittbestimmung aus OpenStreetMap 77
   6.3 Informationsfilterung und Aufteilung in Layer ... 80
   6.4 Generierung eines ExtendedGraph 81
   6.5 Graphanpassungen für urbane Szenarien 83

7 Modellierung multimodalen Verkehrs   **87**
   7.1 Raumkontinuierliche Modellierung des Automobilverkehrs .. 87
   7.2 Modellierung des Fahrradverkehrs 99
   7.3 Bimodulares Fußgängermodell 100
   7.4 Vorfahrtsregeln 108
   7.5 Ampelschaltungen 109
   7.6 Routing 110

8 Prototypische Implementierung   **115**
   8.1 Designentscheidungen und Architektur 115
   8.2 Ablauf einer Simulationsstudie 117
   8.3 Komplexität 119
   8.4 Skalierbarkeit 120

9 Evaluierung der Verkehrsmodelle   **125**
   9.1 Modellkalibrierung 125
   9.2 Automodell 127
   9.3 Fahrrad 138
   9.4 Fußgänger 141
   9.5 Zusammenfassung 149

10 Lernen in Verkehrsszenarien   **151**
   10.1 Verwandte Arbeiten 151
   10.2 Verkehrsbeeinflussung in Autobahnszenarien .. 152
   10.3 Stauprognose in urbanen Szenarien 160

10.4 Zusammenfassung und Ausblick 166

11 Approximation von Fußgängereffekten 167
11.1 Protokollierung von Fußgängereinflüssen 167
11.2 Lernen von Wahrscheinlichkeitsverteilungen 168
11.3 Anwendung 170
11.4 Diskussion und Ausblick 171

12 Nonkonformismus 173
12.1 Überholverbot für Lkw 174
12.2 Aufbau der urbanen Studien 175
12.3 Drängelnde Fahrradfahrer 176
12.4 Aggressive Fußgänger 178
12.5 Zusammenfassung und Ausblick 179

13 Ameisen-inspirierte Routingmethode 181
13.1 Kontextuelle Einordnung 181
13.2 Erweiterte Routingmethode 182
13.3 Parameterbestimmung 183
13.4 Vergleich mit anderen Verfahren 184
13.5 Diskussion und Ausblick 189

14 Benzinverbrauch und Emissionen 191
14.1 Einleitung 191
14.2 Verkehrssimulation und Benzinverbrauch 192
14.3 Verbrauchsmodell 193
14.4 Vergleich zu NEFZ 195
14.5 Autobahn-Plausibilitätsstudie 196
14.6 Fallstudie im urbanen Verkehr 199
14.7 Zusammenfassung und Ausblick 201

15 Wind und Wetter 205
15.1 Relevante Literatur 206
15.2 Nutzung von Quelle-Ziel-Informationen 208
15.3 Herausforderungen des Szenarios 209
15.4 Anbindung an atmosphärische Simulation 211
15.5 Windverteilung im Messbereich 212
15.6 Ergebnisse 214
15.7 Zusammenfassung und Ausblick 217

16 Zusammenfassung und Ausblick 221

A	Symbole und Abkürzungen	225
B	Sicherheitsabstand	227
C	Fußgängerbewegung: ZA-Algorithmus	229
D	KFZ-NEFZ-Daten	233
Literaturverzeichnis		235

Abbildungsverzeichnis

2.1	Fundamentaldiagramm	11
3.1	Autonummerierung in Fahrzeugfolgemodellen	19
3.2	Beispielsequenz: Zellularautomat *Rule 184*	25
3.3	Nagel-Schreckenberg-Modell (NSM)	27
3.4	Beispielsequenz: NSM	28
3.5	NSM: Unfälle nach Boccara et al.	30
3.6	NSM: Fehlklassifikation nach Boccara et al.	31
3.7	Überholmanöver Auto/Fahrrad	35
3.8	Verhaltensmodellierungsebenen für Fußgänger	36
3.9	Straßenüberquerung	39
3.10	Abbiegevorgang	43
5.1	Architektur	68
5.2	Architektur: Router	70
5.3	Architektur: Verkehrsmodell	71
6.1	Vorgehen bei der Generierung eines Graphen aus OSM	73
6.2	OSM-Entitäten	75
6.3	OSM-Ausschnitt	76
6.4	Attribute von EdgeInformation und NodeInformation	82
6.5	Modellierung von Straßen mittels Kanten	83
7.1	Zu starkes Bremsen durch zu dichtes Auffahren	88
7.2	Simulationssteuerung: Updatezyklus	90
7.3	Verteilung von AMax	92
7.4	Sicherheitsabstand	93
7.5	Spurwechsel	95
7.6	Überholvorgang	96
7.7	Positionierung von Fußgängerüberwegen	103

7.8	Spurbildung für Fußgängerüberwege	103
7.9	Nachbarschaft und Lücken auf Fußgängerüberwegen	105
7.10	Straßenüberquerung	108
7.11	Lookup table für NI-IDs	111
8.1	Architektur von MAINSIM	116
8.2	Vollständiger Updatezyklus der Simulationssteuerung	118
8.3	Simulationsgeschwindigkeitsskalierung nach Verkehrsmengen.	121
8.4	Interaktionen von Autos mit anderen Verkehrsteilnehmern	122
8.5	Simulationsgeschwindigkeit zu Graphgröße	124
9.1	Fundamentaldiagramm einspurig	128
9.2	Dichte-Geschwindigkeit einspurig	129
9.3	Fluss-Geschwindigkeit einspurig	130
9.4	Raum-Zeit-Diagramm einspurig	131
9.5	Fundamentaldiagramm zweispurig	132
9.6	Zusammenhang Geschwindigkeit, Dichte und Fluss zweispurig	132
9.7	Raum-Zeit-Diagramm zweispurig	133
9.8	Dichte-Geschwindigkeitsdiagramme im urbanen Bereich	134
9.9	Visualisierung der Stadt Hanau	135
9.10	Beschleunigungsverhalten von Pkw	136
9.11	Vergleich der Straßennutzungshäufigkeiten	137
9.12	Fahrradgeschwindigkeiten	139
9.13	Fahrradeinfluss auf den Straßenverkehr	140
9.14	Verteilung der Fußgängergeschwindigkeiten in der Simulation	142
9.15	Verteilung der Aggressivität der Fußgänger	143
9.16	Exemplarischer Verlauf des *AF*	143
9.17	Fußgängerüberweg: Geschwindigkeit-Dichte-Diagramm	145
9.18	Fußgängerüberweg: Geschwindigkeit-Dichte-Diagramm urban	147
9.19	Fußgängereinfluss auf Straßenverkehr	148
10.1	Ablauf des Lernvorgangs nach [Lattner et al., 2011]	153
10.2	Generierung von Trainingsdaten nach [Lattner et al., 2011]	154
10.3	Ergebnisse: Statisches Szenario	157
10.4	Strategievergleich	158
10.5	Kartenausschnitt	158
10.6	Ergebnisse: Dynamisches Szenario	160
10.7	Kartenausschnitt im Osten Frankfurts	161
10.8	Lernprozess	163
10.9	Verteilung der Trainingsdaten	164

Abbildungsverzeichnis

11.1 Wahrscheinlichkeitsverteilungsapproximation 169
11.2 Wahrscheinlichkeitsverteilungsapproximation via Histogramm 169
11.3 Vergleich der Reisedauern von Autos 171

12.1 Simulationsergebnisse: Autobahn 175
12.2 Kartenausschnitt Trier 176
12.3 Simulationsergebnisse: Trier: Fahrrad 177
12.4 Simulationsergebnisse: Trier: Fußgänger 178

13.1 Stadt Erlensee: ges. Straßenlänge 142 km, 937 EIs, 714 NIs. . 184
13.2 Vergleich der Routingmethoden: Erlensee 185
13.3 Vergleich der Straßennutzungshäufigkeiten 187
13.4 Synthetischer Straßengraph 188

14.1 Kraftstoffverbrauch auf Autobahn bei steigender Verkehrsdichte.197
14.2 Kraftstoffverbrauch auf Autobahn: Einfluss von Lkw. 198
14.3 Kartenausschnitt der Stadt Hanau: Digitales Geländemodell . 200
14.4 Vergleich: Experimenteller urbaner Kraftstoffverbrauch 201
14.5 Kartenausschnitt der Stadt Hanau: Emissionskarte. 202

15.1 Simulationsbereich Frankfurt und Umgebung 206
15.2 Skalierungsfaktoren von QZM 210
15.3 Windsensordaten [Cervone et al., 2013] 213
15.4 Emissionen durch Straßenverkehr 215
15.5 CO_2-Konturen: 1. März 2011 (log(kg)). 216
15.6 CO_2-Konturen: 17. Oktober 2011 (log(kg)). 217
15.7 Verteilung der CO_2-Emissionen für verschiedene Tage. . . . 218
15.8 Verteilung der CO_2-Emissionen für das Jahr 2011 219

B.1 Auswirkung des Sicherheitsabstands 228

C.1 ZA-Fußgängermodell: Spurwechselkonflikte 231

Tabellenverzeichnis

3.1 Modal Split nach Verkehrsaufkommen 18
3.2 Typische Modellparameter für IDM 22
3.3 Zustandsübergangsfunktion: Zellularautomat Rule 184 25
3.4 Mögliche Geschwindigkeiten im NSM 26
3.5 Fußgängergeschwindigkeiten: Kreuzungen 38
3.6 Fußgängergeschwindigkeiten: Gehwege 38
3.7 Abbiegevorgang: Lückengrößen 44

4.1 Einordnung betrachteter Verkehrssimulationssysteme 50
4.2 Vergleich der besprochenen Verkehrssimulationssysteme . . . 65

6.1 Notation: Laufzeitberechnung für OSM-Ausschnittsbestimmung 77
6.2 OSM: Anzahl Elemente nach Typen 79
6.3 Aufteilung der OSM-Daten in Layer 80

8.1 Kenngrößen der Simulationsgraphen für Skalierungstests. . . 123

9.1 Modellkalibrierungsebenen 125
9.2 Fahrradeinfluss auf Straßenverkehr 141
9.3 Fußgängereinfluss auf Straßenverkehr 147
9.4 Fußgängereinfluss auf Straßenverkehr: t-Tests 148

10.1 Wahrheitsmatrix in statischem Lernszenario 157
10.2 Wahrheitsmatrix in dynamischem Lernszenario 160
10.3 Urbanes Lernszenario: Einstellungen 162
10.4 Wahrheitsmatrizen berechneter Klassifikatoren auf Testset. . 165

11.1 Mittlere Reisedauern für Autos und Fahrräder. 171

13.1 Vergleich mittlerer Reisedauern: Erlensee 186
13.2 Vergleich mittlerer Reisedauern: Hanau 188

13.3 Vergleich mittlerer Reisedauern: Synthetischer Graph 189

14.1 Ermittelte Parameter für das Treibstoffverbrauchsmodell. . . 194
14.2 Kraftstoffart zu Wirkungsgrad, Emissionen. 194
14.3 Vergleich mit NEFZ: Verwendete Fahrzeuge. 196
14.4 Vergleich mit NEFZ: Simulationsergebnisse 196

D.1 NEFZ-Verbrauchsdaten versch. Fahrzeuge nach [Taubert, 2012].234

Algorithmenverzeichnis

3.1	Nagel-Schreckenberg-Modell	27
6.1	Bestimmung eines Kartenausschnitts aus einer OSM-Datei	78
7.1	Automodell: Raumkontinuierlicher Ansatz	90
7.2	Automodell: Trödelwahrscheinlichkeit	94
7.3	Fußgängermodell: Bewegung auf EI	102
7.4	Fußgängermodell: `update()`-Methode der `way`-Objekte	104
C.1	ZA-Fußgängermodell: update()	230

Consider it done!

Den Wettbewerb im Blick - Informationen mit Mehrwert.

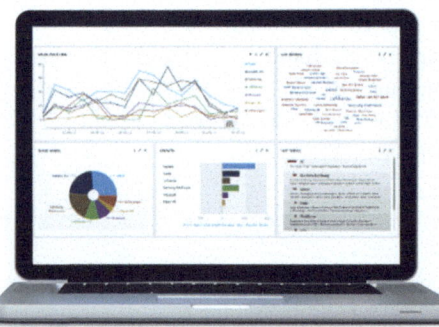

- Systemintegration & Crawling
- Text Mining & semantische Analyse
- Interaktive Suche mit Facettenbrowser & dynamische Dashboards
- Echtzeitanalysen & -reports
- Erkennung von Themen, Trends & Tonalitäten
- Analytische Visualisierung von Beziehungen zw. Dokumenten, Inhalten, Zahlen & einzelnen Entitäten
- Empfehlung weiterer relevanter Inhalte & Dokumente

Suchen auch Sie nach einem Informationssystem, womit Sie hochwertige Wettbewerbsanalysen durchführen können?
Mit der semantischen Suchlösung CORPUS® sowie dem Informationsexplorator und Analysecockpit Topic Analyst® können Sie jederzeit zielgerichtet sowohl auf für Sie wichtige Themen, Meinungen, Strategien, Innovationen, Produktentwicklungen als auch auf unternehmensrelevante oder branchenspezifische Berichterstattung zugreifen. **Detaillierte Informationen erhalten Sie im Internet auf cid.de.**

CID GmbH
Ein Unternehmen der CID Gruppe

Gewerbepark Birkenhain 1
63579 Freigericht
Deutschland

Telefon +49 6051 9772-0
Telefax +49 6051 9772-222
E-Mail   info@cid.de

cid.de

1 Einleitung

Mobilität ist für eine moderne Gesellschaft ein sehr wichtiges Thema. In Deutschland hat zwischen 1995 und 2007 der motorisierte Individualverkehr um 54,9 Mrd. Pkm (Personenkilometer) auf 885,4 Mrd. Pkm zugenommen. Die Zunahme zwischen 2005 und 2007 lag bei 9,7 Mrd. Pkm. Die transportierten Gütermengen auf deutschen Straßen stiegen im selben Zeitraum um 46,9 Mio. t auf 3.393,9 Mio. t an [Kolodziej, 2009]. Diese Zahlen machen deutlich, dass eine effiziente Nutzung der Infrastruktur notwendig ist, da eine Erweiterung des Straßennetzes nicht in dieser Geschwindigkeit standhalten kann.

Die Modellbildung und Simulation ist im wissenschaftlichen Bereich ein bedeutender Zweig, da nicht jeder Sachverhalt analytisch zu erfassen ist. Dynamische Systeme können oftmals in Simulationsmodellen abgebildet und anschließend wissenschaftlich untersucht werden. Mit Hilfe eines realistischen Simulationsmodells kann Systemverhalten vorhergesagt werden und Änderungen am Modell können kostengünstig und ohne schwerwiegende Folgen untersucht werden.

Die Leistungsfähigkeit moderner Computer ermöglicht die Entwicklung von Simulationssystemen zur Analyse des Straßenverkehrs. In der Verkehrsplanung werden Simulationsmodelle als Entscheidungshilfe eingesetzt. Ein Beispiel ist das Verständnis über die Stauentstehung auf Autobahnen, welches einen gezielten Eingriff in den Straßenverkehr zur Stauabmilderung ermöglicht.

Eine Optimierung des Straßenverkehrs zur Minimierung von Staus bedeutet für den Einzelnen einen geringeren Zeitaufwand und verminderte Kosten für den Kraftstoffverbrauch. Umweltbelastungen können analog reduziert werden.

> Für die Verkehrsflussmodellierung weiterer Verkehrsarten wie Radfahrer, Läufer oder Inline-Skater existieren im Gegensatz zur Verkehrsplanung nahezu keine Verkehrsflussmodelle, obwohl dafür durchaus Bedarf besteht. [...] [Treiber und Kesting, 2010, S. 59]

In der Verkehrsforschung wird der Fokus meist auf motorisierten Verkehr gelegt, da der Einfluss von Fahrrädern und Fußgängern auf den Straßenverkehr geringer ist und zusätzlichen Modellierungs- und Berechungsaufwand hervorrufen würde. Es wäre interessant, den Einfluss von nicht-motorisiertem Verkehr auf den Automobilverkehr zu untersuchen und zu prüfen, ob dieser tatsächlich vernachlässigbar ist. Fußgänger betätigen Ampeln oder nutzen Zebrastreifen; Fahrräder müssen häufig überholt werden, doch dies ist nicht immer möglich.

1.1 Motivierendes Beispiel

Zur Bestimmung der Luftqualität soll eine Schadstoffuntersuchung über der gesamten Fläche einer Stadt durchgeführt werden. Das Ziel der Untersuchung ist die Bestimmung von besonders belasteten Gebieten und die Prüfung, ob in diesen Gebieten Kindergärten, Spielplätze oder Grundschulen vorhanden sind. Anschließend kann untersucht werden, wie ausgewählte Regionen entlastet werden könnten. Die Messung von Schadstoffwerten muss über einen längeren Zeitraum geschehen, um Durchschnittswerte bilden zu können und nicht auf Grund eines außergewöhnlichen Messtages falsche Schlüsse zu folgern. Eine flächenmäßige Untersuchung lässt sich aus Kostengründen nicht durchführen. Abhilfe kann in diesem Beispiel eine Simulationsstudie schaffen, die den Verkehr der Stadt simuliert.

Wenn Informationen über die Bewegungen der Bürger einer Stadt gegeben sind, können diese simuliert werden. Es sollen die grundlegenden Individualverkehrsarten *Auto*, *Fahrrad* und *Fußgänger* berücksichtigt werden. Dies ermöglicht zusätzlich die Bestimmung des Einflusses von Fahrrädern und Fußgängern auf die Emissionsverteilung.

1.2 Problemfelder

Aus dem im vorherigen Abschnitt genannten motivierendem Beispiel ergeben sich verschiedene Problemfelder. Der Modellierungsaufwand zur Durchführung von Verkehrssimulationen kann sehr groß sein, wenn detaillierte Modelle des Straßennetzes erstellt werden müssen. Für einen Simulationsbereich der Größenordung der Stadt Frankfurt am Main ist dies nicht mehr kosteneffizient möglich.

Es müssen Informationen über die Bewegungen der Verkehrsteilnehmer verarbeitet werden können, um während einer Simulation realistische Verkehrsaufkommen zu erhalten. Höheninformationen werden benötigt, um

Steigungen im Straßennetz bestimmen zu können. Diese sind zur Berechnung des Kraftstoffverbrauchs und der damit verbundenen Emissionen notwendig.

Zur Untersuchung der Wechselwirkungen zwischen den verschiedenen Verkehrsteilnehmertypen werden Modelle benötigt, die deren Verhalten abbilden. Das Konzept muss flexibel gefasst sein, sodass weitere Modelle integriert werden können - beispielsweise Lkw oder Busse.

1.3 Zielsetzung

Die Zielsetzung der vorliegenden Arbeit ist die Konzeptualisierung eines Simulationssystems, welches die Untersuchung des Einflusses nicht-motorisiertem Verkehrs auf den Automobilverkehr in urbanen Szenarien unter Berücksichtung des Kraftstoffverbrauchs und der CO_2-Emissionen ermöglicht. Hierfür müssen die im Abschnitt 1.2 ermittelten Problemfelder untersucht werden.

Es soll ein Konzept entwickelt werden, welches aus Geodaten einen Simulationsgraphen extrahieren kann. Auf diese Weise kann der Modellierungsaufwand für das Straßennetz auf ein Minimum reduziert werden und die Untersuchung großer Szenarien wird ermöglicht. Hierbei muss auf etwaige Unzulänglichkeiten des Kartenmaterials Rücksicht genommen werden. Unvollständige Daten (z.B. fehlende Geschwindigkeitsbegrenzungen) müssen ergänzt, benötigte Zusatzinformationen (z.B. Abbiegerichtungen) extrahiert werden.

Das Konzept muss entstehende Anforderungen bezüglich multimodalen Verkehrs berücksichtigen. Diese entstehen bereits bei der Extraktion einer Graphdatenstruktur. Beispielsweise müssen Straßentypen unterschieden werden können, damit Fahrräder nicht auf Autobahnen fahren. Es werden Modelle benötigt, die die genannten Verkehrsteilnehmertypen abbilden können und deren Interaktionen miteinander berücksichtigen. Die Modelle und die dazugehörige Simulationssteuerung müssen eine möglichst geringe Berechnungskomplexität aufweisen, um Szenarien der Größenordnung ganzer Städte simulieren zu können.

Mit dem im Rahmen dieser Arbeit entwickelten Konzept sollen ferner die folgenden Fragestellungen untersucht werden können:

- Wie können maschinelle Lernverfahren im Rahmen von Verkehrssimulationsstudien genutzt werden, um Wissen aus dem Verhalten der Verkehrsteilnehmer zu extrahieren?

- Welchen Effekt haben die einzelnen Verkehrsteilnehmergruppen auf den Straßenverkehr und wie wirkt sich Nonkonformismus bezüglich der Verkehrsregeln aus? Welche Vorteile haben Regelbrecher und welche Nachteile entstehen für die restlichen Verkehrsteilnehmer?

- Wie kann der Verkehr möglichst effizient geroutet werden, um Staus und damit erhöhte Reisedauern und verstärkten Kraftstoffverbrauch zu vermindern?

- Welchen Einfluss hat nicht-motorisierter Verkehr auf den Kraftstoffverbrauch der Autos und wie verteilen sich die CO_2-Emissionen in einer Stadt?

- Genügt es, nur den Verkehr eines bestimmten Kartenausschnitts zu simulieren, um eine Emissionslandkarte des Simulationsbereiches zu erstellen oder muss zusätzlich auch der Einfluss des Wetters im Simulationsbereich berücksichtigt werden, um aussagekräftige Resultate zu erhalten?

1.4 Anforderungsanalyse

Aus der Zielsetzung ergeben sich Anforderungen, die ein Konzept erfüllen muss. Die grundlegensten Anforderungen werden im Folgenden aufgelistet:

AutoGraph Das zur Simulation verwendete Straßennetz muss automatisch generiert werden können. Dies ist notwendig, da Straßenkarten von Städten den manuell leistbaren Modellierungsumfang sprengen. Es entstehen Graphen mit mehreren tausend Knoten und Kanten. Nach einer automatischen Grapherstellung können mit Hilfe von Zusatzmodellen weitere Informationen in den Graph integriert werden. Als Datenquelle können digitale Straßenkarten genutzt werden. Die Nutzung von Zufallsgraphen ist nicht ausreichend, da realistischer Straßenverkehr auf diese Weise nicht betrachtet werden kann.

Skalierbarkeit Das Simulationssystem soll genutzt werden können, um ganze Städte bzw. Gruppen von Ortschaften zu simulieren. Es muss folglich gut skalierbar und effizient bezüglich der Berechungskomplexität im Hinblick auf Zeit- und Speicherbedarf sein.

Verkehrsmodelle In urbanen Szenarien sollen die Wechselwirkungen der verschiedenen Verkehrsteilnehmer untersucht werden. Hierfür müssen die wichtigsten Arten von Verkehrsteilnehmern (Pkw, Lkw, Fahrrad, Fußgänger) modelliert werden. Die Wechselwirkungen zwischen den verschiedenen Verkehrsteilnehmertypen müssen so modelliert werden, dass realistische

Kenngrößen aus Simulationsläufen extrahiert werden können. Als Beispiel kann die Straßenüberquerung von Fußgängern genannt werden. Ein Fußgänger muss dabei auf den Verkehr achten und kann gegebenenfalls Autos bei der Straßenüberquerung behindern. Es genügt somit nicht, die Straße zu überqueren, indem er zum Zeitpunkt t von der einen Seite der Straße verschwindet und zu $t + \Delta$ auf der anderen Seite wieder erscheint, ohne „gelaufen" zu sein.

Zusatzmodule Das System muss erweiterbar sein, um konkrete Szenarien untersuchen zu können. Es könnten Modelle über die Verteilung der Dichte an Straftaten für verschiedene Stadtteile geladen werden oder die Benzinverbrauchsberechnung mit Hilfe eines Digitalen Geländemodells erweitert werden.

Die Anforderung *Verkehrsmodelle* wird präzisiert zu *Pkw*, *Lkw*, *Fahrräder* und *Fußgänger*, sowie deren *Wechselwirkungen*. Pkw und Lkw sind unterschiedliche Auto-Arten, Fahrräder und Fußgänger nutzen teilweise andere Wege und bewegen sich mit anderen Geschwindigkeiten als Autos. Fußgänger überqueren zusätzlich Straßen. Die im Verlauf entstehenden Wechselwirkungen ergeben grundlegend das städtische Verkehrsbild und müssen daher Berücksichtigung finden. Es entsteht die Anforderung einer durchgehenden Modellierung der verschiedenen Verkehrsteilnehmergruppen auf einem gemeinsamen modellierten Straßennetz. Dies vereinfacht die Modellierung der Wechselwirkungen während der Simulation der Akteursbewegungen.

1.5 Beitrag zum Stand der Forschung

Im Rahmen dieser Arbeit wird ein Konzept entwickelt, welches die genannten Anforderungen erfüllt. Das Konzept wird durch eine prototypische Implementierung untersucht. Dabei entsteht das Verkehrssimulationssystem MAINSIM (MultimodAle INnerstädtische StraßenverkehrsSIMulation), welches durch Verarbeitungskomponenten und Analysemodule aus einer Landkarte von OpenStreetMap automatisch einen Straßengraphen berechnet, der zur Verkehrssimulation im innerstädtischen Bereich und außerorts verwendet werden kann. Es werden mikroskopische Verkehrsmodelle vorgeschlagen, die die Klassen Auto, Fahrrad und Fußgänger mit Abstufungen modellieren können. Ein besonderer Fokus wird hierbei auf die Modellierung der Wechselwirkungen zwischen den drei Verkehrsteilnehmertypen gelegt.

Das entwickelte System zeichnet sich infolge der Nutzung von Geoinformationssystemkomponenten durch eine einfache Erweiterbarkeit um zusätzliche Datenquellen aus.

In einer Auswahl an Fallstudien wird ein Überblick über die Möglichkeiten von MAINSIM gegeben. Das umfangreichste untersuchte Szenario ist die Simulation des Straßenverkehrs Frankfurt am Mains und seiner umliegenden Städte zur Ermittelung der CO_2-Emissionen innerhalb Frankfurts. Die Ankopplung an ein atmosphärisches Simulationssystem ermöglicht die Berücksichtigung von Wettereinflüssen auf die Gasausbreitung.

Im Folgenden werden die im Rahmen dieser Arbeit entstandenen Veröffentlichungen aufgelistet. Die Auflistung ist chronologisch nach den Entstehungs- bzw. Einreichungsdaten geordnet und spiegelt nicht die Erscheinungsreihenfolge wider. Teile dieser Dissertation basieren auf den folgenden Arbeiten.

[Dallmeyer et al., 2011] In dieser Arbeit wird die Vorgehensweise beschrieben, um aus Kartenmaterial eine Graphdatenstruktur zu bestimmen, die zur Verkehrssimulation unter besonderer Berücksichtigung multimodalen Verkehrs zur Simulation von urbanen Szenarien geeignet ist. Eine raumkontinuierliche Verallgemeinerung des *NSM* wird diskutiert und es wird aufgezeigt, wie das Modell genutzt werden kann, um neben Autos auch Fahrräder zu modellieren.

[Lattner et al., 2011] Anwendung von Maschinellen Lernverfahren auf Simulationsergebnisse zur Generierung von Klassifikatoren, die in Abhängigkeit zur Verkehrssituation Aktionen vorschlagen, um den Verkehrsfluss zu maximieren. Zwei Fallstudien untersuchen regulative Maßnahmen für Autobahnszenarien.

[Dallmeyer et al., 2012a] Vorhersage von Staus in der Straße „Am Erlenbruch" im Osten Frankfurts anhand der Verkehrsmengen in umliegenden Gebieten mittels maschineller Lernverfahren.

[Dallmeyer et al., 2012b] Vorstellung eines mikroskopischen Simulationsmodells für Fußgängerbewegungen in urbanen Szenarien. Die Plausibilität des Modells sowie der Einfluss der simulierten Fußgänger auf die Reisedauern von simulierten Autos konnten gezeigt werden. Diese Arbeit wurde mit einem *Best Paper Award* auf der *SummerSim'12* ausgezeichnet.

[Lattner et al., 2012] Abschätzung der Einflüsse von Fußgängern auf den Straßenverkehr über Bestimmung von Wahrscheinlichkeitsverteilungen, wann Fußgänger Straßen überqueren und Ampeln drücken. Evaluierung in der mittelgroßen Stadt Hanau.

[Dallmeyer et al., 2012e] Erweiterung des Automodells um ein Modell für den Kraftstoffverbrauch und CO_2-Ausstoß. Visualisierung der CO_2-Verteilung in der Stadt Hanau.

[Dallmeyer et al., 2012d] Vorstellung eines durch Ameisen inspirierten Routingverfahrens und Vergleich mit bestehenden Verfahren in einem synthetischen Szenario und auf Straßenkarten in einer Kleinstadt und einer mittelgroßen Stadt. Eine erweiterte Fassung dieser Arbeit wird 2014 erscheinen [Dallmeyer et al., 2014].

[Dallmeyer et al., 2012c] Fallstudien, die den Einfluss von Regelbruch im Straßenverkehr untersuchen: Welche Vorteile haben nonkonforme Verkehrsteilnehmer und welchen Einfluss hat dieses Verhalten auf die restlichen Verkehrsteilnehmer?

[Dallmeyer und Timm, 2012] Vorstellung des Simulationssystems und seiner grundlegenden Funktionalitäten im Rahmen einer Demonstration.

[Cervone et al., 2013] Simulation des Straßenverkehrs in Frankfurt am Main und umliegenden Städten und Gemeinden. Nutzung von Quelle-Ziel-Relationen zur Tripgenerierung. In dieser Arbeit werden die CO_2-Emissionen des Straßenverkehrs innerhalb Frankfurt am Mains gemessen. Anschließend wird der Einfluss des Wetters auf die Ausbreitung der Gase anhand realer Wetterdaten simuliert. Es handelt sich um einen eingeladenen Buchbeitrag, der 2013 erscheinen wird.

[Dallmeyer et al., 2013] Zusammenfassung der wichtigsten Bestandteile von MAINSIM und Behandlung der durchgeführten Fallstudien zu Fragen des Kraftstoffverbrauchs und der Schadstoffemissionen.

[Dallmeyer, 2013] Dissertation mit dem Titel „Akteursorientierte multimodale Straßenverkehrssimulation", mit *magna cum laude* bewertet. Das vorliegende Buch basiert auf dieser Arbeit.

1.6 Gliederung der Arbeit

Diese Arbeit ist wie folgt gegliedert:
 Kapitel 2 gibt einen Überblick über Grundlagen, die zum Verständnis dieser Arbeit benötigt werden.
 Die Kapitel 3 und 4 betrachten den Stand der Forschung im Bereich der Verkehrssimulation. Es wird zwischen Verkehrssimulationsmodellen in Kapitel 3 und Verkehrssimulationssystemen in Kapitel 4 unterschieden.

Die Kapitel 5 bis 7 diskutieren das grundlegende Konzept, welches im Rahmen dieser Arbeit entwickelt wurde. Die gewählte Architektur wird in Kapitel 5 gezeigt. Kapitel 6 beschreibt, wie Verkehrswege aus Kartenmaterialien extrahiert werden können. In Kapitel 7 wird die Modellierung multimodalen Verkehrs dargelegt.

Die Umsetzung des Konzepts wird in den Kapiteln 8 und 9 besprochen. Kapitel 8 beschreibt die prototypische Implementierung. In Kapitel 9 wird diskutiert, wie die entwickelten Modelle kalibriert und grundlegend evaluiert werden.

Die Kapitel 10 bis 15 dieser Arbeit behandeln durchgeführte Fallstudien. In Kapitel 10 wird eine Anwendung für maschinelle Lernverfahren in verschiedenen Experimenten im urbanen Bereich und auf Autobahnen aufgezeigt. Die Effekte, die Fußgänger auf den Straßenverkehr haben, werden in Kapitel 11 mittels Wahrscheinlichkeitsverteilungen und Dummy-Fußgängern nachgebildet. Kapitel 12 untersucht anhand dreier Beispiele, welchen Effekt Regelbruch im Straßenverkehr für den Regelbrecher und die restlichen Verkehrsteilnehmer hat. Eine Routingmethode, die sich am Verhalten von Ameisen orientiert, um die Verkehrsinfrastruktur optimal zu nutzen, wird in Kapitel 13 vorgestellt. Kapitel 14 beschreibt ein Kraftstoffverbrauchs- und CO_2-Emissionsmodells, sowie dessen Kalibrierung und Nutzung. In Kapitel 15 wird schließlich MAINSIM mittels Quelle-Ziel-Relationen kalibriert und zur Simulation eines Szenarios, welches die Stadt Frankfurt am Main und umliegende Städte umfasst, genutzt. Die CO_2-Emissionen von Fahrzeugen innerhalb eines Kerngebiets in Frankfurt werden protokolliert. Anschließend wird die Verflüchtigung der Emissionen durch Wettereinflüsse berechnet.

In Kapitel 16 wird eine Zusammenfassung der vorliegenden Arbeit und eine Diskussion über zukünftige verwandte wissenschaftliche Fragestellungen.

2 Grundlagen

Um Simulationsmodelle entwickeln zu können, werden Datenquellen benötigt, die reale Straßenverläufe abbilden. Wichtige Grundlagen aus dem Bereich der Straßenkarten und Geoinformatik werden daher in Abschnitt 2.1 beschrieben. Darauf aufbauend können Grundlagen der Verkehrsforschung (Abschnitt 2.2), der Computersimulation (Abschnitt 2.3), sowie der Verkehrssimulation im Speziellen (Abschnitt 2.4) genutzt werden, um Verkehrssimulationssysteme zu entwickeln.

2.1 Straßenkarten und Geodaten

Straßenkarten gehören zur Gruppe der Geodaten. Geodaten werden grundlegend zwischen Raster- und Vektordaten unterschieden.

Rasterdaten zerlegen einen Kartenausschnitt mit Hilfe eines Rasters in Zellen. Jede Zelle kann verschiedene Eigenschaften annehmen, z.b. eine Höhe über Normalnull oder einen mittleren Niederschlag. Rasterdaten können in gängigen Rasterbildformaten gespeichert werden.

Vektordaten setzen geometrische Objekte aus Punktkoordinaten zusammen. Eine Folge von Punkten kann einen Straßenzug oder einen Fluss darstellen - ein geschlossener Linienzug ein Polygon. Es existieren verschiedene Formate für Geovektorinformationen. Im Rahmen dieser Arbeit wird der Quasi-Standard *Shapefile* verwendet.

Geodaten werden in verschiedene Layer aufgeteilt, sodass sie logisch gruppiert sind. Eine mögliche Aufteilung wäre nach Polygonen, Linienzügen und Punkten. Die Aufteilung in Layer bietet zusätzlich die Möglichkeit, bei der Datenvisualisierung die Layer übereinander zu rendern.

Für die Entwicklung eines Verkehrssimulationssystems werden vorrangig Straßenkarten benötigt. Es gibt unterschiedliche Gruppen von Straßenkarten. Kommerzielle Karten - z.B. von Navteq - werden für Navigationssysteme - z.B. von Garmin und BMW - verwendet. Kostenlos nutzbar, jedoch nicht frei herunterladbar, sind die Straßenkarten von Google Maps. In der Geoinformationswirtschaft haben offene Systeme in der Vergangenheit an Bedeutung gewonnen [Neis und Zipf, 2008]. Mit OSM (OpenStreetMap) ist ein Sytem entstanden, das ähnlich zu Wikipedia jedermann an der Bearbeitung und Gewinnung von Daten teilnehmen lässt. Es handelt sich um den größten freien Geodatenbestand.

Zur Angabe von Koordinaten auf der Erdoberfläche werden meist sphärische Koordinaten genutzt. Eine Einführung in diese Systematik gibt [Hennermann, 2006, S.86ff]. Im Rahmen dieser Arbeit werden die Grenzen von Kartenausschnitten im Format WGS84 (World Geodetic System 1984) angegeben. Die Koordinaten [länge, breite] = [8, 0046850, 47, 8739607] bezeichnen beispielsweise die Position des Gipfels des Feldbergs im Taunus. Koordinaten in WGS84 können rund um den Globus angegeben werden. Das GPS arbeitet ebenfalls mit WGS84-Koordinaten. Eine Transformation in andere Koordinatensysteme ist möglich.

Intern wird im Rahmen dieser Arbeit mit kartesischen Koordinaten gearbeitet. Dies ist möglich, indem der Erdball in Abschnitte unterteilt wird, für die jeweils eine eigene Projektion berechnet wird. Abweichungen müssen dennoch in Kauf genommen werden. Der Vorteil dieser Koordinaten ist jedoch, dass Positionen und Distanzen ohne weitere Umrechnungen metrisch angegeben werden können. Für das Bundesland Hessen ist die korrekte Projektion EPSG:31463 (European Petroleum Survey Group Geodesy). Weitere Informationen können [Bartelme, 2005, S. 217ff] entnommen werden.

Zur Nutzung von Höheninformationen werden Digitale Geländemodelle (DGM) genutzt. Ein DGM gibt für Koordinatenpaare die Höhe über Normalnull an. Die Höhe für nicht gegebene Koordinaten muss interpoliert werden.

2.2 Verkehrsforschungsgrundlagen

Mit der Ausbreitung des Automobils in der ersten Hälfte des 20. Jahrhunderts begann der Bereich der Verkehrsforschung zu entstehen. Schon sehr früh wurden Studien durchgeführt, die durch Verkehrsbeobachtung grundlegende Zusammenhänge z.B. zwischen Verkehrsdichte $\rho(x,t)$, Verkehrsfluss $f(x,t)$ und mittlerer Geschwindigkeit $V(x,t)$ am Ort x zum Zeitpunkt t untersuchten (vgl. [Greenshield, 1935] und [Wardrop, 1952]).

Die Verkehrsdichte wird in verschiedenen Arbeiten entweder in prozentualer Auslastung der Straße oder in einer Anzahl an Fahrzeugen pro Streckenabschnittslänge angegeben. Der Verkehrsfluss $f(x,t)$ $[\#\text{Autos} \cdot h^{-1}]$ definiert die Anzahl an Autos, die pro Zeiteinheit (z.B. Stunde oder Sekunde) eine Position passiert haben. Der Verkehrsfluss lässt sich mittels einer Kontaktschwelle auf einer Straße bestimmen. Die Verkehrsdichte kann über zwei

2.2 Verkehrsforschungsgrundlagen

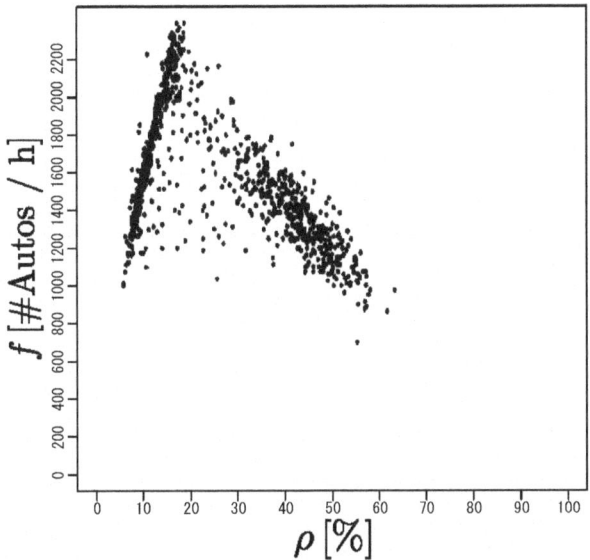

Abbildung 2.1: Fundamentaldiagramm nach [Hall et al., 1986].

Kontaktschwellen bestimmt werden, mit deren Hilfe die Anzahl an Fahrzeugen, die in das Messgebiet eintreten bzw. es wieder verlassen, gemessen wird.

Abbildung 2.1 zeigt den Zusammenhang zwischen Verkehrsdichte und Verkehrsfluss. Die Daten wurden anhand von Messungen im Straßenverkehr ermittelt. Der Verlauf des Diagramms ist in der Verkehrsforschung grundlegend - es wird daher als Fundamentaldiagramm bezeichnet. Bei sehr geringen Verkehrsdichten passieren wenige Autos die Flussmessschwelle. Bei steigender Verkehrsdichte steigt auch der Verkehrsfluss, bis eine kritische Verkehrsdichte mit maximalem f erreicht ist.

An dieser Stelle ist die mittlere Geschwindigkeit $V(x,t)$ der Autos auf Grund von Wechselwirkungen mit anderen Autos und zu haltenden Sicherheitsabständen bereits stark verringert. Dieser Effekt führt bei weiterem Anstieg von ρ zu einer Verringerung von f. Bei $\rho = 100\%$ wird $f = 0$, da sich kein Auto mehr bewegen kann.

Der Zusammenhang zwischen Verkehrsdichte, Verkehrsfluss und mittlerer Geschwindigkeit kann mit der *hydrodynamischen Formel* abgeschätzt werden:

$$\rho(x,t) = \frac{f(x,t)}{V(x,t)} \qquad (2.1)$$

Hierbei muss $V(x,t)$ das räumliche Mittel der Geschwindigkeit zum Zeitpunkt t bestimmen und nicht das zeitliche Mittel der Geschwindigkeit am Ort x [Treiber und Kesting, 2010].

Bei Untersuchungen über Verkehrsmengen wird häufig die Fahrzeugfolgedauer angegeben. Sie bezeichnet den zeitlichen Abstand zwischen zwei aufeinander folgenden Fahrzeugen an einer Messstelle. Sie kann bei der Bestimmung des Verkehrsflusses zusätzlich angegeben werden.

2.3 Simulation

Zu analysierende Sachverhalte sind nicht immer mit vertretbarem Aufwand analytisch zu untersuchen. Dies tritt häufig auf, wenn nichtlineare Verknüpfungen der Systemelemente zu komplexen Wirkungsstrukturen führen [Bossel, 2004]. In diesem Fall kann eine Simulationsstudie Abhilfe schaffen.

> **Definition 2.3.1 (Simulation)**
> *Simulation ist die Nachbildung eines dynamischen Prozesses in einem Modell, um zu Erkenntnissen zu gelangen, die auf die Wirklichkeit übertragbar sind (VDI-Richtline). [Suhl und Mellouli, 2007]*

Simulationen werden verwendet, wenn die reale Durchführung eines Experiments zu kostspielig oder moralisch nicht vertretbar wäre. Heutige Verfahren ermöglichen realistische Crash-Tests mit Hilfe von Computermodellen bereits vor Produktion eines Prototypen. Somit können Fehler im Entwicklungsprozess frühzeitig erkannt und behoben werden (siehe [Frisch, 2004]). In vielen Bereichen werden Simulationssysteme zur Ausbildung von Fachpersonal verwendet. Angehende Chirurgen können beispielsweise Operationen mit Hilfe von VR-Systemen (Virtuelle Realität) trainieren [Satava, 2001].

Nach [Law, 2007] muss grundlegend zwischen den folgenden Simulationsarten unterschieden werden:

Statisch / Dynamisch Ein statisches Simulationsmodell berechnet den Zustand des zu simulierenden Systems zu einem Zeitpunkt. Dynamische Simulationsmodelle berücksichtigen Veränderungen über die Zeit und können somit größere Zeitspannen modellieren.

Deterministisch / Stochastisch In deterministischen Modellen werden nicht vorhersagbare Schwankungen nicht abgebildet. Stochastische Modelle verwenden hierfür Wahrscheinlichkeitsverteilungen.

Kontinuierlich / Diskret Physikalische Kenngrößen - z.b. Temperatur, Gewicht oder Zeit - haben kontinuierliche Werte. In Simulationsmodellen werden diese häufig diskretisiert. Ein Simulationsmodell kann den Folgezustand eines Systems (z.B. die Position eines Balles) in unterschiedlichen Größenordnungen bestimmen. Wenn die Position mit 1 Hz aktualisiert wird, würde die Simulation als zeitdiskret eingeordnet werden. Je kleiner die Zeitscheiben werden, desto zeitkontinuierlicher wird die Simulation. Die Position des Balles (seiner Geschwindigkeit, Beschleunigung, Verformung, ...) kann analog verortet werden.

Auch Mischungen von kontinuierlichen und diskreten Simulationsteilen werden eingesetzt (hybride Simulation). Ein Spezialfall der Diskreten Simulation ist die Ereignisorientierte Simulation. Die Simulationszeit wird verwendet, um Ereignisse hervorzurufen, die ihrerseits den Simulationszustand verändern [Ross, 2006]. Ein Beispiel ist die Simulation einer Warteschlange. Ereignis 1 könnte das Eintreten in die Schlange sein, ein weiteres Ereignis 2 das Verlassen der Schlange. Wenn Ereignis 1 auftritt, folgt nach einer bestimmten Zeit Ereignis 2.

Wenn ein System aus einer Vielzahl sich gegenseitig beeinflussender Subsysteme besteht - z.B. die Simulation eines Aktienmarktes - so entsteht das Gesamtverhalten - z.B. der DAX - aus dem Zusammenspiel der Verhaltensweisen der Subsysteme - z.B. der Anleger. Das Gesamtverhalten lässt sich oftmals nicht vorhersagen, ohne die Verhaltensweisen der enthaltenen Subsysteme zu simulieren. Einzelne Simulationsentitäten können als Agenten modelliert werden. Einen Überblick liefert [Yilmaz und Ören, 2009]. Die Agententechnologie eignet sich beispielsweise für sozialwissenschaftliche Untersuchungen [Gilbert, 2007].

> **Definition 2.3.2 (Agent)**
> *Ein Agent ist ein Computersystem, das sich in einer Umgebung befindet und die Fähigkeit hat, autonome Aktionen in dieser Umgebung durchzuführen, um seine gesetzten Ziele zu erreichen. (nach [Wooldridge, 2009]).*

Nach Definition 2.3.2 lassen sich beispielsweise eigenständige Staubsauger als Agenten auffassen. Im Rahmen dieser Arbeit werden Verkehrsteilnehmer als Akteure oder Agenten aufgefasst. Verkehrsteilnehmer müssen weitere Eigenschaften besitzen, um komplexe urbane Verkehrsszenarien modellieren zu können. Es wird zwischen Agenten und intelligenten Agenten unterschieden. Nach [Timm, 2004] wird die folgende Definition 2.3.3 von weiten Teilen der Agentenforschung akzeptiert.

Definition 2.3.3 (Intelligenter Agent)
Ein intelligenter Agent ist eine Software, die

- *Autonom (agiert selbständig)*
- *Sozial (Interaktionen mit anderen Agenten werden genutzt, um Ziele zu erreichen)*
- *Reaktiv (ist in der Lage, die Umgebung wahrzunehmen und auf Änderungen zu reagieren, um die definierten Ziele zu erreichen)*
- *Proaktiv (führt Aktionen aus, um Ziele zu erreichen)*

ist. (nach [Wooldridge und Jennings, 1995])

Das Zusammenspiel einer Menge von Agenten kann zu emergentem Verhalten führen. Es entstehen Situationen, die nicht durch das Verhalten einzelner Agenten entstehen, sondern durch deren Wechselwirkungen. Ein Beispiel negativer Emergenz ist ein Stau. Das Zusammenspiel staatenbildender Insekten kann zu positiver Emergenz führen - beispielsweise die Ermittelung kürzester Wege durch Ameisen (vgl. [Kennedy et al., 2001]).

Multi-Agenten-Simulationen (MAS) werden in verschiedenen Bereichen eingesetzt. Die Granularität kann hierbei zwischen makroskopischen (z.B. Simulation der Wechselwirkungen zwischen Städten [Sanders, 2007]) und mikroskopischen Systemen (z.B. Simulation eines Spielplatzes [Koizumi et al., 2010]) unterschieden werden. Wenn sowohl makroskopische als auch mikroskopische Modelle verwendet werden, kann ein Übergang zwischen beiden mittels mesoskopischer Modellierung geschehen (z.B. makroskopische Modellierung des Autoverkehrs einer Autobahn und mikroskopische Modellierung einer konkreten Auf- oder Abfahrt [Rose, 2003]).

2.4 Verkehrssimulation

Im Rahmen dieser Arbeit liegt der Fokus auf Systemen, die zur Simulation von Verkehr im Allgemeinen und urbanen Verkehr im Speziellen genutzt werden können. Hierbei liegt ein Augenmerk auf Simulatiossystemen, die mit einem GIS (Geoinformationssysteme) gekoppelt sind. Dies ermöglicht die Nutzung von Straßenkarten zur Erstellung eines Simulationsgraphen zur agentenbasierten Verkehrssimulation [Schüle et al., 2004].

Im Bereich der Verkehrssimulation wurden erste Untersuchungen bereits Anfang der 1930er Jahre durchgeführt (vgl. [Greenshield, 1935]), da eine steigende Verkehrsdichte nach Prognosemethoden für Verkehrsaufkommen und Modellen zur Optimierung der Verkehrsleittechnik verlangte. Damalige Verkehrsmodelle waren makroskopisch.

Makroskopische Kenngrößen (Verkehrsfluss, Verkehrsdichte usw.) werden hierbei mittels physikalischer Flussmodelle ermittelt. Lighthill und Whitham haben die Kontinuitätsgleichung eingeführt, nach der der Verkehrsfluss und die durchschnittliche Geschwindigkeit proportional zur Verkehrsdichte sind. Unabhängig von dieser Arbeit hat Richards identische Überlegungen angestellt, sodass das Modell Lighthill-Whitham-Richards-Modell (LWR) genannt wird [Lighthill und Whitham, 1955, Richards, 1956]. Erweiterte Modelle nehmen die durchschnittliche Geschwindigkeit als dynamische Variable in das Simulationsmodell auf und berücksichtigen die beschränkte Beschleunigungsfähigkeit von Automobilen [Kerner und Konhäuser, 1994, Treiber et al., 1999]. Makroskopische Verkehrsmodelle lassen sich zur Vorhersage makroskopischer Kenngrößen kalibrieren, sofern ausreichend große Zeiträume und Streckenabschnitte betrachtet werden.

Eine feinere Granularität ermöglichen mikroskopische Simulationsmodelle, die die Bewegung einzelner Verkehrsteilnehmer modellieren. Heterogene Fahrverhaltensweisen lassen sich simulieren und makroskopische Kenngrößen können extrahiert werden. Der Zusammenschluss aus Fahrzeug und Fahrer wird meistens als eine Entität betrachtet und kann durch Agenten modelliert werden [Kesting et al., 2009]. Ein Überblick wird in [Kesting et al., 2008] gegeben.

Bei der Betrachtung von Verkehrsmodellen werden häufig Zeitpunkte t verwendet. Es sei beispielsweise $x_n(t)$ die Position des Autos n zum Zeitpunkt t und $\dot{x}_n(t)$ dessen Geschwindigkeit. Der Zeitpunkt t bezieht sich auf die Simulationszeit. Diese korrelliert nicht mit der Uhrzeit. Ein Simulationslauf wird für gewöhnlich zum Zeitpunkt $t = 0$ gestartet und die Simulationszeit erhöht sich während der Simulation. Je nach Simulationsart können hierbei äquidistante Zeitschritte genutzt werden. Eine gängige Praxis ist, pro simulierter Sekunde einmal alle Zustände der Verkehrsteilnehmer zu aktualisieren, um der typischen menschlichen Reaktionszeit Rechnung zu tragen. Es werden jedoch auch andere - meist geringere - Zeitscheiben verwendet, um feingranularer modellieren zu können.

Eine besondere Gruppe der Verkehrssimulationssysteme sind multimodale Systeme. Sie berücksichtigen multiple Arten von Simulationsentitäten, z.B. Autos, Fahrräder und Fußgänger. Die genutzten Modelle sind in der Regel mikroskopisch, da makroskopische Modelle die benötigten punktuellen Wechselwirkungen zwischen den Verkehrsteilnehmertypen nicht modellieren können.

Innerhalb mikroskopischer Modelle können unterschiedliche Detaillierungsgrade erzielt werden. High-Fidelity-Modelle können teilweise sehr komplexe Wirkungszusammenhänge abbilden. Je nach Anwendungsgebiet können Parameter wie z.B. der Winkel des Gaspedals simuliert werden.

3 Verkehrssimulationsmodelle

Dieses Kapitel diskutiert den Stand der Forschung zu Simulationsmodellen für unterschiedliche Verkehrsteilnehmertypen. In der realen Welt werden in urbanen Szenarien nicht nur Autos genutzt. Tabelle 3.1 zeigt beispielhaft anhand einer Auswahl deutscher Städte, welche Art der Fortbewegung wie häufig ist. Es werden die Fortbewegungsmethoden „Auto", „Öffentliche Verkehrsmittel", „Fahrrad" und „zu Fuß" unterschieden.

Zur Berücksichtigung von öffentlichen Verkehrsmitteln müssen deren Fahrrouten definiert sein. Berücksichtigt werden ferner Autos (Abschnitt 3.1), Fahrräder (Abschnitt 3.2) und Fußgänger (Abschnitt 3.3). Jede der drei Gruppen kann in Untergruppen präzisiert werden und heterogene Verkehrsteilnehmer modellieren. Busse können als Spezialfall eines Autos definiert werden. Dieses Kapitel schließt in Unterabschnitt 3.5 mit einer Diskussion der vorgestellten Modelle.

3.1 Modelle zur Fahrzeugmodellierung

Zur Simulation des Automobilverkehrs können grundlegend drei verschiedene Betrachtungsweisen genutzt werden: Makroskopische, mesoskopische und mikroskopische Verkehrsmodelle.

In makroskopischen Modellen wird der Verkehr mit Hilfe von Flüssigkeitsmodellen oder gaskinetischen Gleichungen beschrieben. Anhand wichtiger Parameter - z.B. der Anzahl der Spuren oder der Verkehrsdichte - lassen sich über Zeit und Raum gemittelte Kenngrößen vorhersagen - z.B. die mittlere Geschwindigkeit des Verkehrs. Makroskopische Modelle eignen sich zur Simulation großer Verkehrsmengen, da Verkehr anhand weniger Kenngrößen beschrieben werden kann. Makroskopische Modelle benötigen jedoch größere Zeiträume und Strecken, um gemittelte Ergebnisse berechnen zu können.

Auf der gegenüberliegenden Seite beschreiben mikroskopische Verkehrsmodelle das Verhalten jedes einzelnen Verkehrsteilnehmers. Aus dem Zusammenspiel einer Gruppe von Verkehrsteilnehmern entsteht das makroskopische Verhalten auf den simulierten Straßen. Makroskopische Kenngrößen können durch Mittelung (z.B. mittlere Fließgeschwindigkeit) oder Zählungen

Tabelle 3.1: Modal Split nach Verkehrsaufkommen: Prozentualer Anteil der gezeigten Verkehrsteilnehmertypen. Beispieldaten für ausgewählte deutsche Städte. Adaptiert nach [Kolodziej et al., 2009].

	🚗	🚊	🚲	🚶
Bamberg	43	12	22	23
Berlin	34	28	12	26
Bremen	46	14	17	23
Coesfeld	46	3	29	9
Dortmund	49	19	10	20
Greifswald	40	5	24	31
Halle	42	18	13	27
Karlsruhe	44	18	16	22
Kiel	47	12	17	24
Koblenz	58	10	8	24
Ludwigsburg	59	11	10	20
Nürnberg	43	28	14	15

(z.B. Verkehrsfluss) aggregiert werden. Mikroskopische Verkehrsmodelle können verschiedene Verkehrsteilnehmertypen berücksichtigen. Makroskopische Modelle beschränken sich üblicherweise auf den Automobilverkehr.

Mesoskopische Verkehrsmodelle verbinden makroskopische und mikroskopische Elemente in einem Simulationssystem. Es könnte beispielsweise der Verkehr in einem Stadtgebiet mikroskopisch simuliert werden und der umliegende Verkehr (Zu- und Abflüsse des betrachteten Gebietes) makroskopisch.

Die verschiedenen Betrachtungsweisen eignen sich für unterschiedliche Aufgabenstellungen. Ein makroskopisches Modell eignet sich z.B. zur Modellierung von Autobahnverkehr über große Strecken mit geringem Berechnungsaufwand. Es lässt sich jedoch nicht zur Simulation von innerstädtischem Verkehr mit komplexen Wechselwirkungen zwischen verschiedenen Verkehrsteilnehmern und häufigen Störungen durch Ampelschaltungen verwenden. An dieser Stelle müssen mikroskopische Modelle genutzt werden.

Wenn nur Teilaspekte des Verkehrs betrachtet werden sollen, eignen sich mesoskopische Ansätze. Für eine Straße kann die mittlere Durchfahrtsdauer makroskopisch ermittelt werden. Ein mikroskopisch simulierter Bus kann an diesen Stellen mit der makroskopisch ermittelten Geschwindigkeit fahren und

3.1 Modelle zur Fahrzeugmodellierung

Abbildung 3.1: Nummerierung der Autos in absteigender Reihenfolge. Auto n muss auf das Fahrverhalten von Auto $n-1$ reagieren.

dennoch an Bushaltestellen anhalten. Auf diese Weise können Busfahrpläne bis zu einem gewissen Grade auf Plausibilität geprüft werden.

Zur Simulation des Verkehrs in urbanen Szenarien werden mikroskopische Modelle genutzt, da sie verschiedene Aspekte des Verkehrs, z.B. Vorfahrtsregeln oder die Routenwahl von simulierten Autofahrern, modellieren können.

Mikroskopische Modelle können in zwei grundlgegende Gruppen unterteilt werden. In Unterabschnitt 3.1.1 werden Fahrzeugfolgemodelle untersucht. Modelle auf Basis Zellulärer Automaten werden in Abschnitt 3.1.2 beschrieben. Stellvertretend für Modelle dieser Gruppe wird hierbei der Fokus auf das Nagel-Schreckenberg-Modell gelegt, welches ein gut verstandenes und viel genutztes Modell ist. Im Unterabschnitt 3.1.3 wird kurz auf weitere Modellgruppen eingegangen und diskutiert, welche Aspekte der vorgestellten Modelle im Rahmen dieser Arbeit übernommen werden können bzw. abgewandelt werden müssen.

3.1.1 Fahrzeugfolgemodelle

Fahrzeugfolgemodelle sind mikroskopische Verkehrsmodelle, die die Verhaltensweisen der simulierten Autos in Relation zu den vorausfahrenden Fahrzeugen auf ihrer Spur modellieren. Diese Modellklasse basiert auf Differntialgleichungen und hat das Ziel, sprunghafte Geschwindigkeitsänderungen zu vermeiden, um Fahrverhaltensweisen realistisch abbilden zu können. Ein besonders einfaches Modell wird in [McCartney und Carey, 1999] vorgeschlagen, um Studenten für Verkehrsmodelle und Differentialgleichungen zu begeistern. Nach [Helbing, 2001] wurden die ersten Fahrzeugfolgemodelle von Reuschel [Reuschel, 1950a, Reuschel, 1950b] und Pipes [Pipes, 1953] publiziert. Die Autos sind im Modell wie in Abbildung 3.1 dargestellt, nummeriert.

Ein Auto n bestimmt seine Geschwindigkeit hierbei in Abhängigkeit zu seinem Vordermann $n-1$ nach Gleichung 3.1.

$$\ddot{x}_n(t+T) = \frac{v_n^0 + \xi_n(t) - \dot{x}_n(t)}{\tau_n} + f_{n,(n-1)}(t) \tag{3.1}$$

mit $x_n(t)$ = Position von Auto n zum Zeitpunkt t
$\dot{x}_n(t)$ = Geschwindigkeit von Auto n zum Zeitpunkt t
$\ddot{x}_n(t)$ = Beschleunigung von Auto n zum Zeitpunkt t
T = Reaktionszeit
v_n^0 = Wunschgeschwindigkeit von Auto n
$\xi_n(t)$ = Verhaltensschwankung von Auto n zum Zeitpunkt t
τ_n = Relaxationszeit von Auto n
$f_{n,(n-1)}(t)$ = Abstoßung zwischen Auto n und $n-1$
zum Zeitpunkt t

Mit Hilfe dieses ersten Fahrzeugfolgemodells können divergierende Verhaltensweisen modelliert werden. Jedes Auto folgt dabei seinem Vordermann. Ein weiteres Modell dieser Klasse ist das Gazis-Herman-Rothery-Modell (GHR) [Chen et al., 2005]. Es ist ein Modell, das in den vergangenen Jahrzehnten von verschiedenen Forschergruppen erweitert wurde [Al-Jameel, 2009]. In [Gazis et al., 1959] wird ein erster Ansatz vorgestellt, der darauf basiert, dass jedes simulierte Auto seine Geschwindigkeit in Relation zur Geschwindigkeitsdifferenz zum Vordermann anpasst. Heutige Modelle auf der Grundlage von GHR basieren auf der in Gleichung 3.2 dargestellten Differentialgleichung nach [Gazis et al., 1961].

$$\ddot{x}_n(t+T) = \frac{a\,\dot{x}_n^m(t+T)\,\Delta\dot{x}(t)}{(\Delta x(t))^l} \qquad (3.2)$$

mit a = Proportionalitätskonstante
m, l = Verhaltensparameter
$\Delta x(t)$ = $x_{n-1}(t) - x_n(t)$
$\Delta \dot{x}(t)$ = $\dot{x}_{n-1}(t) - \dot{x}_n(t)$

Die Proportionalitätskonstante a bestimmt die Reaktionsstärke des simulierten Autos n. Im GHR-Modell reagiert ein simuliertes Auto n auf jede Geschwindigkeitsänderung des Autos $n-1$.

Es handelt sich um ein rein physikalisches Modell, welches in verschiedenen Situationen unrealistische Verhaltensweisen modelliert und zu Auffahrunfällen führen kann. Es können Beschleunigungs- und Bremswerte entstehen, die reale Fahrzeugfähigkeiten übersteigen. Das Auto n wirkt auf $n+1$ außerdem

3.1 Modelle zur Fahrzeugmodellierung

anziehend [Helbing, 1997b]. Gleichung 3.2 ist nicht plausibel, wenn kein Auto n existiert. In diesem Fall beschleunigt Auto $n + 1$ nie.

Eine Erweiterung des GHR-Modells ist das Optimal-Velocity Modell (OVM), welches in Gleichung 3.3 gezeigt wird [Bando et al., 1994]. Jedes Auto bestimmt seine optimale Geschwindigkeit in Relation zum Vordermann.

$$\ddot{x}_n(t) = \frac{V(\Delta x(t)) - \dot{x}_{n-1}(t)}{\tau} \quad (3.3)$$

$$\text{mit } V(\Delta x(t)) = \text{Optimal Velocity Funktion}$$
$$\tau = \text{Sensitivitätskonstante}$$

Das Modell konnte mit den in Gleichung 3.4 gezeigten Parametern auf japanischen Autobahnverkehr kalibriert werden [Bando et al., 1998].

$$V(\Delta x(t)) = 16,8 \cdot [\tanh(0,0860(\Delta x(t) - 25)) + 0,913] \quad (3.4)$$

Das OVM ist empfindlich bezüglich seiner Optimal Velocity Funktion [Bando et al., 1995]. Es produziert teils unrealistisch starke Bremsungen und führt dennoch zu Unfällen, wenn ein Auto auf einen stehenden Vordermann auffährt [Helbing und Tilch, 1998]. Um dies zu vermeiden, muss τ sehr gering gewählt werden. Dies geschieht jedoch auf Kosten unrealistisch starker Beschleunigungswerte [Helbing, 2001]. Zhao und Gao erweitern das Modell um den Geschwindigkeitsunterschied $\Delta \dot{x}(t) = \dot{x}_{n-1}(t) - \dot{x}_n(t)$ zum Vordermann und vermeiden dadurch unrealistisch starke Bremsungen und Auffahrunfälle [Zhao und Gao, 2005].

Treiber und Helbing schlagen das in Gleichung 3.5 gezeigte Intelligent Driver Modell (IDM) vor [Treiber und Helbing, 1999, Treiber et al., 2000].

$$\ddot{x}_n(t) = a_n \cdot \left[\underbrace{1 - \left(\frac{\dot{x}_n(t)}{v_n^0}\right)^\delta}_{v^+} - \underbrace{\left(\frac{s_n^*}{s}\right)^2}_{v^-} \right] \quad (3.5)$$

$$s_n^* = s_n^0 + \max\left(0, \dot{x}_n(t) T_n^0 - \frac{\dot{x}_n(t) \Delta \dot{x}(t)}{2\sqrt{a_n b}}\right)$$

$$\text{mit } v^+ = \text{Beschleunigungsverhalten}$$
$$v^- = \text{Bremsverhalten}$$
$$a_n = \text{Maximale Beschleunigung von Auto } n$$

Tabelle 3.2: IDM: Typische Parameter [Kesting et al., 2010, Treiber, 2011].

Parameter	Autobahn	Stadtverkehr
Wunschgeschwindigkeit v^0 [km/h]	130	50
Folgezeit T^0 [s]	1,5	1,5
Minimalabstand s^0 [m]	3	2
Beschleunigungsexponent δ	4	4
Beschleunigung a_n [m/s^2]	1,0	1,5
Verzögerung b [m/s^2]	2	2

δ = Beschleunigungsexponent
s_n^* = Wunschabstand zu Vordermann von Auto n
s = $x_{n-1}(t) - x_n(t)$
s_n^0 = Minimaler Sicherheitsabstand von Auto n
T_n^0 = Zeitl. Wunschabstand zu Vordermann von Auto n
b = Komfortable Verzögerung

Die Wahl von s_n^* führt dazu, dass ein langsamer Vordermann einen erhöhten Wunschabstand und ein schneller Vordermann einen verringerten Wunschabstand bewirkt. Schnelle Vordermänner verringern den Einfluss von s_n^* auf die Geschwindigkeitswahl.

Typische Modellparameter werden in Tabelle 3.2 gezeigt. Wenn Auto n keinen Vordermann hat, wird $s = \infty$ und somit $v^- = 0$. Das Auto verringert durch den Term v^+ die Differenz seiner Geschwindigkeit $\dot{x}_n(t)$ zu seiner Wunschgeschwindigkeit v_n^0. Der Verlauf der Beschleunigung wird durch den Exponenten δ bestimmt. Wenn ein Vordermann vorhanden ist, wird die Beschleunigung zusätzlich von dessen Position und Geschwindigkeit durch v^- beeinflusst. Jedes Auto n versucht, seinen Wunschabstand s_n^* zum Vordermann zu halten.

Das IDM führt auf einspurigen Straßen zu realistischem Fahrverhalten. Bei mehrspurigem Verkehr können Spurwechsel abrupte Verzögerungen hervorrufen, die einerseits ungewollt und andererseits unrealistisch stark ausfallen. In [Kesting et al., 2010] wird die Beschleunigungsfunktion des IDM daher erweitert. Das IDM ist deterministisch und eignet sich mit Erweiterungen zur adaptiven Temporegelung [Treiber und Helbing, 2002]. Zufällige Einflüsse werden nicht modelliert.

3.1 Modelle zur Fahrzeugmodellierung

In [Treiber et al., 2006] wird eine Erweiterung des IDM vorgeschlagen, die Reaktionszeiten, Schätzfehler, zeitliches Vorausschauen und die Berücksichtigung mehrerer vorherfahrender Fahrzeuge modelliert. Es entsteht ein gleichmäßigeres Fahrverhalten. Dies ist vor allem relevant, da das IDM auch im Hinblick auf die Nutzung als Fahrassistenzsystem entwickelt wird.

In [Wiedemann, 1974] wurde ausgehend vom GHR-Modell ein psychisch-physikalisches Modell entwickelt, indem eine Wahrnehmungsschwelle hinzugefügt wurde. Das Modell wird Wiedemann-Modell genannt. Ein Auto $n+1$ reagiert demnach nur noch auf, mit Hilfe eines Schwellwertes angegebene, „spürbare" Änderungen der Geschwindigkeit des Vordermanns n. Der Schwellwert ist vom Abstand $x_n(t) - x_{n+1}(t)$ abhängig.

Das Wiedemann-Modell ist ein High-Fidelity-Modell und kann zur Berücksichtigung verschiedenster Fahrdetails erweitert werden [Schnieder und Becker, 2007]. Der Berechnungsaufwand ist verglichen mit anderen Modellen jedoch sehr hoch. Das Modell wird daher vorwiegend verwendet, wenn kleinere Streckenabschnitte, z.B. ein detailliert modellierter Ausschnitt eines Stadtstraßennetzes, analysiert werden sollen.

Ein Fahrzeugfolgemodell, das nicht menschliches Verhalten detailliert modelliert, sondern nur generelle Annahmen über den Verkehrsfluss verarbeitet, ist das Krauß-Modell [Krauß, 1997]. Es wird über Gleichung 3.6 definiert.

$$\begin{aligned}
\dot{x}_n(t + \Delta t) &= \max\left[0, \dot{x}_{\text{des}}(t) - \eta\right] \\
\dot{x}_{\text{des}}(t) &= \min\left[\dot{x}_{\max}, \dot{x}(t) + a(\dot{x}(t))\Delta t, \dot{x}_{\text{safe}}(t)\right] \\
\dot{x}_{\text{safe}}(t) &= \dot{x}_{n-1}(t) + \frac{[x_{n-1}(t) - x_n(t)] - g_{\text{des}}(t)}{\tau_b + \tau} \\
x(t + \Delta t) &= x(t) + v\Delta t \\
g_{\text{des}}(t) &= \tau \dot{x}_{n-1}(t)
\end{aligned} \tag{3.6}$$

$$\begin{aligned}
\text{mit } \eta > 0 &= \text{Zufällige Abweichung} \\
a(\dot{x}) &= \text{Beschleunigungsvermögen} \\
\tau &= \text{Reaktionszeit} \\
\tau_b &= \frac{0,5 \cdot (\dot{x}_n(t) + \dot{x}_{n-1}(t))}{b}
\end{aligned}$$

Die grundlegende Idee des Modells ist trivial: Fahre so schnell wie möglich, in Abhängigkeit zur Wunschgeschwindigkeit $\dot{x}_{\text{des}}(t)$ und zur Geschwindigkeit, die ein sicheres Fahren ermöglicht $\dot{x}_{\text{safe}}(t)$. Die Definition von $\dot{x}_{\text{safe}}(t)$ modelliert Wechselwirkungen zwischen Auto n und seinem Vordermann $n-1$

in Relation zur Geschwindigkeit des Vordermanns und der Abweichung der Distanz zum Vordermann $x_{n-1}(t) - x_n(t)$ zur Wunschdistanz $g_{\text{des}}(t)$. Die Reaktionsstärke hängt von der Reaktionszeit, der mittleren Geschwindigkeit von Auto n und $n-1$, sowie der komfortablen Verzögerung b ab. Die Wunschdistanz $g_{\text{des}}(t)$ hängt nicht von der Geschwindigkeit von Auto n, sondern der seines Vordermanns $n-1$ ab.

In [Krauß et al., 1997, Krauß, 1998] wurde gezeigt, dass das Krauß-Modell grundlegende Zusammenhänge des Verkehrsflusses reproduzieren kann und auf mehrspurigen Verkehr erweitert werden kann. Die Simulationsgeschwindigkeit ist jedoch um einen Faktor ≈ 2 langsamer, als unter Verwendung des im nächsten Abschnitt beschriebenen Nagel-Schreckenberg-Modells.

Der Berechnungsaufwand von Fahrzeugfolgemodellen ist im Vergleich zu anderen Ansätzen hoch. Simulationsszenarien mit großen Mengen an Autos sind daher schwierig durchführbar.

3.1.2 Nagel-Schreckenberg-Modell

Im Kontrast zu Fahrzeugfolgemodellen ist das Nagel-Schreckenberg-Modell darauf ausgelegt, mit einfachen Verhaltensregeln große Mengen von Fahrzeugen simulieren zu können. Das Modell bedient sich der Technologie der zellulären Automaten. Zelluläre Automaten werden zur Modellierung räumlich und zeitlich diskreter Systeme verwendet.

> **Definition 3.1.1 (Zellulärer Automat)**
> *Ein **Zellular-** oder **zellulärer Automat** (ZA) ist ein gedachter Parallelrechner, dessen Einzelrechner, die (Automaten-)Zellen, in einem regulären Gitter angeordnet sind. Alle Zellen führen das gleiche Programm aus. Dieses beschreibt einen Automat mit endlich vielen Zuständen, der mit Nachbarzellen kommuniziert. [Goos, 1998, S. 75]*

Das zu modellierende System wird in Zellen z zerlegt, die einen Zustand aus einer Zustandsmenge annehmen können. Eine Zustandsübergangsfunktion bestimmt in Abhängigkeit des Zustands von z und den Zuständen der Zellen in einer endlichen Nachbarschaft von z zum Zeitpunkt t den Folgezustand für den Zeitpunkt $t+1$ [Batty, 2007].

Steve Wolfram beschrieb einen zellulären Automaten, der *Rule 184* genannt wird, da $184_{(10)} = 10111000_{(2)}$ und dies dem Muster der Zustandsübergangsfunktion entspricht, die in Tabelle 3.3 dargestellt wird. Der Automat

3.1 Modelle zur Fahrzeugmodellierung

Tabelle 3.3: Zustandsübergangsfunktion: Zellularautomat *Rule 184*

aktueller Zustand	111	110	101	100	011	010	001	000
Folgezustand	1	0	1	1	1	0	0	0

```
              11   1            1 1    111 1 1        1 1            1
           1 1   1              1 1     11 1 1 1      1 1            1
             1 1   1            1 1 1 1 1 1 1 1       1 1              1
               1 1   1          1 1 1 1 1 1 1 1       1 1                1
                 1 1   1        1 1 1 1 1 1 1 1       1 1                  1
    1              1 1   1      1 1 1 1 1 1 1 1       1 1
    1                1 1   1    1 1 1 1 1 1 1 1       1 1
       1               1 1   1  1 1 1 1 1 1 1 1       1 1
          1              1 1   1 1 1 1 1 1 1 1 1      1 1
             1             1 1   1 1 1 1 1 1 1 1      1 1
                1            1 1   1 1 1 1 1 1 1 1     1 1
```

Abbildung 3.2: Beispielsequenz: Zellularautomat *Rule 184*. Da das Verhalten der Zellen rein deterministisch ist, wird ein anfangs vorhandener Stau schnell aufgelöst und die Zellen „fahren" in einer Kolonne mit konstanten Abständen hintereinander her.

beschreibt ein eindimensionales Verkehrsflussproblem [Wang et al., 1998]. Zahlreiche komplexere Verkehrsmodelle bauen auf *Rule 184* auf [Nagel, 1996].

Jede Zelle kann einen der Zustände 0 (leer) oder 1 (belegt) annehmen. Der Folgezustand für eine Zelle wird durch ihren eigenen Zustand (in Tabelle 3.3 fett markiert) und die Zustände der direkt benachbarten Zellen links und rechts beeinflusst. Für jede Zelle des Systems wird parallel der Zustandsübergang berechnet. In Abbildung 3.2 wird eine Simulation von 10 Durchläufen auf einem Feld mit einer Länge von 55 Zellen gezeigt. Die erste Zeile stellt den Startzustand dar, wobei jede mit einer 1 markierte Zelle belegt ist. Jede weitere Zeile n zeigt den Folgezustand, der aus dem Zustand zum Zeitpunkt $n-1$ hervorgeht. Belegte Zellen wandern immer weiter nach rechts, bis sie auf eine weitere belegte Zelle „auflaufen", sodass ein Stau sich rückwärts ausbreitet.

Wenn man annimmt, dass jede belegte Zelle mit einem Auto belegt ist, so stellt *Rule 184* ein sehr einfaches Modell zur Verkehrssimulation auf einer einspurigen Straße dar, bei der jedes Auto eine Maximalgeschwindigkeit von 1 $\left[\text{Zelle} \cdot \text{Zeiteinheit}^{-1}\right]$ hat. Der Zellularautomat *Rule 184* wird daher

Tabelle 3.4: Mögliche Geschwindigkeiten im NSM

v [Zellen/s]	0	1	2	3	4	5
v [km/h]	0	27	54	81	108	135

auch *Traffic Rule* genannt. Mittels einfacher Erweiterungen können nun Verkehrsmodelle gewonnen werden, die makroskopisch realistisch sind.

Fukui und Ishibashi erweiterten *Rule 184* um Geschwindigkeiten von bis zu $v_{\max} = 5$ [Zelle · Zeiteinheit^{-1}]. Autos fahren stets mit $v = \min(v_{\max}, dist)$, wobei $dist$ die Anzahl der freien Zellen bis zum Vordermann ist [Fukui und Ishibashi, 1996]. In [Nagatani, 1996] wird der Ansatz beschrieben, dass ein Auto seine Geschwindigkeit um a erhöht, wenn $dist$ größer als der Sicherheitsabstand ist. Im gegenteiligen Fall wird die Geschwindigkeit um a verringert. Nagel und Schreckenberg erweiterten *Rule 184* zu einem mikroskopischen Verkehrssimulationsmodell [Fuks und Boccara, 1998]. Das Modell konnte sich als Quasi-Standard durchsetzen und wurde vielfach erweitert und für verschiedene Situationen angepasst. Dieser Abschnitt diskutiert das NSM daher detailliert.

Das von Nagel und Schreckenberg entwickelte Nagel-Schreckenberg-Modell (NSM) zerteilt Straßen in Zellen mit einer Länge von je 7,5 m. Diese Zellenlänge repräsentiert die Länge eines Autos (ca. 4,5 m) und je etwas Raum vor und hinter dem Auto. Autos können sich mit Geschwindigkeiten v [Zelle · Zeiteinheit^{-1}] fortbewegen. Die Maximalgeschwindigkeit der Autos wird in der Regel auf 5 festgelegt.

Das NSM ist zeitdiskret und jeder simulierte Zeitschritt beträgt 1 s Realzeit, sodass die in Tabelle 3.4 dargestellten Geschwindigkeiten erreicht werden können. In jedem Zeitschritt $t + 1$ aktualisieren alle simulierten Autos ihre Zustände, bestehend aus der aktuellen Geschwindigkeit v_t und der Position $position_t$ parallel nach Algorithmus 3.1.

In den Zeilen 2 bis 7 wird die Geschwindigkeit des Autos aktualisiert. Zuerst wird in Zeile 2 beschleunigt, sofern nicht bereits die maximale Geschwindigkeit $v_{\max}$ erreicht wurde. Anschließend wird in Zeile 3 die Geschwindigkeit gegebenenfalls auf den Abstand zum Vordermann $dist$ verringert. Dieser Schritt garantiert die Kollisionsfreiheit - es finden keine Unfälle statt. Mit einer bestimmten Wahrscheinlichkeit $\bot$ wird in den Zeilen 4 und 5 gebremst (getrödelt). Der Parameter $\bot$ liegt in den meisten Arbeiten im Bereich von 0,3. Abschließend wird das Auto um seine neue Geschwindigkeit verschoben. Das grundlegende Verfahren wird in Abbildung 3.3 verdeutlicht.

3.1 Modelle zur Fahrzeugmodellierung

```
1  procedure update()
2    v_{t+1/3} ← min(v_t + 1, v_max);
3    v_{t+2/3} ← min(dist, v_{t+1/3});
4    if random ≤ ⊥ then
5      v_{t+1} ← max(v_{t+2/3} − 1, 0)
6    else
7      v_{t+1} ← v_{t+2/3}
8    position_{t+1} ← position_t + v_{t+1}
```

Algorithmus 3.1: NSM [Nagel und Schreckenberg, 1992]

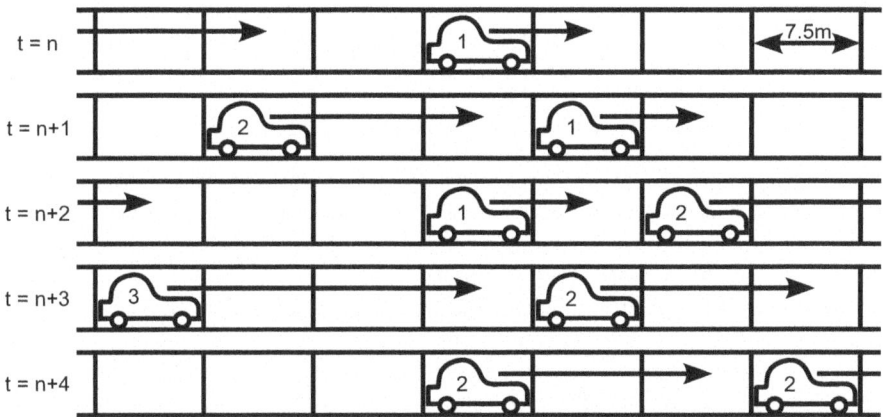

Abbildung 3.3: Nagel-Schreckenberg-Modell (NSM). Die Autos sind jeweils mit ihrer neuen Geschwindigkeit beschriftet. Das einzige zum Zeitpunkt n sichtbare Auto trödelt in Zeitpunkt $n + 1$ - es hätte beschleunigen können, da der Sicherheitsabstand zu einem vorausfahrenden Fahrzeug eine Beschleunigung nicht behindert hätte.

Abbildung 3.4 ermöglicht einen einfachen Vergleich zum zellulären Automaten *Rule 184*. Wenn $\perp = 0$, sowie $v_{max} = 1$ gesetzt wird, so ergibt sich *Rule 184* als Spezialfall von NSM.

```
0           0 0       0   0 0     0 0         0
 1           1 1       1   1 1     0 0         1
  2           1 2       2 1 2 0     1           1
   3           2 3     2 1 1 1       2           2
    4           3     3 1 2 1 2       3           3
     5           5   3 1 2 1 1         3           3
 4               5   1 2 1 1 2         3           4
     4             5 2 1 1 2 2           4         5
  5       4         2 1 1 2 2 3           5
5       4       5   1 1 2 2 3 3
         5       5 4 1 2 2 3 3 4
```

Abbildung 3.4: Beispielsequenz: NSM. Gestartet wurde der Durchlauf mit stehenden Autos. Die Ziffern geben die jeweiligen Geschwindigkeiten an. Die Wahrscheinlichkeit zu trödeln wurde auf 0,3 gesetzt. Das Auto, das links gestartet ist, hat bei freier Fahrt bis zur Maximalgeschwindigkeit 5 beschleunigt und fuhr anschließend auf eine Gruppe anderer Autos auf, weshalb es die Geschwindigkeit senken musste. Das Auto, das ganz rechts gestartet ist, trödelte zweimal während des Durchlaufs.

Das NSM wurde breit untersucht und seine Eignung zur realistischen Abbildung des Autobahnverkehrs konnte gezeigt werden [Wagner, 1995]. Mit Hilfe des NSM konnte erstmals eine Simulation des gesamten Autobahnverkehrs für Deutschland in Echtzeit unter Verwendung einer Mikrosimulation realisiert werden [Rickert und Wagner, 1996, Rickert et al., 1996]. Das NSM war das erste Verkehrsmodell, welches einen Stau ohne äußere Einflüsse entstehen lassen konnte („Stau aus dem Nichts"). Im Folgenden werden Erweiterungen und Modifikationen besprochen, die das Modell realistischer machen und die Verwendung für innerstädtische Szenarien ermöglichen.

Die in Tabelle 3.4 aufgezählten erreichbaren Geschwindigkeiten innerhalb des NSM stellen eine Einschränkung des Ansatzes dar. Für innerstädtische Szenarios wird in [Esser und Schreckenberg, 1997] eine Maximalgeschwindigkeit von $v_{max} = 2$ vorgeschlagen[1]. In [Fouladvand et al., 2005] wird die Zellengröße auf 5,6 m verringert, um eine feinere Granularität der Geschwindigkeiten zu erreichen. Zusätzlich wird die Simulationsgeschwindigkeit halbiert, indem zwei Simulationsiterationen eine Sekunde Realzeit simulieren. Es entstehen Geschwindigkeitsschritte von 10,08 km/h. Die Zellen-

---

[1] $v_{max} = 2$ Zellen $\cdot$ s^{-1} $\triangleq$ 54 km/h

3.1 Modelle zur Fahrzeugmodellierung

größe kann bei geeigneter Kalibrierung des Systems beliebig klein werden [Krauss et al., 1996]. Die Zellengröße von 0,5 m hat sich als weiterer Standard etabliert und wird als Kerner-Klenov-Wolf-Modell (KKW-Modell) bezeichnet [Kerner et al., 2002].

Durch Verkehrsbeobachtungen konnte ermittelt werden, dass Autofahrer dazu tendieren, mit einer höheren Wahrscheinlichkeit zu trödeln, wenn sie $v = 0$ haben, als wenn sie fahren. Es wurde in [Takayasu und Takayasu, 1993] eine Startverzögerung eingeführt, deren Einfluss in [Helbing, 1997a] bestätigt wurde. In das NSM kann diese Erweiterung trivial integriert werden, indem der konstante Faktor $\perp$ durch eine Funktion $\perp(v)$ ersetzt wird [Knospe et al., 2000]. Bisher antizipieren simulierte Autofahrer nicht, wie sich der Verkehr entwickeln wird. Eine einfache Erweiterung des Modells um das Bremslicht des Vordermanns bewirkt eine bessere Anpassung an Messdaten [Hafstein et al., 2003]. Die Erweiterung kann in das Modell durch eine weitere Anpassung der $\perp(v)$-Funktion integriert werden.

Das Modell muss auf mehrere Spuren erweitert werden. Hierfür werden Spurwechselregeln benötigt. In [Nagel et al., 1998, Knospe et al., 2002] wird der Spurwechsel in zwei Phasen getrennt. Zuerst muss geprüft werden, ob ein Spurwechsel erwünscht ist. Ein Spurwechsel nach links ist erwünscht, wenn ein Vordermann auf der aktuellen oder linken Spur langsamer als die eigene Wunschgeschwindigkeit fährt[2]. Nun muss geprüft werden, ob ein Spurwechsel nach links möglich ist. Hierfür muss eine ausreichend große Lücke vorhanden sein. Nach vorne muss der Sicherheitsabstand eingehalten werden. Ein von hinten herannahendes Fahrzeug muss seine Bewegung durchführen können, ohne seinerseits durch den eigenen Spurwechsel einen zu geringen Sicherheitsabstand zu erhalten. Der Wunsch nach rechts zu wechseln entsteht, wenn es keinen Grund mehr gibt, links zu fahren (Rechtsfahrgebot). Es darf also weder auf der linken, noch auf der rechten Spur ein Fahrzeug geben, dass derzeit überholt werden soll. Das Sicherheitskriterium wird abermals durch das Vorhandensein einer ausreichenden Lücke definiert. Das Vorbeifahren auf der rechten Spur wird ab einer fixen Geschwindigkeit und darunter ermöglicht, um die volle Nutzung aller Spuren zu ermöglichen, wenn der Verkehr stockt [Wagner et al., 1996].

Das NSM ist kollisionsfrei. Um Unfälle zu modellieren, wurde ein Unaufmerksamkeits- bzw. Leichtsinnigkeitsfaktor $\perp'$ eingeführt, der äquivalent zur Trödelwahrscheinlichkeit $\perp$ angewendet wird [Boccara et al., 1997]. In jeder Iteration ist jedes simulierte Auto k mit der Wahrscheinlichkeit $\perp'$

---

[2]Es ist auf deutschen Straßen in der Regel nicht erlaubt, rechts zu überholen.

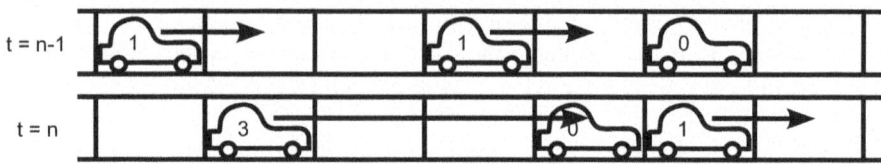

Abbildung 3.5: NSM: Unfälle nach Boccara et al. Die Autos seien von links nach rechts: k, $k+1$, $k+2$. In Zeitschritt $t = n-1$ beträgt $d(k, n-1) = 3 = v_{\max}$. Auto k ist in Zeitschritt t unaufmerksam und beschleunigt zweifach. Auto $k+1$ hingegen wird durch Auto $k+2$ behindert und kommt zum Stillstand. Ein Unfall entsteht.

unaufmerksam und nimmt an, dass der Vordermann $k + 1$ seine Geschwindigkeit zum Zeitpunkt t beibehalten hat (siehe Gleichung 3.7),

$$v(k+1, t) = v(k+1, t-1) \qquad (3.7)$$

ohne dies zu überprüfen. Falls $v(k, t) < v_{\max}$, beschleunigt Auto k in diesem Fall leichtsinnig und kann somit in Iteration t seine Geschwindigkeit um maximal zwei Geschwindigkeitsschritte erhöhen, da diese Beschleunigung entkoppelt vom Beschleunigungsschritt im NSM geschieht. Es sei $d(k, t)$ die Distanz zwischen den Autos k und $k + 1$. Falls die Bedingungen der Gleichung 3.8 erfüllt sind, findet mit Wahrscheinlichkeit $\perp'$ zum Zeitpunkt t ein Unfall statt.

$$d(k, t-1) \leq v_{\max} \qquad v(k+1, t-1) > 0 \qquad v(k+1, t) = 0 \qquad (3.8)$$

Abbildung 3.5 verdeutlicht das Auftreten von Unfällen anhand der von Boccara et al. festgesetzten Maximalgeschwindigkeit $v_{\max} = 3$.

Die in Gleichung 3.8 definierten Regeln sind ungenau, da sie das in Abbildung 3.6 dargestellte Beispiel als Unfall klassifizieren würden, obwohl Auto k nicht auf $k + 1$ auffährt. In [Jiang et al., 2003] wurden die Regeln daher, wie in Gleichung 3.9 gezeigt, modifiziert.

$$v(k, t-1) \geq d(k, t-1) - 1 \qquad v(k+1, t-1) > 0 \qquad v(k+1, t) = 0 \quad (3.9)$$

Unfälle bei geringen Verkehrsdichten und hohen Geschwindigkeitsdifferenzen, ohne dass $v(k+1, t) = 0$, werden durch das Modell nicht erzeugt. Die Beschleunigung im Unaufmerksamkeitsfall kann maximal $2 \cdot 7,5 \; m \cdot s^{-2}$

3.1 Modelle zur Fahrzeugmodellierung

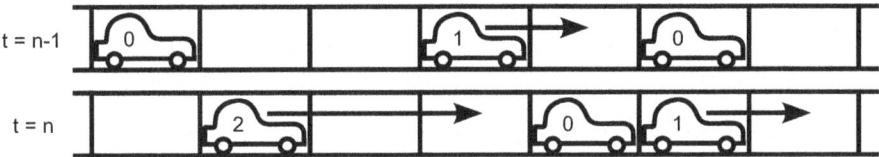

Abbildung 3.6: NSM: Unfälle nach Boccara et al.: Falscher Alarm.

betragen. Dieser Wert ist unrealistisch hoch. In [Moussa, 2003] wird der zweite Beschleunigungsschritt daher entfernt. Ein Unfall entsteht in diesem Modell, falls k unaufmerksam ist und die Bedingungen in Gleichung 3.10 erfüllt sind. Auto k fährt nach dieser Regel zum Zeitpunkt t auf ein stehendes Fahrzeug auf, das zum Zeitpunkt $t-1$ noch fuhr.

$$\tau \cdot v(k, t-1) > d(k, t-1) \quad v(k+1, t-1) > 0 \quad v(k+1, t) = 0 \quad (3.10)$$

Der Faktor τ bezeichnet die Reaktionszeit, die im Falle einer Unaufmerksamkeit $\tau > 1$ wird. Zusätzlich entsteht ein Unfall, wenn die Gleichungen 3.11 und 3.12 erfüllt sind und Auto k unaufmerksam ist.

$$\tau \cdot v(k, t-1) > d(k, t-1) + v(k+1, t) \quad (3.11)$$
$$v(k+1, t-1) - v(k+1, t) \geq v_d \quad (3.12)$$

Der Unfall entsteht in diesem Fall durch starkes Abbremsen von Auto $k+1$ über das Bremsmaximum v_d hinweg, bis zu dem keine Unfallgefahr bestand.

Einen anderen Weg, die Kollisionsfreiheit des NSM aufzuweichen, geht [Lee et al., 2004]. Die Bremsleistung der Autos wird hierbei begrenzt, sodass das Verhalten der Fahrzeuge grundlegend überarbeitet werden muss. Jedes Fahrzeug geht stets davon aus, dass sein Vordermann unvermittelt bremsen könnte und hält die Geschwindigkeit in Abhängigkeit zu einer komplexen Ungleichung so, dass sicheres Fahren garantiert ist. In Abhängigkeit zu den Verkehrsbedingungen neigen simulierte Autofahrer dazu, sich zu verschätzen, woraus Unfälle resultieren. Eine vereinfachte Version dieses Vorgehens wird in [Li et al., 2009] vorgestellt. Wenn Auto k schneller als Auto $k+1$ fährt, bremst es. Das Modell verwendet eine in [Yang und Ma, 2002] vorgestellte Erweiterung zu den Regeln aus Gleichung 3.8, um Unfälle zu simulieren. Unfälle, die entstehen, wenn Auto $k+1$ zum Zeitpunkt $t+1$ nicht steht, können durch dieses Modell nicht abgedeckt werden.

Für innerstädtischen Verkehr wurde das NSM von verschiedenen Arbeitsgruppen angepasst und erweitert. Das Abbiegeverhalten von Autofahrern wurde für Kreisverkehre [Wang und Liu, 2005], mehrspurige Kreisverkehre [Wang und Ruskin, 2006] und Kreuzungen ohne Ampeln [Liu et al., 2005] untersucht. Kreisverkehre werden explizit in Zellen unterteilt. Es müssen jeweils Sicherheitsabstände zu anderen Verkehrsteilnehmern gewahrt werden, deren Größen in den vorgeschlagenen Modellen vom internen Zustand der simulierten Autofahrer abhängen. Normalverteilt um einen Standardwert tolerieren die Autofahrer hierbei größere und kleinere Sicherheitsabstände, die sie anschließend einhalten. Dieses Verhalten lässt sich als Risikobereitschaft beschreiben.

Das Nagel-Schreckenberg-Modell wurde in verschiedenen Arbeiten im Kontext der Optimierung von Ampelschaltungen verwendet, beispielsweise [Brockfeld et al., 2001, Bazzan, 2009, Fouladvand und Radja, 2001, Neumann und Wagner, 2008, Bazzan et al., 2008, Fouladvand et al., 2005, Chowdhury und Schadschneider, 1999]. Einen Abriss über verschiedene Varianten des NSM gibt [Knospe et al., 2004].

3.1.3 Diskussion

In diesem Abschnitt wurden zwei wichtige Modellkategorien aus dem Bereich der mikroskopischen Verkehrssimulationsmodelle vorgestellt. Es existiert zusätzlich die Gruppe der Warteschlangenmodelle. Ein prominenter Vertreter ist das in [Gawron, 1998] vorgestellte Modell. Warteschlangenmodelle zeichnen sich durch einen sehr geringen Berechnungsaufwand aus. Heterogene Autos und multimodaler Verkehr werden jedoch nicht modelliert. Weitere abstrakte Ansätze sind nach [Schnieder und Becker, 2007] beispielsweise stochastische Petrinetze, sowie Telekommunikations- und Rechnernetze, die jedoch nicht das individuelle Verhalten von Verkehrsteilnehmern abbilden. Sie eignen sich daher nicht für den Rahmen dieser Arbeit. Einen Überblick über weitere Modelle geben [Brackstone und McDonald, 1999, Chowdhury et al., 2000].

Fahrzeugfolgemodelle können realistisches Fahrverhalten detailliert abbilden, haben jedoch eine hohe Berechnungskomplexität. ZA-Modelle bilden den Gegenpol: Der Berechnungsaufwand ist sehr gering, das Fahrverhalten ist hingegen einfacher gehalten und viele Details können nicht modelliert werden. Es ist beispielsweise nur bei infinitesimal kleinen Zellen möglich, kontinuierliche Geschwindigkeiten zu ermöglichen. Dies stellt die Nutzung von ZA in Frage, da die Berechnungseffizienz stark darunter leidet.

Im Rahmen dieser Arbeit soll ein raumkontinuierliches Verkehrsmodell auf Basis des *NSM* entwickelt werden, welches sowohl zur Simulation von Autobahnverkehr, als auch innerstädtischem Verkehr nutzbar ist. Das *NSM* bietet sich hierfür als Vorlage an, da es sehr gut untersucht wurde und in der Forschung häufig eingesetzt wird. Hierfür werden die grundlegenden Prinzipien aus Abschnitt 3.1.2 erweitert. Von Zellen soll abstrahiert werden, um kontinuierliche Geschwindigkeiten modellieren zu können und somit unterschiedliche Arten von Verkehrsteilnehmern auf den selben Straßen simulieren zu können. High-Fidelity-Modelle, wie das Wiedemann-Modell, aber auch einfachere Fahrzeugfolgemodelle, wie das IDM, sind in der Berechnungseffizienz unterlegen. Dieser Aspekt zeigt sich ebenfalls in den im Kapitel 4 besprochenen Verkehrssimulationssystemen. Je detaillierter das verwendete Simulationsmodell ist, desto weniger Verkehrsteilnehmer können simuliert werden.

3.2 Fahrradmodelle

Fahrräder sind eine Verkehrsteilnehmergruppe, die in bestehenden Simulationssystemen überwiegend vernachlässigt wird. Um ein realistisches Fahrradverkehrsmodell zu erstellen, muss analysiert werden, wie Fahrradfahrer sich im Straßenverkehr verhalten.

In [Plate et al., 2001] wird untersucht, wie Anreize für eine weitergehende Nutzung von Fahrrädern geschaffen werden können. Dies könnte zu einer energieeffizienteren Fortbewegung führen. Wichtig hierfür ist es, die Wechselwirkungen der verschiedenen Verkehrsteilnehmertypen zu betrachten, um Risiken im Straßenverkehr abzumildern. Die Wahrscheinlichkeit, bei einem Fahrradunfall zu sterben, ist am höchsten, wenn der Unfall mit einem Auto stattfindet [Boström und Nilsson, 2001]. Das Zusammenspiel zwischen dem Verhalten von Fahrradfahrern und der Einstellung der anderen Verkehrsteilnehmer zu der Gruppe der Fahrradfahrer sind wichtige Faktoren für die Entstehung von Unfällen mit Fahrradfahren [Basford et al., 2002].

Wann immer Fahrräder eine gesonderte Spur in Form eines Fahrradweges haben, ist das Unfallrisiko gering. Im Straßenverkehr gemeinsam mit Autos kommen Wechselwirkungen zum Tragen. In der Literatur findet sich eine Gruppe von Veröffentlichungen, die das Verhalten von Fahrradfahreren an Ampeln untersuchen. Johnsen et al. haben 5.420 Fahrradfahrer an Ampeln videoüberwacht. Insgesamt 11 % der Fahrradfahrer haben rote Ampeln missachtet. Diese Gruppe wird in drei Untergruppenruppen unterteilt [Johnson et al., 2008]:

Rennfahrer (25 %): Fahrradfahrer, die an einer gelben Ampel beschleunigen und anschließend bei rot die Ampel überfahren.

Ungeduldig (33 %): Fahrradfahrer, die an einer roten Ampel zunächst halten und warten. Anschließend werden sie ungeduldig und suchen nach einer Lücke im Verkehr, um dennoch die Ampel zu passieren. Die Wartezeiten liegen zwischen 2 und 60 s ($\mu = 25$ s, $\sigma = 16$ s). In 23 % der dokumentierten Ungeduldigkeitsfälle war kein kreuzender Verkehr vorhanden.

Roller (42 %): Fahrradfahrer, die bei einer roten Ampel sofort nach einer Lücke im Verkehr suchen und diese auch nutzen. Überquerungsdauer zwischen 7 und 24 s ($\mu = 14, 6$ s, $\sigma = 3, 9$ s).

In einer späteren Studie haben 7 % der Fahrradfahrer rote Ampeln missachtet [Johnson et al., 2011]. In [Johnson et al., 2009] wird ein umfassender Überblick über das Verhalten von Fahrradpulks gegeben. Dies sind Gruppen von Fahrrädern, die in zwei Reihen fahren. Im Rahmen dieser Arbeit kann dieser Aspekt vernachlässigt werden, da er zu selten in der Realität auftritt.

Oftmals stehen Radfahrern gesonderte Radwege zur Verfügung. Diese können durch eine aufgemalte Spur auf der regulären Straße gekennzeichnet sein oder als separater Pfad zur Verfügung gestellt werden. Die Nutzung von Radwegen hat den Vorteil einer erhöhten Fahrsicherheit. Der Nachteil kann eine längere Reisedauer oder größere Anstrengungen sein. In [Larsen und El-Geneidy, 2011] werden Radfahrer nach ihrer Fahrhäufigkeit unterteilt. Freizeitfahrer, die selten Fahrrad fahren, nutzen demnach meist Radwege. Alle anderen Gruppen, vom Freizeitfahrer, der regelmäßig fährt bis zum Berufsfahrer (z.B. Fahrradcourier), nutzen Fahrradwege entweder gar nicht oder nur, wenn sie dadurch keine Umwege in Kauf nehmen müssen.

Das Wechselspiel zwischen Fahrrädern und Autos kommt auch immer dann zum Tragen, wenn Fahrräder langsamer als Autos fahren und Autos Fahrräder überholen möchten. In [Walker, 2007] wird untersucht, welchen Einfluss verschiedene Faktoren auf den seitlichen Abstand haben, den Autos zu Fahrrädern während Überholmanövern halten. Abbildung 3.7 zeigt exemplarisch ein Überholmanöver.

Wenn Fahrradfahrer ohne Helm am Straßenrand fahren, halten Autos durchschnittlich eine Distanz von ca. 1,45 m zum Fahrrad. Diese sinkt mit steigendem d_F, was sich auf approximativ konstante Überholabstände d_{A2} zurückführen lässt. Die Abstände von Autos zu Fahrradfahrern sinken, wenn diese einen Helm tragen. Der Abstand zu Frauen ist hingegen größer, als zu Männern [Walker, 2007].

Der Bereich der Fahrradsimulationsmodelle findet in der Wissenschaft geringere Beachtung, als der Bereich der Automodelle. In [Gould und Karner, 2009] wird ein ZA-Modell vorgeschlagen, welches identisch zum NSM ist. Ein Weg wird als mehrspurige Folge von Zellen modelliert.

3.2 Fahrradmodelle

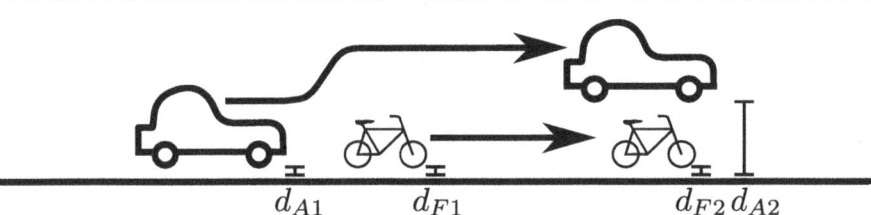

$$d_{A1} \qquad d_{F1} \qquad\qquad d_{F2}\, d_{A2}$$

Abbildung 3.7: Überholmanöver: Das überholende Auto hat zuerst einen Abstand d_{A1} zur Bordsteinkante und schert von seiner Spur aus, um das langsamere Fahrrad zu überholen. Dies führt zu einem Abstand von d_{A2}. Das Fahrrad behält seinen Abstand in etwa bei $d_{F1} \approx d_{F2}$.

Das Modell wurde im Hinblick auf das Fundamentaldiagramm kalibriert und mit Felddaten verglichen. Interaktion mit Fußgängern und Pkw wurden nicht berücksichtigt. Ein ähnliches Modell wird in [Jia et al., 2007] vorgeschlagen.

In [Vasić und Ruskin, 2011a, Vasić und Ruskin, 2011b] wird ein zeitlich und räumlich diskretes Fahrradmodell auf ZA-Basis vorgeschlagen, das ebenfalls auf dem NSM basiert. Es werden hierbei jedoch grundlegende Verhaltensweisen für urbanen Verkehr und Wechselwirkungen mit Autos berücksichtigt. Die Zellengrößen für Autos sind 7,5 m; für Fahrräder 3,75 m [Vasić und Ruskin, 2012]. Die Autoren haben ihr Modell ausführlich evaluiert. Es wurde deutlich, dass der Modellierungsaufwand für Straßennetzwerke im beschriebenen System berücksichtigt werden muss. Es wurden keine Szenarien mit einem Straßennetzwerk der realen Welt simuliert.

In [Faghri und Egyháziová, 1999] wird ein Fahrzeugfolgemodell verwendet, welches auf die unterschiedlichen Bedingungen für Pkw, Lkw, Busse und Fahrräder angepasst wird. Der Vorteil dieses Ansatzes gegenüber den ZA-Modellen ist, dass kontinuierliche Geschwindigkeiten und somit individuelle Fahreigenschaften simuliert werden könnten, auch wenn dies im vorgeschlagenen Modell nicht geschieht, da alle Fahrräder eine maximale Beschleunigung von $a = 1,52$ m/s^2 erhalten.

Ein ähnlicher Ansatz wird in [Guo et al., 2011] beschrieben. Das verwendete Modell wird in [Guo et al., 2012] genutzt, um den Einfluss von Fahrradfahrern auf den Straßenverkehr zu ermitteln. Fahrräder erhielten in einem synthetischen Szenario eine eigene Spur. Mit unterschiedlichen Wahrscheinlichkeiten verlassen Fahrräder diese Spur und wechseln auf die Spur für Autos. Dieses Verhalten soll Hindernisse auf dem Weg modellieren.

Abbildung 3.8: Modellierungsebenen für Fußgänger, nach [Daamen, 2004].

Mit steigender Wahrscheinlichkeit nimmt der Einfluss der Fahrräder auf die Geschwindigkeiten der Autos zu.

3.3 Fußgängermodelle

Die Modellierung von Fußgängern zur Simulation urbaner Szenarien wurde in der Vergangenheit vernachlässigt [Ishaque und Noland, 2008]. Dies resultiert einerseits daraus, dass die Verkehrssimulationen für Autobahnszenarien entwickelt wurden und sich dieser Simulationszweig von dort aus weiter entwickelt hat. Andererseits erreichten Verkehrssimulationen früher nicht die feine Granularität, die benötigt wird, um Fußgänger zu modellieren [Batty, 2001]. Durch gestiegene Rechnerkapazitäten können heute auch Fußgänger in Verkehrssimulationen integriert werden.

Hierfür werden geeignete Modelle benötigt. Fußgängermodelle können auf unterschiedlichen Ebenen definiert werden. Abbildung 3.8 zeigt eine adaptierte Version der in [Hoogendoorn et al., 2002, Daamen, 2004] vorgestellten Einteilung. Fußgänger werden hierbei als Agenten modelliert.

Auf der strategischen Ebene trifft ein Agent grundlegende Entscheidungen, z.B. ob er von seiner aktuellen Position aus zu einer anderen Position laufen soll oder besser mit dem Auto fährt. Wenn er sich für den Fußweg entscheidet, muss er anschließend einen taktischen Plan ausarbeiten. Er muss entscheiden, wann er los läuft und welchen Weg er verwendet. Die operative Ebene betrifft die Durchführung des Planes. Der Agent muss sich im Straßenverkehr bewegen und versuchen, sein Ziel zu erreichen. Die Modellierung des Fußgängerverhaltens kann auf unterschiedlichen Abstraktionsebenen geschehen.

Im Rahmen dieser Arbeit liegt der Fokus auf den Wechselwirkungen der verschiedenen Verkehrsteilnehmertypen untereinander. Im Bereich der Fußgängersimulation sind somit die gelaufenen Geschwindigkeiten (Abschnitt 3.3.1), das Verhalten bei der Überquerung von Straßen (Abschnitt 3.3.2) und Regelverstöße (Abschnitt 3.3.3) wichtige Faktoren (taktische und operative Ebene von Abbildung 3.8). Anschließend beschreibt Abschnitt 3.3.4 bestehende Fußgängermodelle.

3.3.1 Laufgeschwindigkeiten

Es wurden in der Vergangenheit verschiedene Studien zur Bestimmung von Fußgängergeschwindigkeiten durchgeführt. In der Literatur werden Fußgänger zwischen Erwachsenen und Senioren getrennt. Die Ergebnisse einer Studienauswahl über Fußgängergeschwindigkeiten an Straßenkreuzungen werden in Tabelle 3.5 gezeigt.

Die Studien beziehen sich auf die gemessenen Geschwindigkeiten von Fußgängern bei der Überquerung von Straßen und wurden in verschiedenen Ländern durchgeführt. Als Kenngrößen werden die mittleren Geschwindigkeiten der beiden Gruppen, sowie das 15-Quantil[3] hierzu verwendet. Es ist ersichtlich, dass ältere Menschen langsamer laufen, als jüngere. Die Studien geben unterschiedliche Grenzen zwischen erwachsen und senior.

Die Messungen fanden mit unterschiedlichen Fußgängerdichten statt. Es ist anzunehmen, dass die Fußgängergeschwindigkeiten sich auch je nach Ort unterscheiden. Tabelle 3.5 gibt dennoch einen Überblick über die Spannweite der Fußgängergeschwindigkeiten an Kreuzungen. In den Studien wurden teils weitere Unterscheidungen nach Geschlecht oder ergänzende Altersstufen eingeführt. Ein Überblick über Fußgängergeschwindigkeiten auf Gehwegen wird in Tabelle 3.6 gegeben.

Teilweise wurden die Geschwindigkeiten zusätzlich nach Uhrzeiten aufgeteilt. Es kam hierbei zu leichten Schwankungen, die jedoch nicht erheblich waren. Weitere Studien haben gezeigt, dass Fußgängergeschwindigkeiten differenzierter zu betrachten sind und der Fokus auf das Verhalten bei der

---

[3]Das 15-Quantil ist der Wert w einer Stichprobe, bei dem 15 % der Einträge der Stichprobe kleiner oder gleich w sind. Siehe [Steland, 2010, S. 36ff].

Tabelle 3.5: Fußgängergeschwindigkeiten an Kreuzungen: Erwachsene und Senioren. Nach [Ishaque und Noland, 2008].

Studie	n	$\overline{v}$ (m/s)		15-Quantil (m/s)	
		E	S	E	S
[Sjostedt, 1967]		$1{,}44^b$	$1{,}44^b$	1,03	1,14
[Cresswell et al., 1978]		1,57	1,11		
[Wilson und Grayson, 1980]		1,32	1,13		
[Griffiths et al., 1984]	75.000	1,47	1,16		
[Bowman und Vecellio, 1994]	608	1,45	1,03		
[Coffin und Morrall, 1995]		1,27			1,00
[Knoblauch et al., 1996]	7.123	1,51	1,25	1,25	0,97
[Guerrier und Jolibois Jr, 1998]	263	1,35	0,97	1,00	0,67
[Gates et al., 2006]	1.947	1,44	1,16	1,22	0,92
[Fitzpatrick et al., 2006]	2.445	$1{,}45^b$	$1{,}34^b$	1,17	0,97

n: Stichprobengröße, E: Erwachsene,
S: Senioren, ^{b}: Median der Geschwindigkeiten

Tabelle 3.6: Geschw. auf Gehwegen. Auszug aus [Ishaque und Noland, 2008].

Studie	Ort	$\overline{v}$ [m/s]
[Older, 1968]	London, UK	1,3
[Hoel, 1968]	Pittsburg, USA	$1{,}5^m$, $1{,}41^w$
[O'Flaherty und Parkinson, 1972]	Leeds, UK	$1{,}5^m$, $1{,}36^w$
[Tanaboriboon et al., 1986]	Singapur	$1{,}32^m$, $1{,}15^w$, $1{,}27^s$, $1{,}23^e$, $0{,}9^a$
[Tanaboriboon und Guyano, 1991]	Bangkok, Tailand	$1{,}17^w$, $1{,}27^{mk}$, $0{,}85^{ma}$, $0{,}8^{wa}$
[Willis et al., 2004]	York, Edinburgh, UK	$1{,}52^m$, $1{,}42^w$, $1{,}16^a$, $1{,}55^e$, $1{,}53^k$

^{m}: männlich, ^{w}: weiblich, ^{s}: Student, ^{e}: erwachsen, ^{k}: Kind, ^{a}: alt

Überquerung von Straßen zu legen ist. Ishaque beschreibt in [Ishaque, 2006] einen Zusammenhang zwischen der Wartedauer von Fußgängern bis zur Straßenüberquerung und der Geschwindigkeit, mit der Fußgänger anschließend die Straße überqueren. Die Geschwindigkeit der Fußgänger legt mit steigender

3.3 Fußgängermodelle

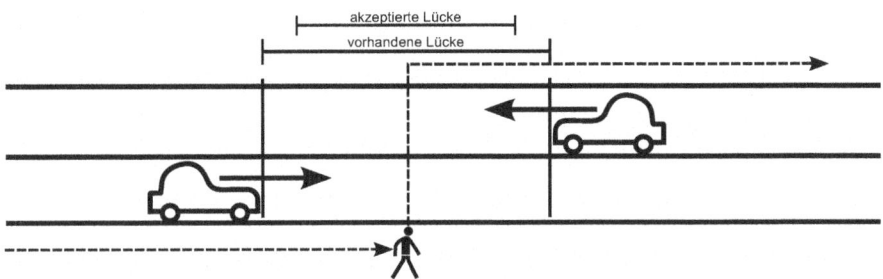

Abbildung 3.9: Straßenüberquerung bei einer Lücke im Verkehr: Fußgänger akzeptieren unterschiedliche Lückengrößen und gehen bei der Straßenüberquerung inkongruente Risiken ein.

Wartezeit zu[4]. Es besteht nach [Ishaque, 2006] ein Zusammenhang zwischen der Art des Überwegs und der entstehenden Wartezeit. Fußgänger können Straßen an Zebrastreifen am schnellsten überqueren (Verzögerung durch Straßenüberquerung ca. 4,9 s), laufen an diesen allerdings am langsamsten. Ampelgesteuerte Überwege verursachen die längsten durchschnittlichen Überquerungsverzögerungen (ca. 19,9 s) und veranlassen die untersuchten Fußgänger mit hohen Geschwindigkeiten zu laufen. Die maximale Überquerungsgeschwindigkeit tritt bei Straßenüberquerungen ohne Vorfahrt für Fußgänger auf ($\overline{v} \approx 1,8$ m/s). Dies ist auf die Gefahr des Überfahrenwerdens zurückzuführen.

3.3.2 Mut zur Lücke

Fußgänger überqueren Straßen, wenn sie eine Lücke im Verkehr vorfinden, die sie für ausreichend halten [Hamed, 2001] (siehe Abbildung 3.9).

Untersuchungen zum Straßenüberquerungsverhalten im Hinblick auf Alter und Geschlecht werden im medizinischen und psychologischen Bereich durchgeführt (vgl. [Holland et al., 2009]). Im Rahmen dieser Arbeit genügt die Tatsache, dass unterschiedliches Verhalten vorhanden ist und welche Wahrscheinlichkeiten, in Abhängigkeit zur Lückengröße die Straße zu überqueren, die Realität widerspiegeln.

Himanen und Kulmala haben untersucht, mit welchen Wahrscheinlichkeiten Fußgänger an einem Fußgängerüberweg ohne explizite Vorfahrt für

---

[4]Minimale Geschwindigkeit bei Wartezeit 0 s: $\overline{v} \approx 1,7$ m/s; maximale Geschwindigkeit bei Wartezeit 15 s - 20 s: $\overline{v} \approx 2,2$ m/s

Fußgänger[5] warten oder weiter laufen [Himanen und Kulmala, 1988]. Sie konnten Unterschiede zwischen verschiedenen Orten feststellen und beeinflussende Faktoren extrahieren (z.B. die Verkehrsdichte auf der Straße). Verallgemeinerbare Wahrscheinlichkeiten konnten nicht ermittelt werden. In [Ottomanelli et al., 2009] wird die Entscheidung, ob ein Fußgänger läuft oder nicht, durch Gleichung 3.13 bestimmt.

$$GD = \frac{B}{V} + AF \qquad (3.13)$$

mit GD = Geschätzte Dauer zur Überquerung
B = Breite der Straße
V = Fußgängergeschwindigkeit
AF = Aggresivitätsfaktor

Ein Fußgänger überquert die Straße, wenn GD geringer als die zeitliche Lücke auf der Straße ist. In [Brewer et al., 2006] wurde untersucht, welche zeitlichen Lücken Fußgänger akzeptieren, um eine Straße zu überqueren. Bei einer $B = 9,1$ m und einer $V = 1,2$ m/s beträgt $GD \approx 7$ s. Hieraus ergibt sich ein durchschnittlicher $AF \approx -0,58$ s. Somit würden Fußgänger eine Straße überqueren, wenn die Lücke geringer als die benötigte Überquerungsdauer ist. In [Das et al., 2005] wird GD durch $GD_{min} = 2$ s und $GD_{max} = 11$ s begrenzt. Als durchschnittlicher Wert kann $GD \approx 6$ s genutzt werden. Die durchschnittliche Laufgeschwindigkeit wird auf $V = 1,5$ m/s geschätzt.

Zusammenfassend sollte die durchschnittlich benötigte zeitliche Lücke zur Überquerung einer Straße zwischen sechs und sieben Sekunden betragen. Verschiedene Fußgänger laufen dabei auch bei geringeren Lücken und können bei der Überquerung den Autoverkehr behindern.

3.3.3 Regelverstöße

Fußgänger neigen häufig dazu, Straßen in Abhängigkeit zur Lücke im Verkehr zu überqueren, auch wenn sie damit gegen die Straßenverkehrsordnung verstoßen. Dies ist beispielsweise an roten Ampeln der Fall. Fußgänger können dabei ca. 22 % der Überquerungsdauer einsparen [Virkler, 1998]. Diese Ersparnis basiert teils auf höheren Laufgeschwindigkeiten und teils

---

[5]Fußgängerüberwege in Form von Zebrastreifen haben nicht in jedem Land die hiesige Bedeutung. In Finnland markieren sie lediglich Positionen, an denen Fußgänger die Straße überqueren dürfen, regeln aber nicht die Vorfahrt. In Spanien und Italien finden sich ähnliche Regelungen.

auf einer Verringerung der Wartezeiten. Fußgäner überqueren Straßen bei roter Ampel ca. $0{,}55$ km/h bis $0{,}66$ km/h schneller, als bei einer grünen Ampel [Gates et al., 2006]. Ob ein Fußgänger die Straße an einer dafür vorgesehenen Stelle überquert oder auf eine Lücke im Verkehr wartet, hängt unter anderem von der Umweglänge, die zur korrekten Straßenüberquerung in Kauf genommen werden müsste und der persönlichen Einstellung ab. Jährlich finden tausende Unfälle mit Fußgängern auf Straßen statt (vgl. [Jason und Liotta, 1982, King et al., 2008]). Ein Fußgängermodell sollte folglich nicht regelkonformes Verhalten berücksichtigen.

3.3.4 Simulationsmodelle

Simulationsmodelle für Fußgänger werden meist zur Simulation bestimmter Szenarien entwickelt. In [Ottomanelli et al., 2008] wird beispielsweise ein Modell zur Simulation von Fußgängerüberwegen vorgestellt. Überwege werden in Kanäle zerlegt, die eine Breite von 60 cm haben (typische Fußgängerbreite inklusive eines Sicherheitsabstandes). Kanäle werden zusätzlich in Zellen mit einer Zelllänge von 2,75 m unterteilt. Fußgänger werden mit $AF = 2{,}5$ s und $V = 1{,}4$ m/s modelliert. Simulierte Fußgänger wählen vor der Straßenüberquerung einen Kanal und können diesen nicht mehr wechseln. Überholmanöver sind somit nicht möglich. Durch die konstante Modellierung der Geschwindigkeit wären sie ohnehin nicht durchführbar. Eine weiterführende Variante dieses Modells wurde in [Blue und Adler, 2001] beschrieben. Fußgänger bewegen sich hierbei ZA-basiert und können Geschwindigkeiten $v \in \{0, 1, 2, 3, 4\} \left[\frac{\text{Zelle}}{\text{Zeiteinheit}}\right]$ wählen. Diese Werte lassen sich einfach auf realistische Geschwindigkeiten (siehe Abschnitt 3.3.1) skalieren. Der Algorithmus und seine Vorgehensweise werden in Anhang C gezeigt.

In [Kitazawa und Batty, 2004] und [Hoogendoorn und Bovy, 2005] werden komplexe Modelle vorgestellt, in denen Fußgänger ihre Tagesaktivitäten planen und versuchen, ihre Kosten zu minimieren[6]. Die Simulationsmodelle sind zur Simulation von Fußgängern in Einkaufszentren (Kitazawa und Batty), bzw. auf öffentlichen Plätzen oder Universitätscampi (Hoogendoorn und Bovy) ausgelegt und stehen dem ZA-Ansatz von Blue und Adler in der Berechnungskomplexität nach.

Detaillierte Modelle beschreiben Bewegungen in zwei Dimensionen. Eine einfache Methode hierfür ist nach [Weifeng et al., 2003] eine Modellierung

---

[6]Dies ist ein grundlegend ähnlicher Ansatz zur Tagesplangenerierung in Transims. Der Fokus liegt hierbei jedoch auf Fußgängern und nicht auf Autos. Vgl. Abschnitt 4.3.

mittels ZA. Eine komplexere Methode ist eine raumkontinuierliche Modellierung. Der bekannteste Vertreter dieser Gattung ist das *Social force* Modell [Helbing und Molnár, 1995], in dem Agentenbewegungen von der gewünschten Geschwindigkeit und Einflüssen (z.b. die Bewegungen anderer Agenten) abhängen. Es konnte gezeigt werden, dass das Modell charakteristische Situationen in Fußgängergruppen abbilden kann. Erweiterungen des *Social force* Modells werden zur Simulation von Evakuationsszenarien verwendet [Helbing und Johansson, 2009]. In [Johansson et al., 2007] wurde das Modell mit Hilfe von Evolutionären Algorithmen auf die Daten eines Fußgängertrackingsystems kalibriert und zur Simulation von 30.000 Fußgängern verwendet. Das Simulationssystem VISSIM (vgl. Abschnitt 4.5) verwendet eine Variante des Modells zur Fußgängersimulation.

Fluiddynamische Ansätze werden eingesetzt, wenn makroskopische Kenngrößen wie beispielsweise die Verkehrsdichte und die mittlere Geschwindigkeit der Fußgänger bestimmt werden sollen [Helbing, 1998]. In Anlehnung an [Ishaque und Noland, 2008] ist [Henderson, 1974, Helbing, 1992, Hughes, 2003] eine Auswahl bekannter Modelle.

Abseits der Verkehrssimulation mit Fokus auf den Straßenverkehr werden Fußgängermodelle zur Optimierung von großen Fußgängerbereichen, wie z.b. Flughäfen, Bahnhöfen oder Fußgängerzonen genutzt. Sie helfen hierbei den Architekten solcher Gelände, ein besseres Verständnis über Fußgängerströme zu erlangen [Usher et al., 2010] und sicherheitsrelevante Schwachstellen im Design frühzeitig zu erkennen [Stanton und Wanless, 1995]. Narasimhan verwendet eine Fußgängersimulationskomponente, um innerhalb eines Bürogebäudes Agentenarbeitspläne zu optimieren und dabei Staus auf Fußwegen zu vermeiden [Narasimhan, 2007].

Für Fußgängerströme lässt sich ähnlich zum Automobilverkehr ein Fundamentaldiagramm (vgl. Abschnitt 2.2 auf Seite 11) erstellen, welches den Verkehrsfluss in Relation zur Verkehrsdichte setzt. Das Diagramm variiert für unterschiedliche Standorte, wie z.b. Treppen, Bürgersteige, Plätze und Engstellen [Seyfried et al., 2005].

3.4 Detailmodellierung

In diesem Abschnitt wird ein kurzer Überblick über Arbeiten gegeben, die Aspekte des Straßenverkehrs modellieren, die als Details bezeichnet werden können. Diese Aspekte können in Simulationssysteme integriert werden, müssen aber nicht zwangsweise vorhanden sein, um ein valides Modell zu ergeben. In Unterabschnitt 3.4.1 werden die akzeptierten Lückengrößen für

3.4 Detailmodellierung

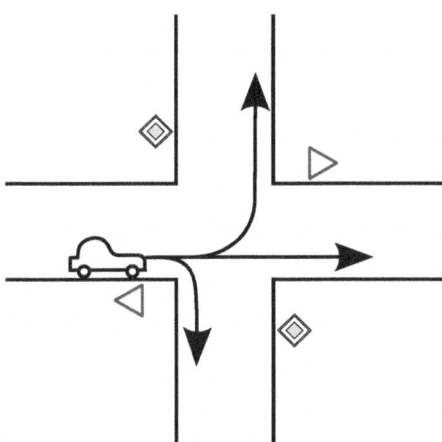

Abbildung 3.10: Abbiegevorgang: Das gezeigte Auto hat Vorfahrt zu achten. Wenn das Auto nach links abbiegt, wartet es auf eine Lücke von t_l^l; nach rechts auf t_l^r und geradeaus auf t_l^g.

Abbiegevorgänge diskutiert. Unterabschnitt 3.4.2 behandelt Aggressionen im Straßenverkehr. Zuletzt werden in Unterabschnitt 3.4.3 sonstige Details beschrieben.

3.4.1 Lückenakzeptanz bei Abbiegevorgängen

Daganzo untersuchte den Abbiegeprozess von Autofahrern an Kreuzungen [Daganzo, 1981]. Ein Abbiegeprozess beginnt demnach mit einer mittleren Wartezeit $t_w = 7,3$ s, da Fahrer Zeit benötigen, um die aktuelle Verkehrssituation aufzunehmen. Um abzubiegen, muss durchschnittlich eine zeitliche Lücke der Größe $t_l = 4,5$ s vorhanden sein. Es sollten weitere Unterscheidungen nach t_l^l, t_l^r und t_l^g getroffen werden (vgl. Abbildung 3.10).

Beim Abbiegevorgang nach rechts ist die zurückzulegende Strecke minimal. Wenn das Auto geradeaus fährt, hat es die vorfahrtberechtigte Straße komplett zu überqueren. Der Linksabbiegevorgang benötigt die größte Lücke, da er eine Kombination der beiden anderen Vorgänge darstellt. Es muss somit Gleichung 3.14 gelten.

$$t_l^r < t_l^g < t_l^l \qquad (3.14)$$

Die Bestimmung dieser Kenngrößen ist komplex. In der Literatur wird diskutiert, nach welchen Versuchsaufbauten und welchen statistischen Methoden

Tabelle 3.7: Abbiegevorgang: Lückengrößen - Vergleich zwischen Berufsverkehr und normalem Verkehr, sowie verschiedener Abbiegerichtungen. Adaptiert nach [Ashton, 1971]. Die Abbiegerichtungen sind vertauscht, da Neuseeland Linksverkehr hat. In der Originalarbeit wird der Begriff „Median gap" verwendet und hier im Zusammenhang mit Standardabweichung σ als Mittelwert μ interpretiert.

Verkehrsdichte	Abbiegerichtung	μ	σ
Normal	l_l^l	3,03	0,33
	l_l^g	4,29	0,18
	l_l^r	5,34	0,79
Berufsverkehr	l_l^l	4,50	0,28
	l_l^g	5,11	0,18
	l_l^r	5,48	0,40

die Werte im realen Verkehr ermittelt werden können [Brilon et al., 1999]. Eine Vereinheitlichung hat bisher nicht stattgefunden, sodass die folgenden Informationen als grobe Richtwerte gesehen werden müssen.

In [Ragland et al., 2006] wird der Verlauf des Wertes $Accept50$[7] untersucht. An unterschiedlichen Kreuzungen wurden Werte zwischen 5,6 s und 7,6 s ermittelt. Diese Werte beziehen sich jedoch ausschließlich auf t_l^l. In [Abdul Kareem, 2002] wurden verschiedene Kreuzungen in Ilorin, Nigeria beobachtet. Mittlere Lückengrößen von 3,8 s wochentags und 4,1 s am Wochenende wurden ermittelt - leider wurde nicht nach Abbiegerichtungen unterschieden. Eine Studie aus Neuseeland vergleicht die verschiedenen Abbiegerichtungen [Ashton, 1971]. Tabelle 3.7 zeigt die wichtigsten Ergebnisse.

Ferner beeinflussen Ablenkungen des Fahrers die Bestimmung der Abbiegelücken. Cooper und Zheng ermittelten, dass das Unfallrisiko durch fehlerhafte Lückenwahl bei abgelenkten Fahreren auf das doppelte im Vergleich zu nicht abgelenkten Fahrern steigt [Cooper und Zheng, 2002]. Nach [Tupper et al., 2010] hängen die Lückengrößen von individuellem Fahrerverhalten, Geschlecht und Alter der Fahrers und der Länge der Warteschlange hinter dem Fahrer ab. Die Modellierung von steigender Aggressivität bei nicht Vorhandensein einer geeigneten Lücke, die zur Akzeptanz geringerer Lückengrößen führt, bietet sich an. Individuelles Fahrverhalten, Geschlecht und Alter des Fahrers lassen sich direkt in die grundlegenden Lückengrößen für eine Auto-Fahrer-Einheit integrieren.

---

[7]Die Lückengröße, die 50 % der beobachteten Autofahrer akzeptierten.

3.4.2 Aggressionen im Straßenverkehr

Aggressionen im Straßenverkehr beeinflussen direkt das Fahrverhalten der Autos. Lagland gibt einen Überblick über vorhandene Literatur und beschreibt Aggressivität als:

> Ein Fahrverhalten ist aggressiv, wenn es vorsätzlich die Unfallwahrscheinlichkeit steigert und durch Ungeduld, Ärger, Feindseligkeit und / oder den Versuch, Zeit zu sparen, motiviert ist.
> (Übersetzung nach [Laagland, 2005])

Aggressive Handlungen können kommunikativer Natur sein (z.b. schreien, gestikulieren, hupen, lichthupen) oder sich direkt auf das Fahrverhalten auswirken (z.b. dichtes Auffahren, Vorfahrtnahme, schneiden eines anderen Verkehrsteilnehmers während eines Überholvorgangs, überhöhte Geschwindigkeiten). Die Ursachen für Aggressionen sind nach [Sharkin, 2004] in die folgenden Kategorien zu unterscheiden:

- Situations- und Umgebungsabhängige Aggressionen
- Charakter des Fahrers
- Demographische Eigenschaften

Berufsverkehr ist ein situationsbedingter Stressor. Nach [Tasca, 2000] führt Berufsverkehr nicht immer zu Aggressionen. Ein unerwarteter Stau kann hingegen dazu führen. Unterschiedliche Fahrer neigen auf Grund ihrer Charaktere zu unterschiedlichem Aggressionspotential im Straßenverkehr. Als demographische Unterschiede sind verschiedene Kulturkreise und das Alter des Fahrers entscheidend. Aggressivität im Straßenverkehr ist geschlechtsunabhängig [Hennessy und Wiesenthal, 2001]; jüngere (18 bis 23 Jahre) Verkehrsteilnehmer neigen zu mehr Aggressivität als ältere (24 bis 66 Jahre) [Wiesenthal et al., 2000].

Im Rahmen dieser Arbeit ist zu untersuchen, wie Aggressivität in ein Mikromodell zur Fahrzeugsimulation integriert werden kann. Die Simulationssoftware *Paramics*[8] verwendet in einem Fahrzeugfolgemodell auf Basis von [Fritsche, 1994] Aggressivität als einen Parameter zur Beeinflussung der Fahrereigenschaften. Sie wird jedoch als zeitinvarianter Faktor für einen Fahrer ausschließlich zur Verkürzung des Sicherheitsabstandes genutzt [Speirs und Braidwood, 2004].

Lagland schlägt vor, die Aggressivität eines Fahrers in Relation zur Verkehrsdichte und zur Verzögerung, die er erfährt, zu setzen [Laagland, 2005].

---

[8]http://www.paramics-online.com/, abgerufen am 15.10.2012

Die Nutzung der Verkehrsdichte scheint nach [Tasca, 2000] nicht uneingeschränkt geeignet zu sein, da demnach lediglich *unerwartet* hohe Verkehrsdichten zu Aggressionen führen. Eine Verzögerung kann durch die Abweichung der Geschwindigkeit eines Autos von seiner Wunschgeschwindigkeit und durch die Wartedauer bei fehlender Vorfahrt bestimmt werden.

Kommunikative aggressive Handlungen ergeben nur Sinn, wenn Agenten über ein detailliertes Stimmungsmodell verfügen. Dies ist auf Grund der Berechnungskomplexität jedoch nicht zum Einsatz in Simulationsstudien mit 100.000 Verkehrsteilnehmern und mehr geeignet. Eine Verringerung des Sicherheitsabstandes, eine Senkung der im vorherigen Abschnitt 3.4.1 beschriebenen Werte für l_t^l, l_l^r und l_l^g und eine Missachtung von Geschwindigkeitsvorschriften lassen sich im Falle steigender Aggressionen eines simulierten Verkehrsteilnehmers hingegen mit den meisten mikroskopischen Verkehrsmodellen abbilden.

3.4.3 Sonstiges

Unfälle entstehen auf Autobahnen nach [Treiber et al., 2005] in Abhängigkeit zur TTC (Time to Collision). Die TTC ist die Zeit, bis - bei sich nicht ändernden Geschwindigkeiten - ein Zusammenstoß mit dem Vordermann auftritt. Werte von weniger als 4 s gelten als kritisch - die Wahrscheinlichkeit für einen Unfall steigt „rapide" [Hirst und Graham, 1997]. Durch Homogenisierung des Verkehrs kann die TTC erhöht werden, z.B. durch Geschwindigkeitsbegrenzungen: Alle Autos fahren langsamer, die Geschwindigkeitsdifferenzen sind geringer, die TTC erhöht sich, es entstehen weniger Unfälle. Insgesamt kann eine Homogenisierung des Verkehrs zu einer Erhöhung der durchschnittlich gefahrenen Geschwindigkeit führen. Das Maß TTC wurde in [Minderhoud und Bovy, 2001] auf Basis von Fahrzeugbewegungsprofilen erweitert, um ein besseres Unfallverständnis zu erlangen.

In [Tavares et al., 2009b] werden Unfälle in urbanen Szenarien in ein ZA-Modell einbezogen. Die Unfallentstehung wird jedoch nicht simuliert und geschehen im Modell ereignisorientiert. Das Simulationsmodell wird in [Tavares et al., 2009a] verwendet, um aus Verkehrsflussinformationen mit annotierten Unfällen einen Klassifikator maschinell zu lernen, der anhand von Verkehrsflussdaten bestimmen kann, ob ein Unfall vorgelegen hat.

In [Dell'Orco et al., 2003] wird die Unsicherheit von Autofahrern bei der Wahl eines geeigneten - legalen, aber auch illegalen - Parkplatzes mittels Fuzzylogik modelliert. Fuzzy knowledge ist ungenaues Wissen. Wenn ein begrenzendes Intervall für einen Messwert bekannt ist, wird der Messwert als

unscharf bezeichnet. Fuzzylogik ist eine Erweiterung der booleschen Logik um Unschärfe. [Goos und Zimmermann, 2006]
    Meignan et al. haben ein Simulationsmodell für Busse entwickelt, bei dem Busse mikroskopisch und der restliche Verkehr makroskopisch modelliert werden. Busse interagieren somit nicht mit dem Verkehr und passen ihre Geschwindigkeit an makroskopische Durchflussgeschwindigkeiten an. Fußgänger können an Bushaltestellen zu- und aussteigen [Meignan et al., 2006, Meignan et al., 2007]. Die hierfür benötigten Zeiten hängen hauptsächlich von der Anzahl an zu- und aussteigenden Fahrgästen ab [Rajbhandari et al., 2003, Dueker et al., 2004].

3.5 Diskussion

Dieses Kapitel hat Modelle zur Simulation von Verkehrsteilnehmern mit Fokus auf Autos, Fahrräder und Fußgänger diskutiert. Diese Auswahl bildet die wichtigsten Verkehrsteilnehmertypen für urbane Szenarien ab. Die Literaturbetrachtung wurde auf Feldstudien zur Beobachtung von Verkehrsteilnehmern ausgedehnt, um einen Überblick über zu modellierende Verhaltensweisen und zur Parametrisierung zu erhalten.

Im Rahmen dieser Arbeit sollen Anleihen beim NSM vorgenommen werden, da dieses für große Szenarien geeignet ist. Die Schwäche des Modells, seine räumliche Diskretisierung, soll behoben werden, um ohne weitere Anpassungen verschiedene Verkehrsteilnehmertypen auf einer Straße simulieren zu können.

Ein Fahrradmodell sollte sich nicht grundlegend vom Automodell unterscheiden, um gemeinsame Funktionen direkt verwenden zu können und lediglich bestimmte Parameter anpassen zu müssen. Verhaltensweisen können je nach Verkehrsteilnehmertyp ergänzt oder entfernt werden.

Im Rahmen dieser Arbeit liegt der Fokus auf den Wechselwirkungen zwischen den verschiedenen Verkehrsteilnehmertypen. Zusätzlich müssen grundlegende makroskopische Zusammenhänge abgebildet werden können. Dieser Anspruch zwingt zur Modellierung des Straßenüberquerungsverhaltens von Fußgängern, da diese Aktionen die einzigen sind, die Wechselwirkungen mit dem Straßenverkehr hervorrufen. Die betrachtete Literatur gibt zudem eine gute Grundlage für die Wahl geeigneter Laufgeschwindigkeiten und Lückenakzeptanzparameter.

In Städten wird ein Teil des Verkehrs durch den ÖPNV (Öffentlicher Personennahverkehr) verursacht. Busse fahren auf vordefinierten Routen zu definierten Zeiten und halten an Bushaltestellen. Dies ließe sich mit einem beliebigen mikroskopischen Verkehrsmodell abbilden. Straßen- und U-Bahnen fahren auf Schienen. Dieser Verkehr soll vorerst außen vor gelassen werden, da der Fokus dieser Arbeit auf dem Straßenverkehr liegt.

In diesem Kapitel wurden bewusst ausschließlich Simulationsmodelle betrachtet. Eine Trennung zwischen Simulations*modellen* und Simulations*systemen* ist notwendig, da ein Simulationssystem zwar Simulationsmodelle verwendet, diese jedoch austauschbar sein können. Das nächste Kapitel diskutiert eine Auswahl bekannter Verkehrssimulationssysteme.

4 Verkehrssimulationssysteme

Dieses Kapitel beschreibt bestehende Verkehrssimulationssysteme. Abschnitt 4.1 ordnet die betrachteten Systeme in den wissenschaftlichen Kontext ein. In den Abschnitten 4.2 bis 4.8 werden etablierte Simulationssysteme besprochen. Die dargestellten Systeme stellen eine Auswahl der relevanten Arbeiten dar. Sie modellieren den Verkehrsfluss in unterschiedlicher Detailausprägung und beantworten divergente Fragestellungen. Weniger etablierte Simulationssysteme, die dennoch wichtige Aspekte behandeln, werden in Abschnitt 4.9 kurz eingeführt. Abschließend wird in Abschnitt 4.10 ein Vergleich der Systeme gezogen und besprochen, welche Eignung die genutzten Modelle für das in Abschnitt 1.1 beschriebene motivierende Beispiel haben und inwieweit sie die gestellten Anforderungen (vgl. Abschnitt 1.4) erfüllen.

4.1 Einordnung in den wissenschaftlichen Kontext

Es werden in diesem Kapitel ausschließlich Verkehrssimulationssysteme betrachtet, die dynamisch sind (vgl. Kapitel 2.3), da im Bereich der Verkehrssimulation zeitliche Verläufe der Verkehrslage entscheidend sind. Es wird unterschieden, ob die Systeme diskret oder kontinuierlich in Bezug auf Simulationszeit und -raum sind. Es werden ausschließlich Simulationssysteme betrachtet, die über mikroskopische oder mesoskopische Verkehrsmodelle verfügen, da makroskopische Modelle zeitliche Veränderungen und individuelle Wechselwirkungen zwischen Verkehrsteilnehmern nicht abbilden.

Alle betrachteten Simulationssysteme verfügen über stochastische Komponenten. Es ist offensichtlich, dass stochastische Modelle wiederholte Simulationsläufe benötigen, um sich durch Mittelung der Ergebnisse nach dem Gesetz der großen Zahlen dem Erwartungswert der betrachteten Kenngröße anzunähern. Ein deterministisches Vorgehen kann mit weniger Berechnungsaufwand zu statistisch signifikanten Ergebnissen führen. In [Medina et al., 2005] wird ein deterministisches Verkehrsmodell entwickelt, das auf dem NSM basiert und den stochastischen Trödelschritt nicht durchführt. Wenn $\bot = 0$ ist,

Tabelle 4.1: Kontextuelle Einordnung betrachteter Verkehrssimulationssysteme

System	Steuerung der Verkehrsnachfrage	Zeit	Raum	Modell
Corsim	datengesteuert	ereignis	kontin.	mikro
Transims	agentenbasiert	diskret	diskret	mikro
Matsim	agentenbasiert	ereignis	diskret	meso
Vissim	datengesteuert	diskret	kontin.	mikro
Integration	datengesteuert	diskret	kontin.	mikro
Hutsim	datengesteuert	diskret	kontin.	mikro
Sumo	agentenbasiert	diskret	kontin.	mikro

können jedoch keine Staus ohne externe Einflüsse entstehen, obwohl sie ein Charakteristikum des Straßenverkehrs sind.

In [Ni, 2006] wird ein historischer Abriss über Verkehrssimulationsarten gegeben. Es wird hierbei zusätzlich zwischen agenten- und objektbasierten Ansätzen unterschieden. Agenten sind als Spezialfälle von Objekten anzusehen. Im Rahmen dieser Arbeit werden diese auf Grund ihrer Ähnlichkeit zu *Agenten* zusammengefasst. Nach [Ni, 2006] kann ein Simulationssystem datengesteuert sein. Ein Beispiel wäre die Nutzung von Induktionsschleifendaten oder Quelle-Ziel-Daten, um simulierte Autos zu erstellen.

Tabelle 4.1 ordnet die in den folgenden Abschnitten 4.2 bis 4.8 diskutierten Verkehrssimulationssysteme in den wissenschaftlichen Kontext ein und stellt eine Extraktion der gezeigten Informationen aus den folgenden Abschnitten dar. Die Verkehrsnachfrage wird bei allen betrachteten Systemen entweder über Eingabedateien oder über agentenbasierte Modelle zur Nachfragegenerierung hervorgerufen. Es werden teils zeitkontinuierliche Simulationsmodelle verwendet - die Simulationssteuerungen arbeiten jedoch mit fixen Zeitschritten. In der räumlichen Detailgenauigkeit unterscheiden sich die betrachteten Systeme eklatant zwischen der Nutzung eines Warteschlangenmodells, eines zellulären Ansatzes, bis hin zu kontinuierlichen Größen. Die verwendeten Fahrzeugmodelle divergieren analog zwischen Reisedauerschätzungen und high-fidelity Ansätzen. Tabelle 4.1 gibt einen Überblick über die betrachteten Systeme und unterscheidet dabei zwischen mikroskopischen und mesoskopischen Modellen.

In den folgenden Abschnitten 4.2 bis 4.9 werden die genannten Verkehrssimulationssysteme ausführlicher betrachtet. Es wird hierbei der Fokus auf verwendete Verfahren, Technologien und Modelle gelegt und betrachtet, welche Stärken und Schwächen die jeweiligen Systeme und deren dahinter stehenden Konzepte für die Ziele dieser Arbeit aufweisen. Ein Schwerpunkt liegt daher auch auf Studien, die mit den jeweiligen Systemen durchgeführt wurden.

4.2 Corsim

Das Verkehrssimulationssystem Corsim (CORridor SIMulation) wird seit den frühen 1970er Jahren entwickelt. Es besteht aus den Systemen Netsim (NETwork SIMulation)[1] und FRESIM (FREeway SIMulation). Netsim ist ein raumkontinuierliches Fahrzeugfolgemodell für urbane Szenarien. Es können verschiedene Verkehrsteilnehmertypen simuliert werden, z.B. Auto, Bus, Lastwagen und Fußgänger. Die simulierten Verhaltensweisen reichen von passiv bis aggressiv. Stehende Autos können zur Spurblockierung genutzt werden. Das Routing von Verkehrsteilnehmern geschieht mittels Abbiegewahrscheinlichkeiten im Straßengraph und QZM[2]. Netsim simuliert Busrouten und die entstehenden Verkehrsbehinderungen durch Busse, die an Bushaltestellen halten. Parkplätze und Straßenrandbereiche, an denen parken erlaubt ist, werden modelliert [Paksarsawan et al., 1992].

Außerstädtischer Verkehr wird in Corsim durch das Modul FRESIM modelliert. Zwischen Netsim und FRESIM müssen Übergangskanten im Straßengraph geschaltet werden [Minnesota Department of Transportation, 2008]. Corsim kann komplizierte Straßenverläufe mit Zu- und Abflüssen modellieren. Eine Nutzung zur Vorhersage von Stauentwicklungen ist möglich. Verschiedene Ampelschaltungen sind implementiert. Zeit-variate Verkehrsaufkommensschwankungen können über einzulesende Stimuli simuliert werden. Der Benutzer muss in Corsim seine Straßenkarte in einem Grapheditor generieren. Er kann dabei auf eine Überlagerung mit einer einzulesenden Bitmap-Datei zurückgreifen, um Straßenzüge nachzuzeichnen [Owen et al., 2000].

Corsim wurde in Arbeiten zur Ampelschaltungsoptimierung in einer HiL[3]-Umgebung genutzt [Bullock und Catarella, 1998, Stallard und Owen, 1998]. Es kann einzelne Autos verfolgen, Wartezeiten aufzeichnen und standardisierte Messgrößen (z.B. Verkehrsdichte und -fluss) protokollieren.

Wu hat Verfahren zur Berechnung von QZM verglichen und teilweise mit Hilfe von Corsim bestimmen lassen [Wu, 1997]. In [Chien et al., 2001]

---

[1] Netsim ging aus UTCS (Urban Traffic Control System) hervor.
[2] Quelle-Ziel-Matrix: Quadratische Matrix M, bei der ein Eintrag M_{ij} die Wahrscheinlichkeit angibt, im Straßengraph vom Startknoten i zum Zielknoten j zu fahren.
[3] Hardware in the Loop: Verfahren, bei dem reale Hardware durch eine Simulationsumgebung ersetzt wird. In diesem Fall wird die Ansteuerung von realen Ampeln simuliert (vgl. [Bertsche et al., 2009]).

werden verschiedene Fahrerpopulationen erstellt und die Auswirkungen der Fahrereigenschaften auf den Verkehrsfluss bestimmt. Es konnte gezeigt werden, dass Corsim bei steigender Geschwindigkeitsvarianz innerhalb der simulierten Fahrzeuge einen sinkenden Gesamtfluss simuliert.

Corsim ist ein Simulationswerkzeug, das hauptsächlich für Ampelschaltungsoptimierungsprobleme genutzt wird (vgl. [Bullock und Catarella, 1998, Sacks et al., 2000, Rouphail et al., 2000]). In [Wilbur, 2004] wird Corsim um ein Wettermodell ergänzt, um die Auswirkungen verschiedener Witterungsbedingungen auf den Automobilverkehr zu untersuchen. Fußgänger und Autos interagieren, indem Fußgänger Straßen überqueren und Autos zum Halten zwingen [Holm et al., 2007].

Corsim wird ausschließlich für Windows angeboten. Lizenzen kosten in verschiedenen Versionen zwischen 500 $ und 5.000 $. Die Quelltexte sind nicht zur direkten Verarbeitung freigegeben. Über die Skalierbarkeit des Systems sind keine Informationen vorhanden.

4.3 Transims

Transims steht für TRansportation ANalysis SIMulation System. Es handelt sich um ein kostenloses, quelloffenes Simulationswerkzeug, bei dem Agenten komplette Tagesabläufe simulieren. Jeder Agent hat Erwartungen über die aktuelle Verkehrslage (Auslastung der Straßen) und plant auf deren Basis seinen Weg zum Arbeitsplatz und den abendlichen Rückweg. Ein Simulationsszenario wird 50 mal simuliert. Nach jedem Durchlauf passen 10 % der Agenten ihre Erwartungen den „Erlebnissen" der vorherigen Simulationsläufe an. Das Ziel dieses Verfahrens ist es, dass sich der Verkehr im simulierten Bereich so verteilt, dass ein Nash-Gleichgewicht[4] entsteht [Nagel et al., 1999]. Es lassen sich demnach Auswirkungen von Änderungen im Straßennetz auf den Verkehr simulieren. Zur Simulation von Autos wird eine modifizierte Variante des Nagel-Schreckenberg-Modells verwendet [Barrett et al., 1998].

Das Simulationssystem modelliert zusätzlich zu Autos und Bussen auch Fußgänger. Ein Agent, der seinen Weg durch den Simulationsgraphen berechnet, bezieht Buslinien und die Fußwege zu den Bushaltestellen in seine Berechnungen ein. Bei einem gegebenen Busfahrplan kann der Weg von einer Bushaltestelle zur nächsten als Kante mit einem Gewicht entsprechend der angegebenen Dauer des Weges interpretiert werden. Eine modifizierte Variante des Dijkstra-Algorithmus wird verwendet, um Wege zu berechnen. Alle

---

[4]Kein Agent kann seine eigene Fitness (in diesem Fall Reisezeit) verbessern, ohne dass mindestens ein anderer Agent seine Strategie ändert [Russell und Norvig, 2004].

Agentenpläne, Wege durch den Graphen eingeschlossen, werden vorberechnet [Nagel, 2001] und stehen während der Simulation zur Verfügung. Nicht implementierte Mikrosimulationsmodule werden vereinfacht simuliert. Wenn beispielsweise ein Fußweg von einer Position a zu einer Position b gelaufen werden soll, jedoch keine Fußgängersimulationskomponente vorhanden ist, wird die Länge des Weges von a nach b mit einer Geschwindigkeit v skaliert, um die Zeit t abzuschätzen, die der Weg in Anspruch nehmen würde. Der Agent wechselt nach t Zeiteinheiten seine Position von a nach b. Es finden keine Wechselwirkungen zwischen Fußgängern und Autos statt. Fahrräder werden ebenfalls nicht beachtet.

Zur Simulation des gesamten Verkehrs in der Schweiz wurde das Modell auf eine reine Auto-Simulation vereinfacht [Voellmy et al., 2001]. Die Wege, die die Agenten fahren, werden durch Quelle-Ziel-Matrizen bestimmt. Pro Stunde existiert eine Quelle-Ziel-Matrix, sodass die täglichen Dynamiken simuliert werden können. Mit Hilfe einer Variante des Dijkstra-Algorithmus werden die Routen berechnet. Der Algorithmus ist zeitabhängig [Jacob et al., 1999]. Die Kantengewichte werden in Abhängigkeit zu den Zeiten gesetzt, die simulierte Autos im Zeitraum der letzten 15 Minuten Simulationszeit durchschnittlich benötigt haben, um die Kanten abzufahren.

Dieses Verfahren wird in [Raney und Nagel, 2002] erweitert, sodass während eines ersten Simulationslaufs für jede Kante im Straßengraphen 96 Zeitabschnitte à 15 Minuten definiert werden, über die die Durchfahrtzeiten der simulierten Verkehrsteilnehmer gemittelt werden. Im folgenden Simulationslauf wird für das Routing darauf zurückgegriffen. Die Kantengewichte für den Routingalgorithmus variieren während der für die Fahrt benötigten Zeit. Wenn ein Auto zu einer Uhrzeit von einer Straße losfährt, kann die geschätzte Dauer für den Weg auf dieser Straße durch eine Mittelung über die angrenzenden Zeitabschnitte des letzten Simulationsdurchlaufs abgeschätzt werden. Hieraus kann approximiert werden, wann das Auto die nächste Straße durchfahren wird. Der Algorithmus schätzt auf diese Weise den Verlauf des Verkehrsaufkommens während der Zurücklegung des Weges ab.

Fehler summieren sich bei diesem Verfahren. Das Auto kann früher oder später an einer Straße ankommen, als geplant. Dies führt zu Schätzfehlern ab dieser Stelle. Die Fehler konnten verringert werden, indem nicht die durchschnittliche Durchfahrtdauer, sondern die maximale Durchfahrtdauer ermittelt wird und bei Routenberechnungen ein zeitliches Offset von 15 Minuten angenommen wird: Wenn eine Fahrt zum Zeitpunkt t beginnt, wird mit Verkehrsinformationen für den Zeitpunkt $t + 15$ aus dem letzten Simulationslauf gerechnet. Dieses Verfahren bleibt fehleranfällig, da während der Fahrt keine Routenkorrekturen möglich sind und Deadlocks nach dem erweiterten Verfahren unwahrscheinlicher, aber nicht unmöglich werden. In der Simulation wird angenommen, dass jeder Verkehrsteilnehmer über die Verkehrsinformationen des Vortages verfügt, was als unrealistisch angesehen werden muss. Agenten, die den berechneten Weg nicht fahren können[5], werden aus der Simulation entfernt, ohne ihren Plan anpassen zu können.

Das Simulationssystem wird auf einem Beowulf-Cluster[6] ausgeführt. Jeder PC erhält einen Kartenausschnitt und kann über ein MPI-System (Message Passing Interface) Informationen und Fahrzeuge mit PCs, die benachbarte Regionen simulieren, über ein Ethernet interface austauschen. Der Flaschenhals ist an dieser Stelle der Nachrichtenaustausch, der 30 % bis 60 % der Simulationsdauer benötigt [Raney et al., 2002b].

Die Simulationsgeschwindigkeit ist ein Augenmerk des Transims Projektes. In [Bachem et al., 1994] wurde ein vereinfachtes Verkehrsmodell mit 660.000 Fahrzeugen auf 64 Prozessoren mit einer Geschwindigkeit von zehnfacher Echtzeit simuliert. Der Straßengraph wird in Transims in eine Anzahl an Partitionen zerlegt, die identisch zur Anzahl an verwendeten Prozessoren ist. Jeder Partition wird ein Prozessor zugewiesen, der den Verkehr innerhalb der Partition simuliert. Kanten, die eine Partitionengrenze überschreiten, werden in der Mitte getrennt, sodass die dazugehörigen Knoten nicht an den Grenzen der Partitionen liegen [Nagel und Rickert, 2001]. Die Kanten an den Partionengrenzen verfügen über Interaktionsbereiche[7] von 35 m, was der maximalen Autogeschwindigkeit pro Iteration in m/s im Simulationsmodell entspricht [Nagel et al., 2001]. Die Partitionen werden anfangs mit ca. gleicher Fläche gewählt. Nach jedem Durchlauf wird in Abhängigkeit zur Berechnungsdauer der einzelnen Prozessoren eine erneute Partitionierung des Graphen durchgeführt.

Das Transims Simulationsmodell wurde verwendet, um Abgasemmissionsberechnungen durchzuführen. Da das Mikrosimulationsmodell ausschließlich Schrittweiten von Vielfachen von 7,5 m zulässt, wurde in [Williams et al., 1998] ein Ansatz entwickelt, um aus den entstehenden Daten adäquate Mittelungen bezüglich Beschleunigung und Geschwindigkeit zu bestimmen. Das entwickelte Modell ist für Autobahnverkehr ausgelegt und

---

[5]Dies kann beispielsweise auftreten, wenn es aufgrund des Verkehrsaufkommens nicht gelingt, auf eine Abbiegerspur zu wechseln.

[6]Cluster-Computer sind Parallelrechner mit verteiltem Speicher, die über ein Netzwerk kommunizieren und ihre Aufgaben verteilen. Es werden hierfür normale PCs mit freier Software verwendet. Der erste Cluster, der diese Anforderungen erfüllte, war ein von NASA-Wissenschaftlern entwickelter Cluster namens *Beowulf* [Bauke und Mertens, 2005, Sterling et al., 1995].

[7]Interaktionsbereiche sind die Bereiche, die für mehr als eine Partition relevant sind. Zur Simulation des Verkehrs dieser Bereiche müssen Prozessoren interagieren.

lässt sich auf Grund der starken Vereinfachungen nicht auf die Simulation von Stadtverkehr übertragen.

Zur Simulation des gesamten Straßenverkehrs in der Schweiz wurde Kartenmaterial des Bundesamtes für Raumentwicklung der Schweiz verwendet, das nicht über Informationen bezüglich der Anzahl an Spuren auf Straßen und Lichtsignalanlagen an Kreuzungen verfügt. Um den Verkehr über 24 Stunden Realzeit mit 7,5 Millionen Verkehrsteilnehmern simulieren zu können, wird ein vereinfachtes Warteschlangenmodell nach [Gawron, 1998] verwendet, da das komplexere Mikromodell von Transims die fehlenden Informationen benötigt und außerdem einen höheren Berechnungsaufwand bewirkt. Während der Simulation traten in Nebenstraßen Staus auf, während Hauptverkehrsstraßen einen freien Verkehrsfluss hatten. Dies ist darauf zurückzuführen, dass bereits kleine Störungen zu Deadlocks führen können, wenn die Verkehrsteilnehmer nicht umplanen, um die Störung aufzuheben [Raney und Nagel, 2002].

Transims ist kostenlos, quelloffen und in C++ implementiert.

4.4 Matsim

Ein Teil der Entwicklungsgruppe von Transims spaltete sich zu Beginn des neuen Jahrtausends ab und begann, Matsim (Multi-Agent Transport Simulation) zu entwickeln. In Matsim wird nicht mehr das NSM zu Modellierung des Autoverkehrs genutzt, sondern ein vereinfachtes Warteschlangenmodell [Cetin et al., 2002]. Matsim ist auf large-scale Simulationen ausgerichtet und nimmt dafür in Kauf, keinen multimodalen Verkehr abbilden zu können und in komplexen Szenarien gegenüber anderen Systemen (z.B. Transims oder VISSIM) unterlegen zu sein.

Matsim besteht grundlegend aus vier Modulen. Ein Aktivitätsgenerator steuert die Aktualisierung von Tagesplänen der simulierten Agenten. Ein Routingmodul berechnet die zeitlich (erwarteten) kürzesten Wege auf Basis des Dijkstra Algorithmus und Agentenwissen über Auslastungen von Straßen in vorherigen Durchläufen. Die Mobilitätskomponente führt die berechneten Pläne der Agenten mittels eines Warteschlangenmodells aus. Die vierte Komponente ist eine Agentendatenbank, die für jeden Agentenplan die Fitness speichert [Balmer et al., 2004]. Der Aufbau von Matsim unterscheidet sich gegenüber Transims hauptsächlich durch ein vereinfachtes Verkehrsmodell.

Der Fokus liegt bei Matsim auf Tagesplanbestimmungen für Agenten. Auf Basis von Zensus-Daten muss jeder Agent verschiedene Aktivitäten abarbeiten, die zu bestimmten Zeiten und Orten stattfinden können bzw.

müssen und bestimmte Zeiten in Anspruch nehmen. Die Fitness eines Agenten hängt davon ab, wie viele Aktivitäten er unter seinen Rahmenbedingungen korrekt ausführt. Die Verkehrssimulationskomponente berechnet die Wege, die ein Agent zurücklegen muss. Mit Hilfe eines Genetischen Algorithmus konnte in [Charypar und Nagel, 2005] die grundlegende Funktionalität des Konzeptes gezeigt werden.

Im Vergleich zu Transims werden die Möglichkeiten der MAS-Technologie im Hinblick auf die Verwendung mehrerer Strategien pro Agent besser ausgenutzt [Raney et al., 2002a]. Zusätzlich werden in Transims vorkommende Inkonsistenzen von Tagesplänen behoben [Balmer, 2007]. Agenten erhalten die Möglichkeit, ihre Pläne während der Durchführung zu ändern [Illenberger und Flötteröd, 2007].

In [Raney et al., 2003] wurden erste Ergebnisse für die Simulation der gesamten Schweiz gegeben. Mit Hilfe des beschriebenen Tagesplangenerierungsverfahrens wurde versucht, das Verkehrsaufkommen in der Schweiz nachzubilden. Die grundlegende Funktionalität des Verfahrens konnte im Vergleich zu realen Messdaten gezeigt werden [Meister et al., 2008]. Die Durchführung von 100 simulierten Tagen mit je $7,1 \cdot 10^6$ Trips auf einem Graphen mit 24.000 Knoten benötigt auf einem Hochleistungsrechner mit 8 Doppelrechenkernen à 2,2 GHz 3,2 Tage [Balmer et al., 2008].

Matsim kann Fahrzeugbewegungen nur sehr stark vereinfacht simulieren. Es können keine Überholvorgänge oder Spurwechsel modelliert werden [Rieser, 2010]. Mit dem Fahrrad zu fahren oder zu laufen wird bei der Wahl der Fortbewegungsmittel durch Agenten berücksichtigt, jedoch bei der Ausführung der Pläne nicht simuliert [Ciari et al., 2007]. Somit finden keine Interaktionen zwischen Verkehrsteilnehmern unterschiedlichen Typs statt.

In [Zilske et al., 2011] wird beschrieben, wie Matsim mittels OSM-Kartenmaterial aufgesetzt werden kann. Durch eine Lookup-Table (LUT) werden im Straßengraphen den Kanten Durchflussdauern und Geschwindigkeiten zugewiesen. Dies geschieht auf Basis des Straßentyps, der in OSM verwaltet wird.

Matsim ist kostenlos und quelloffen. Hierdurch lässt sich das System erweitern. Die Plattformunabhängigkeit wird durch die Verwendung von Java garantiert. Matsim eignet sich jedoch nicht zur realitätsnahen Simulation von Verkehrsszenarien, da das System Szenarien zu stark vereinfacht, um eine hohe Berechnungseffizienz erlangen zu können.

4.5 Vissim

Vissim (Verkehr In Städten - SImulationsModell) ist ein von der PTV AG (Planung Transport Verkehr AG) entwickeltes, kommerzielles Simulationssystem. Mit Hilfe von Vissim lassen sich sehr detailreiche (High-Fidelity-Simulation) Szenarien im Bereich der multimodalen Verkehrssimulationen analysieren. Das System verwendet eine Variante des Wiedemann-Modells zur mikroskopischen Simulation von Autos mit Zeitschritten von 0,1 s [Fellendorf, 1994, PTV AG, 2005], vgl. Abschnitt 3.1.1. Im System werden Straßen detailliert modelliert. Es werden beispielsweise genaue Spurverläufe, Abbiegespuren, Straßenverkehrszeichen, Lichtsignalanlagen, Parkplätze und Induktionsschleifen modelliert. Der hohe Detaillierungsgrad bewirkt einen äquivalenten Aufwand zur Modellierung eines Szenarios, da konventionelle Straßenkarten weniger detaillierte Informationen zur Verfügung stellen.

Das mikroskopische Verkehrsmodell innerhalb von Vissim konnte auf die unterschiedlichen Fahrverhaltensweisen in Deutschland und den USA kalibriert werden [Fellendorf und Vortisch, 2001]. Die Kalibrierung fand auf makroskopischer und mikroskopischer Ebene statt. Für die mikroskopische Anpassung des Fahrverhaltens innerhalb des Simulationsmodells wurde das Verhalten von mit Sensoren bestückten Fahrzeugen während realen Testfahrten auf deutschen Autobahnen bzw. US Freeways protokolliert. Das Verhalten der simulierten Fahrzeuge wird von zehn Parametern beeinflusst, die teils subtile Modifikationen des Fahrverhaltens zulassen, deren Einfluss nicht trivial zu analysieren ist [Lownes und Machemehl, 2006]. Vissim bietet für die implementierten Verkehrsmodelle ein Emissionsmodell [PTV AG, 2009].

Vissim kann u.a. Autos, Lkw, Busse, Straßenbahnen, Züge, Fahrräder und Fußgänger simulieren [Bloomberg und Dale, 2000]. Das implementierte Fußgängermodell wurde in verschiedenen Arbeiten mit Ergebnissen aus Experimenten mit Fußgängern verglichen. In [Kretz et al., 2008] wurde gezeigt, dass der Fußgängerfluss an einer Engstelle linear mit der Breite der Engstelle skaliert und dies mit der Simulation reproduziert werden kann.

Vissim wird über Eingabe- und Ausgabedateien angesteuert. Ein direkter Zugriff auf interne Komponenten ist nicht möglich. Eine Ampelschaltungsoptimierung in Straßennetzwerken mit bis zu 12 Kreuzungspunkten wurde in [Stevanovic et al., 2008] mittels Genetischer Algorithmen realisiert.

Vissim ist ein international genutztes Simulationssystem [Prassas, 2003], dessen graphische Benutzungsoberfläche so weit ausgereift ist, dass erste Tests zur virtuellen Stadtbegehung durchgeführt wurden [Arias et al., 2009]. In [Kobbeloer, 2007] wird ein dezentrales Verfahren zur Ampelschaltungsoptimierung vorgestellt, welches mit Hilfe von Vissim evaluiert wurde. In

[Hughes et al., 2003] wird Vissim genutzt, um die Interaktionen zwischen Autos und Fußgängern an Kreisverkehren unter besonderer Berücksichtigung von blinden Fußgängern zu modellieren. Zur besseren Berücksichtigung von multimodalem Verkehr, wird in [Schönauer und Schrom-Feiertag, 2010] vorgeschlagen, das *Social force* Modell (siehe Abschnitt 3.3.4 auf Seite 42) für Autobewegungen anzupassen. In [Bönisch und Kretz, 2009] werden Straßenüberquerungsdauern von Fußgängern den Wartezeiten von Autofahrern in einer Simulationsstudie anhand einer Kreuzung gegenübergestellt.

Vissim wird für Windows angeboten und kann über eine COM-Schnittstelle angesteuert werden. Direkte Erweiterungen und Veränderungen können nicht implementiert werden, da die kommerzielle Software nicht quelloffen ist.

4.6 Integration

Integration ist ein Simulationssystem, das für Autobahn- und Landstraßenverkehr ausgelegt ist. In das System sind sowohl Komponenten zur Modellierung des Verkehrs, als auch zur Erstellung von Routen *integriert* [Van Aerde et al., 1996].

Integration benötigt zur Erstellung eines Simulationsmodells 5 Dateien. Die erste Datei beschreibt die Knoten des Simulationsgraphen. Analog werden in der zweiten Datei die Kanten des Graphen definiert. Ampeln werden über die in einer dritten Datei gegebenen Steuerungspläne simuliert. Der Verkehr wird über Quelle-Ziel-Paare definiert, die zeitabhängig gesetzt werden können und ebenfalls aus einer Datei eingelesen werden. Die letzte Eingabedatei enthält blockierte Spuren und sonstige Störfälle. Diese können zeitabhängig geschaltet werden. In einer Ausgabedatei wird eine Zusammenfassung des Simulationslaufs mittels makroskopischer Kenngrößen gegeben [Van Aerde und Associates, 2010a]. Optional können mittels weiterer Eingabedateien Zusatzinformationen hinzugefügt werden. Dies können Auf- und Abfahrten, Positionen von Bushaltestellen, Detektoren, Geschwindigkeitsbegrenzungen, usw. sein [Van Aerde und Associates, 2010b]. Das System ist folglich in der Lage, semiautomatisch ein Simulationsmodell zu berechnen, welches erweiterbar ist. Die Erstellung läuft nicht vollautomatisch, da bereits ein Graph mittels Eingabedateien gegeben sein muss und keine standardisierten Straßenkartenmodelle eingelesen werden können.

Es wurden ein Benzinverbrauchs- und ein Emissionsmodell in Integration integriert und der Einfluss von Ampelschaltungen auf den Verbrauch bzw. Ausstoß ermittelt [Rakha et al., 2000]. Das Emissionsmodell geht über gemittelte Geschwindigkeiten hinaus und bezieht Geschwindigkeiten und

Beschleunigungen mit ein [Ahn et al., 2002, Rakha und Ahn, 2004]. Das System wurde genutzt, um einen 35 km Ausschnitt des Highway 401 bei Toronto zu simulieren und konnte auf reale Sensormessdaten kalibriert werden. Um die schwankenden Verkehrsdichten zu modellieren, wurde für je einen 15-minütigen Simulationsabschnitt eine QZM bestimmt [Hellinga et al., 1993, Hellinga, 1994, Hellinga und Van Aerde, 1998]. In [Rakha et al., 1998] wird Integration zur Simulation im Gebiet von Salt Lake City genutzt. Zur Modellierung und Kalibrierung benötigten die Autoren vier Mannjahre. Während der Simulation auf einem Pentium 200 erreichte das Simulationssystem je nach simuliertem Verkehrsaufkommen Simulationsgeschwindigkeiten zwischen $\frac{1}{2}$ und $\frac{1}{17}$ fache Echtzeit.

Das mikroskopische Automodell in Integration wird Van Aerde-Modell genannt und ist ein Fahrzeugfolgemodell mit Spurwechsellogik. Es ist raumkontinuierlich und zeitdiskret mit Zeitschritten von 0,1 s [Van Aerde et al., 1996]. Die Autoren konnten das Modell gegen Messdaten von realen Straßen und andere Simulationsmodelle validieren, sowie bekannte Diagramme reproduzieren [Van Aerde und Rakha, 1995, Rakha und Van Aerde, 1996, Rakha und Crowther, 2002, Rakha und Zhang, 2003]. Durch geeignete Parametrisierung ließen sich Lkw modellieren.

Integration wird kommerziell vertrieben und kann je nach Lizenz zwischen 250 und 10.000 Knoten und Kanten im Graph verwalten [Van Aerde und Associates, 2010a]. Diese Begrenzung spricht gegen eine gute Skalierbarkeit des Simulationssystems.

4.7 Hutsim

Hutsim (Helsinki University of Technology Simulator) ist ein Verkehrssimulationssystem, das seit 1989 an der Helsinki University of Technology entwickelt wird. Es wird die Programmiersprache Delphi verwendet. Hutsim modelliert Autos, Fahrräder und Fußgänger. Autos werden durch das zeitkontinuierliche Fahrzeugfolgemodell von GHR (vgl. Gleichung 3.2 auf Seite 20) mit Erweiterungen simuliert [Kosonen, 1999]. Fußgänger werden durch ein einfacheres Modell beschrieben, das andere Fußgänger ignoriert. Mehrere Fußgänger können somit auf einer identischen Position stehen. Fußgänger erscheinen in unregelmäßigen Abständen an Kreuzungen und möchten diese überqueren. Fahrräder werden als ein Spezialfall der Fußgänger betrachtet, sodass sie sich schneller als Fußgänger bewegen, jedoch keine Straßen verwenden können. Eine Interaktion zwischen Fußgängern bzw. Fahrrädern und Autos findet lediglich statt, wenn ein Fußgänger eine Straße überquert

[Kosonen, 1999]. Lkw werden nicht explizit erwähnt, lassen sich jedoch durch geeignete Parametrisierung des Fahrzeugmodells abbilden. Ursprünglich wurde Hutsim zur Ampelschaltungsoptimierung im Hinblick auf eine Minimierung der Wartezeiten und eine Maximierung der Sicherheit entwickelt. Eine Modellannahme ist, dass manche Fußgänger auch bei einer roten Ampel die Straße überqueren, wenn sie zu lange warten müssen [Niittymaki und Turunen, 1999]. In diesen Situationen blockieren sie die Spur, auf der sie sich befinden und zwingen Autos zu abrupten Bremsmanövern, aus denen Unfälle resultieren können.

Hutsim wurde an Scoot[8] angekoppelt, um Echtzeitinformationen über die Verkehrslage zu erhalten und auf deren Basis Simulationsläufe durchführen zu können [Kosonen und Bargiela, 1999]. Die Genauigkeit hängt stark von der Anzahl an verfügbaren Sensoren auf den Straßen ab [Kosonen und Bargiela, 2000]. In [Niittymäki und Korkeakoulu, 2002] wird eine Methode zur adaptiven Ampelschaltungsoptimierung vorgestellt, die auf Fuzzylogik basiert und mit Hilfe von Hutsim gegen konventionelle Ampelschaltungsverfahren verglichen wird. In [Jokinen et al., 2005] wird eine Fallstudie beschrieben, bei der online-Verkehrsinformationen genutzt werden, um simulierte Fahrzeuge zu erstellen. Dies stellt einen ersten Schritt zur online-Verkehrsprognose dar.

Hutsim hat das Ziel, Ampelschaltungen zu optimieren. In diesem Zuge finden die Interaktionen zwischen verschiedenen Verkehrsteilnehmertypen (Auto, Fahrrad, Fußgänger) nur an ampelgesteuerten Fußgängerüberwegen statt. Der Einfluss von Fahrrädern auf den Verkehrsfluss an Ampeln wird nicht beachtet, da Fahrräder sich wie Fußgänger verhalten.

In Hutsim muss ein Straßennetz zuerst modelliert werden [Kosonen, 1999]. Es besteht die Möglichkeit, komplexe Straßenverläufe zu modellieren. Eine Methode zur automatischen Graphgenerierung existiert hingegen nicht. Hutsim verwendet mehrere Fahrzeugfolgemodelle für unterschiedliche Verkehrssituationen. Das System verwendet eine zeitdiskrete Simulationssteuerung. Ein Simulationsupdate berechnet einen Zeitschritt von 0,1 s. Während eines Zeitschritts werden die internen Zustände aller Simulationsentitäten aktualisiert [Kosonen, 1999]. Die Ausrichtung von Hutsim ist daher die Bereitstellung einer high-fidelity Simulation. Dies führt zu einer schlechten Skalierbarkeit. Es sind keine Studien bekannt, in denen der Verkehr ganzer Ortschaften oder Städte simuliert wurde.

---

[8]Scoot ist ein Akronym für Split Cycle Offset Optimisation Technique und bezeichnet ein System, das permanent den Verkehrsfluss und die Verkehrsdichte an innerstädtischen Kreuzungspunkten misst und Ampelschaltungen entsprechend der aktuellen Verkehrslage variiert [Robertson, 1983].

Verkehr kann in Hutsim mittels Eingabedateien erstellt werden. Hierfür können Quelle-Ziel-Dateien oder Verkehrsflussinformationen genutzt werden. Zusätzlich kann über die in [Gerlough und Huber, 1975, S. 24] vorgeschlagene Wahrscheinlichkeit zum Zeitpunkt t ein Fahrzeug an einer Eintrittsstelle generiert werden:

$$P(h > t) = e^{-\frac{t-t_0}{\bar{t}-t_0}} \qquad (4.1)$$

mit h = Folgedauer (headway)
$\bar{t}$ = Durchschnittliche Folgedauer
t_0 = Minimale Folgedauer

Die dafür benötigten Eingabedaten t und $\bar{t}$ müssen dem System gegeben werden. Falls reale Daten genutzt werden, basieren diese ebenfalls auf Verkehrsflussinformationen. Das System ist somit datengesteuert.

In [Zhou et al., 2006] wird die Anbindung von GIS-Technologien an Hutsim beschrieben. Es ist daher von Anreicherungsmöglichkeiten durch zusätzliche Datenquellen auszugehen.

4.8 Sumo

Sumo (Simulation of Urban MObility) ist ein kostenloses und quelloffenes Simulationssystem, das in C++ entwickelt wird. Das System soll zu einer Vereinheitlichung von Simulationsergebnissen und Modellen im Verkehrssimulationsbereich führen [Behrisch und Krajzewicz, 2008].

Autos werden mit dem in Abschnitt 3.1.1 (Gleichung 3.6) vorgestelltem Modell raumkontinuierlich und zeitdiskret (Zeitschritt: 1 s) simuliert [Krajzewicz et al., 2002b]. Ähnlich zu Transims und Matsim (vgl. Abschnitt 4.3 und 4.4) verwendet Sumo ein Modell zur Abschätzung der Personenverkehrsnachfrage. Das Modell ermittelt aus soziodemographischen statistischen Daten des Simulationsgebietes Tagespläne, die anschließend durch simulierte Agenten ausgeführt werden können und zu Verkehr führen [Varschen und Wagner, 2006]. Sumo berücksichtigt multimodalen Verkehr jedoch analog zu Transims und Matsim durch Abschätzung der Reisedauer zwischen Quelle und Ziel ohne Simulation des zurückzulegenden Weges, sofern der Verkehrsteilnehmertyp vom Typen Auto abweicht. Interaktionen zwischen verschiedenen Verkehrsteilnehmertypen können somit nicht berücksichtigt werden.

Sumo wird seit dem Jahr 2001 entwickelt und erweitert. Es verfügt über Importfunktionen von Straßengraphen von Visum[9], Vissim und Matsim. Es kann Graphen aus Kartenmaterial im Shapefile- und OSM-Format generieren [Behrisch et al., 2011]. Eine Gruppe von Analyseschritten wird bei der Bestimmung eines Simulationsgraphen durchgeführt, um einen Graphen mit Vorfahrts- und Abbiegeregeln, sowie realistischen Anzahlen an Spuren und Geschwindigkeitsbegrenzungen zu erhalten, sofern diese nicht gegeben sind [Krajzewicz et al., 2005b].

Das verwendete Fahrzeugfolgemodell wurde auf Sensormessdaten eines Autobahnabschnitts kalibriert [Krajzewicz et al., 2002a]. Sensoren geben Informationen über Anzahl und Geschwindigkeit der passierenden Autos in einer Frequenz von 1 Hz. Der erste Sensor der Messanordnung wird genutzt, um simulierte Autos zu generieren und alle weiteren, um die Daten von simulierten Messpunkten mit realen Messdaten zu vergleichen. Ein Optimierungsverfahren wurde genutzt, um das Modell anzupassen. Die Fehlerrate sank von anfangs 40 % auf 15 %.

Sumo wurde während des Weltjugendtages 2005 in Köln zur Vorhersage der Verkehrslage der nächsten halben Stunde anhand von ca. 1.100 Verkehrssensoren genutzt [Krajzewicz et al., 2006]. In [Krajzewicz et al., 2005a] wird eine agentenbasierte Ampelsteuerung simuliert, die Kreuzungen mit stark schwankendem Verkehrsaufkommen optimieren kann. Im Car-to-X[10]-Bereich wird Sumo zur Untersuchung neuer Konzepte eingesetzt [Bauza et al., 2008, Wegener et al., 2008]. In [Rieck et al., 2010] wird in diesem Zusammenhang eine Kopplung mit VISSIM (vgl. Abschnitt 4.5) durchgeführt, um wichtige Bereiche des Simulationsumfeldes mit VISSIM und die umliegenden Areale mittels Sumo zu simulieren.

4.9 Weitere Simulationssysteme

In diesem Abschnitt werden verschiedene Verkehrssimulationssysteme angesprochen, die weitergehende Ideen berücksichtigen, jedoch keine zu den vorangegangenen Systemem vergleichbare Relevanz besitzen.

In [Miller und Horowitz, 2007] wird das System FreeSim[11] beschrieben, welches kostenlos zur Verfügung gestellt wurde. Benutzer können mit einem

---

[9]Verkehrsanalysesystem der PTV AG
[10]Autos werden mit Funkmodulen ausgestattet und können sich gegenseitig über Vorkommnisse und die aktuelle Verkehrssituation informieren, sowie Informationen mit Funkmasten der Infrastruktur austauschen.
[11]http://www.freewaysimulator.com, abgerufen am 31.07.2012

4.9 Weitere Simulationssysteme

Webbrowser ein Flash-Skript ablaufen lassen, welches eine Socketverbindung zu einem Simulationsserver hält. Das System kann aktuelle Geschwindigkeiten auf Schnellstraßen und Autobahnen visualisieren und stellt verschiedene Graphalgorithmen zur Verfügung, um zu diesen Daten die besten Wege im Straßennetz zu bestimmen. Eine Simulation im eigentlichen Sinne wird hierbei nicht durchgeführt.

Die Simulationssoftware Pelops[12] (Programm zur Entwicklung Längsdynamischer, mikroskopischer Verkehrsprozesse in Systemrelevanter Umgebung) verwendet ein sub-mikroskopisches Automodell auf Basis des Wiedemann-Modells. Es werden verschiedene Größen simuliert (z.b. Lenkeinschlagswinkel, Winkel des Gaspedals), die intern im Auto von Belang sind. Das System eignet sich aufgrund seines detaillierten Modells nicht zur Simulation großer Szenarien. Einen Überblick über sub-mikroskopische Modellierung im Fahrzeugbereich gibt [Schramm et al., 2010].

Félez et al. stellen in [Félez et al., 2007] ein Simulationssystem vor, das mittels VR[13]-Technologien zum Training von Berufskraftfahrern genutzt wird. Hierbei wird jeweils nur ein sehr kleiner Bereich um den Übenden herum simuliert, dieser jedoch sehr realistisch. Das System verfügt über ein detailliertes Schadensmodell zur Simulation von Unfällen.

VR-Technologien werden in [Wagner et al., 2011] genutzt, um beim Zurücksetzen eines Autos mit Anhänger zu assistieren. Auf einem Bildschirm kann der Fahrer Bilder einer Rückfahrkamera mit eingezeichneten Spuren wahrnehmen, die ihm anzeigen, wohin der Anhänger sich bewegen wird. Vor der realen Umsetzung wurde das System in einem Fahrsimulator getestet.

Das Verkehrssimulationssystem Itsumo (Intelligent Transportation System for Urban MObility) ist ein kostenloses, quelloffenes und in C++ entwickeltes System, welches als Verkehrsmodell das NSM verwendet [da Silva et al., 2006b]. Das System ist nicht mit dem in Abschnitt 4.8 diskutierten System Sumo verwandt. Die Zellengrößen werden auf 5 m festgelegt. Die Repräsentation von Fahrer-Fahrzeug-Einheiten und Ampeln ist agentenorientiert. Itsumo kann Straßenkarten von OSM verwenden [Bazzan et al., 2010]. In [Bazzan et al., 2009] wird eine Kopplung von Matsim (vgl. Abschnitt 4.4) und Itsumo gezeigt, die sowohl die Tagesplanoptimierungsstrategien aus Matsim, als auch die mikroskopische Verkehrssimulaton aus Itsumo ermöglicht. Itsumo bietet die Möglichkeit, Signalpläne von Ampeln graphisch zu editieren. Online Informationen, z.B. aktuelle Verkehrsflussdaten, können in die Simulation einfließen [da Silva et al., 2006a].

---

[12]http://www.fka.de/pdf/pelops_whitepaper.pdf, abgerufen am 29.06.2012
[13]Virtuelle Realität: Systeme, die in Echtzeit realistische Visualisierungen und Technologien zur Wahrnehmung der physikalischen Gegebenheiten bereitstellen.

Itsumo erfüllt die Anforderungen AutoGraph, Zusatzmodule, Pkw, Routing, kostenlos und quelloffen. Die Skalierbarkeit konnte in der aufgeführten Literatur nicht gezeigt werden. Die Simulation eines größeren Stadtgebietes wird unter Beschränkung auf Hauptverkehrsstraßen durchgeführt [Bazzan et al., 2010]. Die Verwendung von Modellen für Fahrräder und Fußgänger ist nicht vorgesehen. Die Nutzung des NSM ist für urbane Szenarien nachteilig (vgl. Abschnitt 3.1.3). Daher müssten mehrere Komponenten von Itsumo verändert bzw. ergänzt werden, um für die Ziele dieser Arbeit nutzbar zu werden.

4.10 Bewertung

Jedes der besprochenen Simulationssysteme ist grundsätzlich geeignet, verschiedene Fragestellungen des Verkehrs zu untersuchen. Jedes System wurde bzw. wird jedoch vordergründig für bestimmte Teilgebiete der Verkehrsforschung entwickelt. Es sind verschiedene vergleichende Arbeiten publiziert worden, die sich mit den Unterschieden und Gemeinsamkeiten von Teilmengen der vorgestellten Simulationssysteme beschäftigen.

In [Wang et al., 1997] werden u.a. Integration und Corsim in Szenarien verglichen, für die exakte Verkehrsdichten und mittlere Geschwindigkeiten bekannt sind. Die Systeme konnten realistische und miteinander vergleichbare Kenngrößen ermitteln. Als Schwäche der Systeme wird in der Arbeit angegeben, dass sie zu viele Parameter haben, die in einer aufwendigen Prozedur kalibriert werden mussten. In einer weiteren Studie [Prevedouros et al., 1997] wird bemängelt, dass Integration komplexe Ampelschaltungen nicht modellieren kann und dass Spurwechselaktionen unzulänglich abgebildet werden. Es kann vorkommen, dass Autos den Spurwechsel von einem Beschleunigungsstreifen auf eine Autobahn nicht erreichen können und am Ende des Beschleunigungsstreifens stehen bleiben. Die Parameter von Corsim mussten stark abgeändert werden, um Messdaten widerzuspiegeln. Die QZM-Bestimmung von Integration ist nach [Prevedouros et al., 1997] „nervtötend". Nach Abschluss der Prozedur ist Integration effizienter und realistischer in den ermittelten Kenngrößen (z.B. Reisedauern) im Vergleich zu Corsim. Nach [Rakha und Crowther, 2003] kann Integration über vier Parameter des Van Aerde Modells auf verschiedene Situationen - in diesem Falle Autobahn, Zubringerstraße und Tunnel - kalibriert werden. In [Bloomberg und Dale, 2000] werden Vissim und Corsim verglichen. Die Hauptaussage der Studie ist, dass die Ergebnisse der Systeme mehr Gemeinsamkeiten als Unterschiede haben.

4.10 Bewertung

Tabelle 4.2: Vergleich der besprochenen Verkehrssimulationssysteme

	AutoGraph	Zusatzmodelle	Skalierbarkeit	Pkw	Lkw	Fahrrad	Fußgänger	Wechselwirkungen
Corsim	×	✓	?	✓	✓	×	✓	✓
Transims	✓	✓	✓	✓	≈	≈	≈	×
Matsim	✓	✓	✓	✓	×	×	×	×
Vissim	×	×	×	✓	✓	✓	✓	✓
Integration	≈	✓	×	✓	≈	×	×	×
Hutsim	×	✓	×	✓	≈	≈	✓	≈
Sumo	✓	✓	✓	✓	✓	×	≈	×

In Tabelle 4.2 wird ein Überblick über die grundlegenden Eigenschaften der betrachteten Systeme gegeben. Es werden die Kriterien der Anforderungsanalyse aus Abschnitt 1.4 zur Bewertung verwendet. Corsim ist ein Simulationssystem, das sich eignet, um die Wechselwirkungen zwischen Autos und Fußgängern zu untersuchen. Busrouten können definiert werden. Fahrräder lassen sich nicht abbilden. Die Modellierung ganzer Ortschaften ist aufwendig, da kein Modul zur automatisierten Erstellung des Straßengraphen existiert. Über die grundlegende Eignung zur Simulation großer Szenarien lässt sich keine Aussage treffen, da in der Literatur ausschließlich Szenarien mit wenigen Straßen simuliert wurden und keine Laufzeitanalyse vorhanden ist.

Transims bietet eine innovative Methode zur Tagesablaufsplanung von simulierten Agenten und ist sehr gut skalierbar. Die Skalierbarkeit wird jedoch durch ein Verkehrsmodell erlangt, welches auf die Simulation von Autobahnverkehr optimiert ist und sich schlecht für urbane Szenarien eignet. Fahrräder und Fußgänger werden nicht simuliert, weshalb keine Interaktion der verschiedenen Verkehrsteilnehmertypen stattfindet.

Matsim baut auf Transims auf, legt den Fokus jedoch ausschließlich auf Berechnungseffizienz und Tagesplanoptimierung von Agenten. Zur Bearbeitung von Verkehrsszenarien ist das implementierte Verkehrsmodell auf Basis von

Warteschlangen zu einfach gehalten. Komplexe Wechselwirkungen zwischen verschiedenen Verkehrsteilnehmertypen lassen sich hiermit nicht abbilden.

Vissim modelliert alle geforderten Verkehrsteilnehmertypen in hohem Detaillierungsgrad. Interaktionen lassen sich abbilden. Bei Vissim muss der Benutzer einen Straßengraphen manuell bilden und kann hierfür Satellitenbilder als Grundlage verwenden. Dieser Schritt ermöglicht sehr detaillierte Straßengraphen, führt jedoch zu ebenso hohen Modellierungskosten. Das verwendete high-fidelity Modell führt zu langen Berechnungszeiten. Vissim eignet sich aus diesen Gründen nicht zur Simulation ganzer Ortschaften.

Integration stellt interessante Konzepte in Zusammenhang mit der Routenbestimmung für simulierte Autos vor und kann realistische makroskopische Kenngrößen produzieren. Die Generierung von QZM mittels Flussdaten auf Schnellstraßen wurde intensiv untersucht. Es eignet sich hingegen nicht für urbane Szenarien, da der Modellierungsaufwand sehr hoch ist und keine Vorbereitungen für multimodalen Verkehr getroffen wurden.

Hutsim konnte zeigen, dass es zur Optimierung von Ampelschaltungen und Echtzeitsimulation genutzt werden kann. Die Einsatzbereiche sind jedoch stets kleine Ausschnitte von Straßennetzen, die zur Durchführung einer Simulationsstudie per Hand modelliert werden müssen. Die implementierten Verkehrsmodelle sind darauf ausgelegt, detaillierte Informationen über das Straßennetz zur Verfügung zu haben, um sehr genau simulieren zu können. Dies lässt keine automatische Graphgenerierung zu und führt zusätzlich zu hohem Berechnungsaufwand. Simulationsstudien, die eine ganze Stadt umfassen sind daher sowohl vom Modellierungsaufwand, als auch von der Berechnungskomplexität her nicht durchführbar.

Sumo zeichnet sich durch diverse Importfunktionen für Straßennetze, Quelloffenheit und seine Auslegung zur Simulation großer Szenarien aus. Die integrierten Verkehrsmodelle eignen sich nicht für die Ziele dieser Arbeit, wären jedoch austauschbar.

Die Literaturbesprechung hat gezeigt, dass keines der betrachteten Systeme die in Abschnitt 1.4 geforderten Kriterien vollständig erfüllt. Das motivierende Beispiel (vgl. Abschnitt 1.1) kann somit mit keinem der betrachteten Systeme bearbeitet werden. Die folgenden Kapitel 5 bis 7 stellen das im Rahmen dieser Arbeit entwickelte Konzept vor.

5 Akteursorientierte multimodale Straßenverkehrssimulation

Keines der im Stand der Forschung betrachteten Verkehrssimulationssysteme erfüllt die im Abschnitt 1.4 gestellten Anforderungen vollständig. Es muss daher geprüft werden, ob die Erweiterung eines bestehenden Systems zur Erfüllung der Anforderungen oder die Entwicklung eines neuen Konzepts mit vollständiger Implementierung eines Simulationssystems durchgeführt werden muss.

Zur direkten Erweiterung bieten sich vordergründig Transims, Matsim und Sumo an, da diese Systeme quelloffen und skalierbar sind, sowie über eine AutoGraph-Funktion verfügen. Keines dieser Systeme ist jedoch dafür vorgesehen, multimodalen Verkehr zu berücksichtigen.

Bestehende mikroskopische Verkehrssimulationsmodelle eignen sich entweder nicht zur Abbildung multimodalen Verkehrs oder sind in ihrer Berechnungskomplexität zu aufwendig, um in Szenarien der geforderten Größenordnung eingesetzt zu werden.

Zur Erfüllung der in Abschnitt 1.3 gestellten Zielsetzung dieser Arbeit wird ein neues Konzept entwickelt. Es werden Methoden generiert, die aus Kartenmaterial einen Simulationsgraphen bestimmen, der die Erfordernisse für urbane multimodale Verkehrssimulationen erfüllt. Es werden mikroskopische Verkehrsmodelle für Autos, Fahrräder und Fußgänger vorgeschlagen, die zur Untersuchung der Wechselwirkungen zwischen den Verkehrsteilnehmertypen geeignet sind. Diese Bestandteile werden in einem Simulationssystem kombiniert, um urbane Verkehrssimulationsstudien durchführen zu können.

Es wird im Rahmen dieser Arbeit ein neues Verkehrssimulationssystem entwickelt, welches die in diesem Teil der Arbeit beschriebenen Konzepte umsetzt. Die Konzepte wurden nicht als Erweiterungen und Modifikationen in ein bestehendes Simulationssystem integriert, da eine Abschätzung des Aufwandes bezüglich Einarbeitung, Restrukturierung und Erweiterung eines bestehenden Simulationssystems höher ausfiel, als die zielgerichtete Entwicklung eines Systems auf die definierten Anforderungen.

Die vorgeschlagene Architektur ergibt ein Verkehrssimulationssystem, das die Verkehrsnachfrage datengesteuert (Stimuli oder QZM) modelliert. Bei

5 Akteursorientierte multimodale Straßenverkehrssimulation

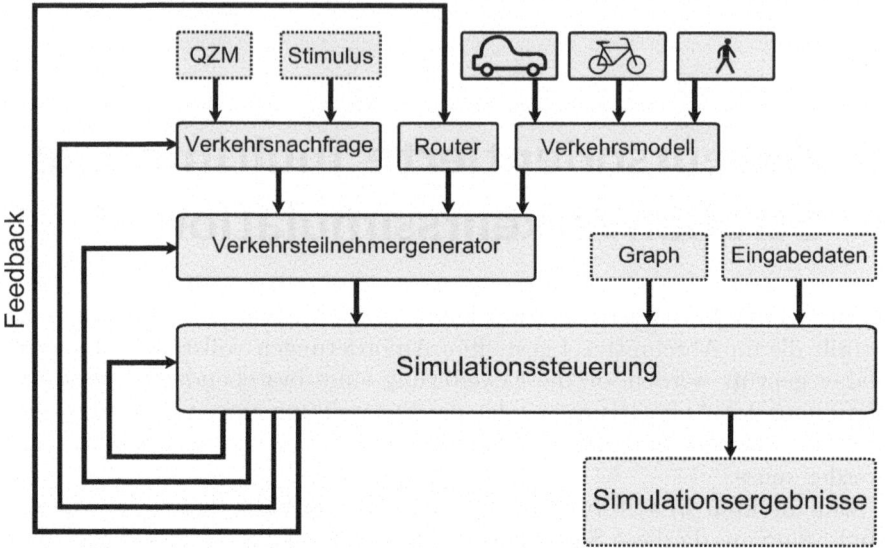

Abbildung 5.1: Architektur

diskreter Simulationszeit werden räumlich kontinuierliche mikroskopische Verkehrsmodelle verwendet.

In diesem Kapitel wird der Fokus auf den Simulationsablauf und die Steuerung der Simulation gelegt. Der folgende Abschnitt 5.1 beschreibt die grundlegende Architektur. In Abschnitt 5.2 wird das gewählte Routingkonzept umrissen. Schließlich erläutert Abschnitt 5.3 die wichtigsten Abläufe in den entwickelten Verkehrsmodellen.

5.1 Architektur

Dieser Abschnitt beschreibt die in Abbildung 5.1 dargestellte Architektur für das Simulationssystem. Die Kernkomponente zur Durchführung einer Simulationsstudie ist die Simulationssteuerung. Als Eingabe erhält sie den bereits berechneten Straßengraphen und weitere Eingabedaten - z.B. ein DGM oder einen definierten Messbereich für Emissionen. Der Ablauf der Simulation ist iterationsbasiert. In einer Simulationsiteration werden die Zustände aller aktiven Simulationskomponenten aktualisiert.

In jedem Durchlauf generiert die Simulationssteuerung Feedback. Beispiele sind die Anzahl der derzeit aktiven Verkehrsteilnehmer und deren Modal Split,

5.1 Architektur

Reisedauer-, Verkehrsdichte- oder Verkehrsflussinformationen für Straßen im Simulationsgebiet. Diese Informationen werden mehreren Komponenten zur Verfügung gestellt.

Der Verkehrsteilnehmergenerator erstellt neue Verkehrsteilnehmer. Ob zu einem Zeitpunkt ein Verkehrsteilnehmer erstellt wird, hängt von der Verkehrsnachfrage ab. Diese kann verschiedene Ausprägungen haben. Es können QZM genutzt werden, um realen Verkehr nachzubilden. Alternativ können beliebige Stimuli definiert werden. Ein Beispiel hierfür ist die Vorgabe einer Anzahl an Verkehrsteilnehmern n, die über die Simulationsdauer gehalten werden soll. Immer wenn die aktuelle Anzahl der Verkehrsteilnehmer n' kleiner als n ist, würden $n - n'$ Verkehrsteilnehmer erstellt. n' sinkt, wenn Verkehrsteilnehmer ihre Zielposition erreicht haben und aus der Simulation entfernt werden.

Auch das genutzte Verkehrsmodell - Auto, Fahrrad oder Fußgänger, sowie Unteraten (z.B. Lkw) - hängt von der Verkehrsnachfrage ab. Es sind hierfür analog zur Verkehrsnachfrage beliebige Stimuli möglich.

Dem zu erstellenden Verkehrsteilnehmer wird Zugriff auf den Router gegeben, der zur Berechnung von Routen im Straßengraph genutzt wird. Der Router kann aktuelle Verkehrsdaten verarbeiten. Verkehrsteilnehmer können ihre Routen während der Fahrt mittels des Routers umplanen. Je nach Modus kann eine Route einen festen Start- und Zielpunkt haben oder nur einen Startpunkt. Im ersten Fall würde die Route zwischen den Positionen bestimmt. Im letzteren können Abbiegewahrscheinlichkeiten zur Generierung einer Zufallsreise im Straßennetz genutzt werden. Je nach Verkehrsmodell müssen bestimmte Straßentypen gemieden werden - z.B. Fußwege für Autos und Autobahnen für Fahrradfahrer. Der Router verwendet dem Verkehrsteilnehmertypen entsprechende Reiseinformationen.

Ein Simulationslauf endet nach einer Abbruchbedingung. Dies könnte eine definierte Anzahl an Simulationsiterationen sein oder das Ende der Fahrt eines ausgewählten Verkehrsteilnehmers. Simulationsergebnisse können von der Simulationssteuerung über Überwachungskomponenten während oder am Ende eines Simulationslaufes exportiert werden. Es sollen zur Visualisierung von Daten GIS-Komponenten genutzt werden, um beispielsweise Emissionsverteilungen über das Simulationsgebiet darzustellen. Exportformate zur weiteren Verarbeitung in Statistiksoftware ermöglichen wissenschaftliche Auswertungen von Simulationsergebnissen.

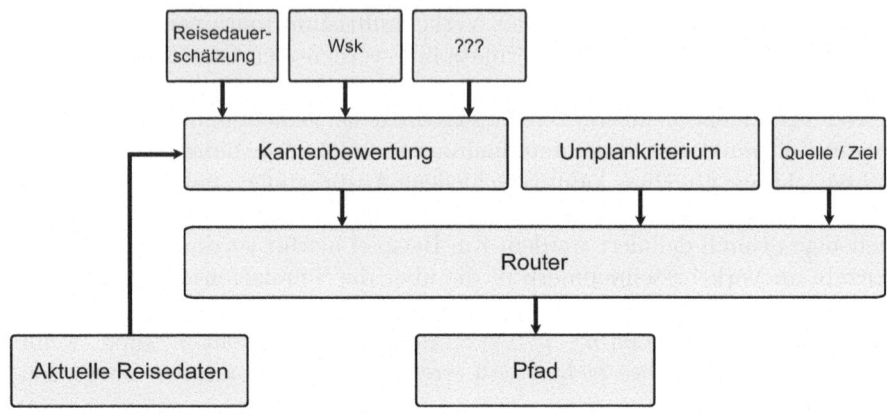

Abbildung 5.2: Architektur: Router

5.2 Router

In Abbildung 5.2 wird das grundlegende Routingkonzept dargestellt. Als Feedback von der Simulationssteuerung kann der Router aktuelle Reisedaten verwenden. Ein Beispiel hierfür sind gemessene Durchfahrtdauern auf den jeweiligen Straßen getrennt nach Verkehrsteilnehmertypen und Fahrtrichtungen. Die Bewertung potenzieller Straßen kann alternativ über eine Reisedauerschätzung via Nutzung der Kantenlänge und ihrer Geschwindigkeitsbegrenzung geschehen. Für probabilistisches Routingverhalten können Kantennutzungswahrscheinlichkeiten in Abhängigkeit zu verbundenen Knoten genutzt werden. Es wären an dieser Stelle beliebige Bewertungsfunktionen nutzbar (in Abbildung 5.2 durch ??? gekennzeichnet). In der Zukunft könnte beispielsweise die Steigung eines Straßenverlaufs für Fahrräder oder die Enge der Kurven für Lkw ergänzt werden.

Der Router kann einen Pfad zwischen Quelle und Ziel berechnen. Die Positionen können über Knoten und Kanten im Graphen angegeben werden. Falls Kanten verwendet werden, muss der Router geeignete Knoten auswählen und hierbei Einbahnstraßen berücksichtigen. Der berechnete Pfad besteht aus einer Folge von Knoten und Kanten.

Falls der Router von einem Verkehrsteilnehmer während seiner Bewegung im Simulationsgraphen verwendet wird, wird über ein Umplankriterium geprüft, ob durch eine Änderung des Pfades die Güte des Agentenplanes verbessert werden kann. Als Eingabe würden in diesem Fall die aktuelle Position als Quelle und die Zielposition als Ziel verwendet.

5.3 Verkehrsmodell

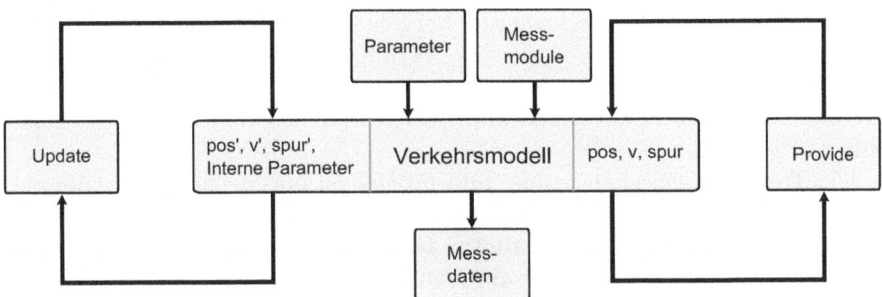

Abbildung 5.3: Architektur: Verkehrsmodell

Der Router nimmt eine zentrale Rolle bei der Simulation von Straßenverkehr ein, da er für die Verteilung des Verkehrs zuständig ist. Es genügt nicht, ausschließlich die kürzesten Wege als Route zu verwenden, da bereits bei geringen Verkehrsmengen Staus entstehen würden. Menschen stützen sich bei der Routenplanung auf individuelle Erfahrungen und Vorlieben. Die Wahl einer geeigneten Kantenbewertungsfunktion ist somit essenziell. Es ist möglich, dass Teilgruppen der simulierten Verkehrsteilnehmer unterschiedliche Kantenbewertungsmethoden verwenden.

5.3 Verkehrsmodell

Die Verkehrsmodelle für Autos, Fahrräder und Fußgänger unterscheiden sich hinsichtlich ihrer Verhaltensweisen. Zur Simulationssteuerung verfügen sie jedoch über die beiden grundlegenden Schritte *update* und *provide*. Abbildung 5.3 skizziert das Vorgehen.

Die Simulationssteuerung ruft in jedem Zeitschritt die *update*-Methoden aller Verkehrsteilnehmer auf. In diesem Schritt aktualisieren die Verkehrsteilnehmer ihre internen Zustände. Diese bestehen aus ihrer Position, Geschwindigkeit, Spur (falls es sich nicht um Fußgänger handelt) und internen Parametern. Ein interner Parameter kann beispielsweise ein Aggressionspotenzial sein, welches ansteigt, wenn ein Fußgänger eine Straße nicht überqueren kann (vgl. Abschnitt 3.4.1).

In einem zweiten Schritt ruft die Simulationssteuerung *provide* auf. Die Verkehrsteilnehmer aktualisieren in diesem Schritt ihre öffentlich wahrnehmbaren Zustände. Diese sind beispielsweise ihre Position, Geschwindigkeit, Spur oder auch ein Blinker bzw. Handzeichen, um Abbiegevorhaben anzuzeigen. Während *update* berechnen alle Verkehrsteilnehmer ihr Folgeverhalten und während *provide* führen sie ihre Aktionen durch. Im Schema aus Abbildung 5.3 werden im *provide*-Schritt $pos = pos'$, $v = v'$ und $spur = spur'$ gesetzt und somit Bewegungen und Geschwindigkeitsänderungen durchgeführt.

Die Trennung zwischen *update* und *provide* ist ein Mechanismus, um ein synchrones Update zu garantieren. Es ist auf diese Weise nicht möglich, dass ein Verkehrsteilnehmer mit veralteten Informationen seinen neuen Zustand berechnet. Ansonsten könnten wahrnehmungsbedingte Fahrfehler geschehen, wenn beispielsweise ein Vordermann n seinen Zustand bereits aktualisiert und seine Geschwindigkeit von v_n auf $v_n' \ll v_n$ drastisch reduziert hat, der Hintermann $n + 1$ jedoch mit der veralteten Geschwindigkeit v_n seinen Zustand aktualisiert. Der Synchronisationsschritt ermöglicht in der Folge einfachere Verkehrsmodelle.

Jeder Verkehrsteilnehmer erhält individuelle Parameter. Beispiele hierfür sind seine Maße (Breite und Länge), Maximalgeschwindigkeit und Beschleunigungsvermögen. Über eine geeignete Parametrisierung lassen sich individuelle Fahrweisen und Fahrzeugtypen definieren. Ein Lkw ist beispielsweise länger und breiter als ein Pkw. Er verfügt über ein geringeres Beschleunigungspotenzial und eine niedrigere Maximalgeschwindigkeit. Die grundlegenden Fahrverhaltensweisen sind jedoch mit denen eines Pkw vergleichbar.

Jeder Verkehrsteilnehmer kann durch Messmodule erweitert werden. Es können beispielsweise Reisedauern, Geschwindigkeiten, Beschleunigungs- und Bremswerte extrahiert werden. Mit Hilfe von Messmodulen können Wartezeiten an Ampeln ebenso protokolliert werden, wie interne Parameter - z.B. der zeitliche Verlauf der Aggressivität eines Fußgängers.

6 Modellierung von Verkehrswegen

Dieses Kapitel beschreibt den gewählten Ansatz zur Erstellung eines Graphen für die Simulation von Straßenverkehr. Es werden die grundlegenden Vorgehensweisen diskutiert. Weitergehende Informationen werden in Kapitel 8 gegeben. Im Rahmen dieser Arbeit wird das in Abbildung 6.1 gezeigte Verfahren vorgeschlagen.

Eine OpenStreetMap-Datei wird geladen. Sie enthält Geoinformationen in einem XML-Format (a). Die Daten werden unter Nutzung von GeoTools in verschiedene SHP-Layer separiert (b), aus denen anschließend ein Graph generiert werden kann (c). Die einzelnen Schritte und dahinterstehenden Überlegungen werden in den folgenden Abschnitten besprochen.

Abschnitt 6.1 bespricht, wie OSM-Dateien aufgebaut sind. In Abschnitt 6.2 wird gezeigt wie Ausschnitte aus großen Dateien bestimmt werden können. In Abschnitt 6.3 wird beschrieben, wie ein OSM-Ausschnitt weiterverarbeitet werden kann, um ihn anschließend zur Erstellung eines Graphen zu verwenden (Abschnitt 6.4).

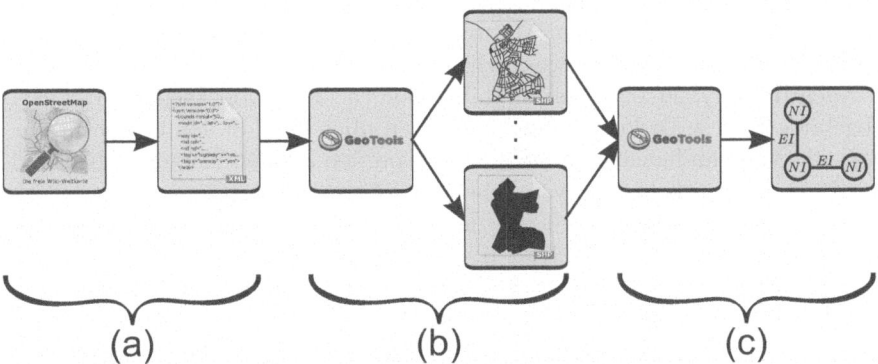

Abbildung 6.1: Vorgehen bei der Generierung eines Graphen aus OSM

6.1 OpenStreetMap als Datenquelle

Im Rahmen dieser Arbeit werden Landkarten des OpenStreetMap-Projekts[1] (OSM) genutzt, da dessen Daten offen, kostenlos und dokumentiert sind. Landkarten werden in OSM von Benutzern erstellt und gewartet. Dieses Vorgehen ist kostengünstig und häufig werden Areale kartographiert, zu denen bisher keine Informationen verfügbar waren [Goodchild, 2007]. OSM entwickelt sich ähnlich wie die Wikipedia[2]: Die Nutzergruppen an verschiedenen Orten kartographieren teils sehr genau und aktuell, teils fehlerhaft. OSM eignet sich immer dann, wenn *kein* high-fidelity Modell entwickelt werden soll, da Details im Vergleich zu simulationsoptimierten Karten fehlen. Beispielsweise werden keine Beschleunigungsstreifen, Straßenbreiten oder verschiedene Ampeltypen im Kartenmaterial modelliert. Diese Informationen müssen ergänzt werden. Einen Überblick über OSM gibt [Bennett, 2010].

Wissenschaftliche Untersuchungen zur Qualität von Kartenmaterial gestalten sich aufwendig. In [Neis et al., 2011] wird die Qualität der Geodaten von OSM mit denen des kommerziellen Anbieters TomTom verglichen. Die Menge an verzeichneten Straßen ist demnach bei OSM größer als beim kommerziellen Anbieter. Die Vorteile von TomTom liegen in der genaueren Abbildung der Verbindungen zwischen Straßen und etwaigen kritischen Informationen (z.B. Abbiegeverbote), die zur Navigation benötigt werden.

In [Ather, 2009] wurden GPS-Spuren während Autofahrten innerhalb von London protokolliert und die Abweichung der OSM-Daten von den gemessenen Spuren ermittelt. Es wurde eine Genauigkeit von ca. 90 % ermittelt. Es wurden jedoch Schwächen von OSM bei der Vollständigkeit von Straßenattributen ermittelt. Die Daten von OSM wurden zusätzlich mit Kartenmaterial der National Mapping Agency of Great Britain verglichen und zeigten eine ähnliche Genauigkeit.

Nach [Haklay, 2010] waren im Jahr 2008 ca. 29 % von England in OSM abgebildet. Diese Diskrepanz zu den Daten über London deutet darauf hin, dass die Vollständigkeit von OSM stark von den lokalen Kartographen und der Besiedelungsdichte der verglichenen Gebiete abhängt.

In [Zielstra und Zipf, 2010] werden Karten von OSM mit Karten von TeleAtlas (heute von TomTom übernommen) über einen Zeitraum von knapp einem Jahr verglichen. OSM bietet in absoluten Zahlen gemessen weniger Informationen über deutsche Straßen, verfügt jedoch über eine steile Wachstumskurve. Es muss jedoch beachtet werden, dass auch hier die

---

[1] http://www.openstreetmap.org
[2] http://www.wikipedia.de

6.1 OpenStreetMap als Datenquelle

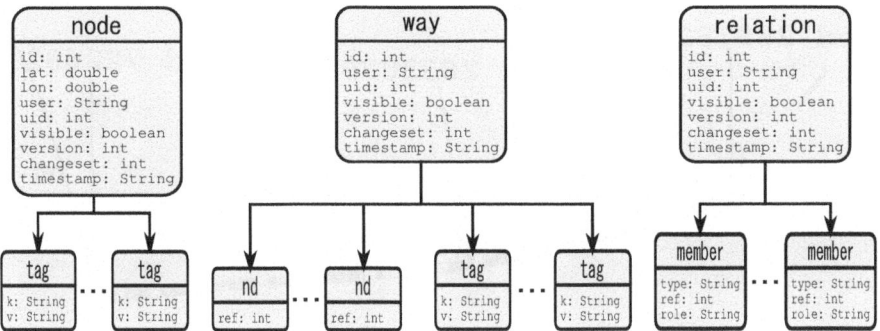

Abbildung 6.2: OSM-Entitäten

Vollständigkeit von OSM je nach Kartenausschnitt schwankt, da OSM auf den Einsatz von freiwilligen Helfern angewiesen ist.

In OSM-Dateien wird stets zuerst das umschließende Rechteck angegeben. Der Hauptteil einer OSM-Datei ist in drei Blöcke unterteilt: `node`-Definitionen, `way`-Definitionen und `relation`-Definitionen. Die Blöcke werden in der Datei in der genannten Reihenfolge strikt voneinander getrennt behandelt. Abbildung 6.2 zeigt den Aufbau der Grundbausteine.

Ein `node` verfügt über Längen- und Breitengrad, sowie eine `id` und gegebenenfalls zusätzliche Tags und irrelevante Zusatzinformationen. Ein `way` führt eine Liste von `nd`-Elementen, deren `ref`-Werte den IDs der entsprechenden `node`-Objekten entsprechen. Ein OSM-`way` kann zur Definition geometrischer Objekte, die über Punkte hinausgehen und sich aus Punkten zusammensetzen, genutzt werden. `relation`-Objekte dienen vorwiegend zur Beschreibung von Routen (z.B. Radrouten, Wanderwege, Busrouten). Sie können `way`-Objekte (z.B. Busroute) und `node`-Objekte (z.B. Bushaltestelle) enthalten. Die folgende Aufstellung beschreibt in OSM vorkommende Geometrietypen (in Klammern, welche OSM-Objekte den jeweiligen Typen nutzen):

Linienzüge (`way`, `relation`) Linienzüge (LineStrings) sind eine Folge von Punkten, die eine Strecke definieren. Sie können u.a. genutzt werden, um Straßen (Wege, Pfade, usw.), Bäche und Bahngleise zu definieren.

Polygone (`way`) Polygone sind ein Spezialfall eines Linienzuges, wobei der Start- und Endpunkt identisch sind. Sie beschreiben Flächen und können u.a. genutzt werden, um Ortsbereiche, Gebäude, Flüsse und landschaftliche Gebiete (z.B. Feld, Wald, Wiese) zu definieren.

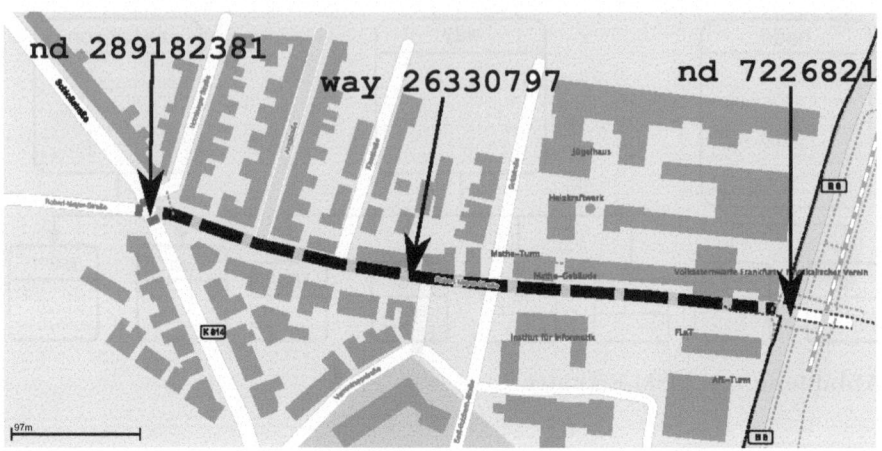

Abbildung 6.3: OSM-Ausschnitt

Punkte (node) Punkte werden zur Markierung von verschiedenen Dingen auf der Landkarte genutzt (z.B. Ortschaften, Bushaltestellen, Schulen, Museen, usw.).

Über zusätzliche `tag`-Elemente können beliebige Informationen in `nodes`, `ways` und `relations` gespeichert werden.

Abbildung 6.3 zeigt einen Kartenausschnitt von OSM, der die Robert-Mayer-Straße in Frankfurt am Main enthält. Die Robert-Mayer-Straße ist gestrichelt markiert. Der folgende XML-Code zeigt die OSM-Definitionen des korrespondierenden `way`-Objekts.

```
<way id="26330797" user="woodpeck_repair" uid="145231"
    visible="true" version="16" changeset="12814310"
    timestamp="2012-08-21T22:38:01Z">
  <nd ref="289182381"/>
         ⋮
  <nd ref="7226821"/>
  <tag k="footway" v="both"/>
  <tag k="highway" v="residential"/>
  <tag k="name" v="Robert-Mayer-Straße"/>
</way>
```

Der Verlauf des `way`-Objekts wird über die referenzierten `nd`-Ids definiert. Insgesamt verfügt der `way` über 14 `nd`-Objekte, die an Kreuzungen und

Tabelle 6.1: Notation: Laufzeitberechnung für OSM-Ausschnittsbestimmung

$\|osmIn\|$	Anzahl Elemente in OSM-Datei
$\|osmIn_{node}\|$	Anzahl Node-Elemente in OSM-Datei
$\|osmIn_{way}\|$	Anzahl Way-Elemente in OSM-Datei
$\|osmIn_{rel}\|$	Anzahl Relation-Elemente in OSM-Datei
$\|poly_{node}\|$	Anzahl Node-Elemente innerhalb $poly$

Positionen von Richtungsänderungen der Straße positioniert sind. Als Zusatzinformation ist angegeben, dass ein beidseitiger Gehweg vorhanden ist, die Straße vom Typ `residential` (schmalere Straße, häufig in Wohngebieten verwendet) ist und den Namen „Robert-Mayer-Straße" trägt.

```
<node id="289182381" lat="50.1173916" lon="8.6456024"
    user="baeuchle" uid="221387" visible="true" version="10"
    changeset="5006881" timestamp="2010-06-17T08:55:54Z">
    <tag k="highway" v="traffic_signals"/>
</node>
```

Der erste referenzierte `nd` mit der Id 289182381 verfügt über lat/lon-Angaben und die Information, dass sich an diesem Knoten eine Ampel befindet (`traffic_signals`).

OSM-Dateien können einerseits über die Exportfunktion der Webseite bezogen werden und andererseits über regelmäßige Builds ganzer Gebiete (z.B. Hessen). Von der Webseite können nur Gebiete mit maximal 50.000 Knoten heruntergeladen werden. Der OSM-Ausschnitt Hessens hat eine Dateigröße von knapp 2 GB (Stand: 31.07.2012). Dies macht deutlich, dass Ausschnitte aus großen OSM-Dateien bestimmt werden müssen, um anschließend einen Graphen zur Simulation berechnen zu können.

6.2 Ausschnittbestimmung aus OpenStreetMap

Da bei OSM geometrische Koordinaten ausschließlich in `node`-Objekten vorkommen und diese den ersten Block des Hauptteils der Datei ausmachen, kann Algorithmus 6.1 einen Ausschnitt bestimmen.

Zur Bestimmung der Laufzeit von Algorithmus 6.1 wird die in Tabelle 6.1 gezeigte Notation verwendet.

Die Laufzeit der `containsAll`-Operation in den Zeilen 8 und 11 hängt nicht von $|osmIn|$, sondern von $|poly_{node}|$ ab. Sie wird in der Implementierung

```
 1  function ausschnitt(OSMDoc osmIn, Polygon poly)
 2  │  OSMDoc osmOut;
 3  │  foreach OSMElement e ∈ osmIn do
 4  │  │  if e instanceOf node then
 5  │  │  │  if poly contains e then
 6  │  │  │  │  osmOut.add(e);
 7  │  │  if e instanceOf way then
 8  │  │  │  if osmOut.containsAll (e.Members) then
 9  │  │  │  │  osmOut.add(e);
10  │  │  if e instanceOf relation then
11  │  │  │  if osmOut.containsAll (e.nds) then
12  │  │  │  │  osmOut.add(e);
13  │  return osmOut;
```

Algorithmus 6.1: Bestimmung eines Kartenausschnitts aus einer OSM-Datei

des Algorithmus mit Hilfe einer HashMap durchgeführt, die die id-Werte der node-Elemente verwaltet, die innerhalb poly liegen. Dies reduziert den Auwand einer Einfüge- und Lookup-Operation im average case auf $\mathcal{O}(1)$ (vgl. [Cormen et al., 2001]). Die Gesamtlaufzeit von Algorithmus 6.1 ist

$$\mathcal{O}(|osmIn_{node}|) \cdot \mathcal{O}(k) \tag{6.1}$$
$$+ \quad \mathcal{O}(|poly_{node}|) \cdot \mathcal{O}(1) \tag{6.2}$$
$$+ \quad \mathcal{O}(|osmIn_{way}|) \cdot \mathcal{O}(1) \tag{6.3}$$
$$+ \quad \mathcal{O}(|osmIn_{rel}|) \cdot \mathcal{O}(1) \tag{6.4}$$
$$= \quad \mathcal{O}(k \cdot |osmIn_{node}| + |poly_{node}| + |osmIn_{way}| + |osmIn_{rel}|) \tag{6.5}$$

Gleichung 6.1 behandelt die Zeilen 4 bis 6 des Algorithmus 6.1. Die Prüfung, ob ein Koordinatenpaar innerhalb eines Polygons liegt, geschieht mit einem Punkt-in-Polygon-Test (vgl. [Bartelme, 2005, S. 103f]), dessen Komplexität $\mathcal{O}(k)$ ist, wobei k die Anzahl an Kanten des Polygons darstellt. Jeder Eintrag aus $osmIn_{node}$, der innerhalb von $poly_{node}$ liegt, wird in $\mathcal{O}(1)$ in die HashMap eingefügt (Gleichung 6.2). In den Gleichungen 6.3 und 6.4 werden jeweils Lookup-Operationen in der HashMap in $\mathcal{O}(1)$ durchgeführt.

6.2 Ausschnittbestimmung aus OpenStreetMap

Tabelle 6.2: OSM: Anzahl Elemente nach Typen

$\lvert osmIn_{node}\rvert$	$=$	6.220.319
$\lvert osmIn_{way}\rvert$	$=$	953.806
$\lvert osmIn_{rel}\rvert$	$=$	13.893

Die Gesamtlaufzeit kann auf Gleichung 6.5 zusammengefasst werden. Falls das Polygon ein Rechteck ist, wird für die Prüfung der Inklusion eines Koordinatenpaars konstante Zeit benötigt, sodass

$$\mathcal{O}\left(\lvert osmIn\rvert + \lvert poly_{node}\rvert\right) \qquad (6.6)$$

als Komplexität des Algorithmus angegeben werden kann. Aus der Struktur von OSM-Dateien ergeben sich folgende Aussagen:

$$\lvert osmIn_{way}\rvert \ll \lvert osmIn_{node}\rvert \qquad (6.7)$$
$$\lvert osmIn_{rel}\rvert \ll \lvert osmIn_{node}\rvert \qquad (6.8)$$

Diese können anhand der Tabelle 6.2 nachvollzogen werden. In der Tabelle werden die Kenngrößen einer OSM-Datei angegeben, die das Bundesland Hessen vollständig abdeckt[3].

Im Durchschnitt werden mittels *poly* Kartenausschnitte gewählt, die deutlich kleiner als die Ursprungskarte sind. In diesem Fall sinkt die Laufzeit von Algorithmus 6.1 approximativ auf $\mathcal{O}\left(\lvert osmIn\rvert\right)$.

Das beschriebene Verfahren integriert nur diejenigen Geometrieobjekte g, die vollständig von *poly* abgedeckt werden. Sollen alle g integriert werden, die zumindest eine Koordinate innerhalb *poly* haben, so wird ein zweiter Durchlauf der Schleife (Zeile 3 von Algorithmus 6.1) benötigt, was zu einer Verdoppelung der Laufzeit führt. Im ersten Durchlauf werden die IDs der **node**-Elemente, die durch *poly* abgedeckt sind, gespeichert. Ein **way**-Element wird verarbeitet, wenn mindestens eine **node**-Id des **ways** gespeichert ist. In diesem Fall werden die restlichen **node**-Ids ebenfalls gespeichert. Im zweiten Durchlauf werden alle **node**-Elemente, deren Ids gespeichert sind, in das Ausgabedokument eingefügt. **way**- und **relation**-Elemente werden herkömmlich behandelt. Auf diese Weise wird der Kartenausschnitt nicht strikt an den Grenzen von *poly* beschnitten, sondern aus *poly* herausragende Geometrien werden vollständig in das Ausgabedokument übernommen.

---
[3]Stand: 20.10.2011

Tabelle 6.3: Aufteilung der OSM-Daten in Layer. Funktion gibt an, ob der Layer zur Erstellung des Graphen verwendet wird. Falls nicht, wird der Layer ausschließlich zur Visualisierung genutzt.

Name	Geometrietyp	OSM	Funktion
roads	LineString	way	✓
routen	LineString	relation	✗
buildings	Polygon	way	✗
polygone	Polygon	way	✓
railways	LineString	way	✗
waterwaysPG	Polygon	way	✗
waterwaysLS	LineString	way	✗
points	Point	node	✓
Zebrastreifen	Point	node	✓

6.3 Informationsfilterung und Aufteilung in Layer

Das OSM-Format speichert Objekte in einer Struktur, die es nicht erlaubt, Geometrische Operationen auf den Objekten trivial umzusetzen. Es ist von Vorteil, Linienzüge, Polygone usw. in geeigneten Datenstrukturen zu verwalten. Um dies zu erreichen, werden die Daten in verschiedene Layer getrennt, die die unterschiedlichen Geometrietypen aufnehmen. Eine weitere Unterscheidung nach inhaltlichen Kriterien wird durchgeführt. Es werden die in Tabelle 6.3 gezeigten Layer erstellt.

Es werden Layer im Shapefile-Format erstellt, welches ein Quasi-Standard im Bereich der Geoinformationssysteme ist. Zur Erstellung und Verarbeitung von Shapefiles wird die Java-Klassensammlung GeoTools verwendet, die quelloffen ist. Diese Wahl hat den Vorteil, beliebige Layer in das Programm einbinden zu können. Die verschiedenen OSM-Typen werden nacheinander verarbeitet.

Zuerst werden alle Elemente vom Typ `way` in ihre entsprechenden Layer eingeteilt. Dies geschieht mittels der in den Objekten gespeicherten Tags. Objekte identischen Geometrietyps können in unterschiedlichen Layern verwaltet werden, falls dies die spätere Verarbeitung vereinfacht. Im Layer polygone werden beispielsweise Ortsumrisse, Wälder und Wiesen verwaltet; buildings nimmt ausschließlich Gebäude auf, die beim Rendern über den restlichen Polygonen gezeichnet werden. Es werden zwei Layer zur Darstellung von Gewässern erstellt, um zwischen Linienzügen und Polygonen unterscheiden zu können. Dies geschieht über einen Analyseschritt der Geometrien.

Falls Start- und Endpunkt des `way`-Objektes identisch sind, handelt es sich um ein Polygon, ansonsten um einen Linienzug.
Es folgt die Verarbeitung der `relation`-Objekte, die z.B. Bus- und Bahnlinien markieren. Zuletzt werden alle `node`-Objekte im points-Layer gespeichert, die über ausgewählte Attribute verfügen (z.B. `traffic_sign` für Ampeln). Die Erstellung des Zebrastreifen-Layers wird im folgenden Abschnitt 6.4 beschrieben.

Die Verarbeitung geschieht mit Hilfe eines DOM-Parsers für XML-Daten. Hierfür muss ein DOM-Baum der gesamten OSM-Datei erstellt werden. Dieser Schritt führt zu hohem Speicherbedarf. Er ist jedoch alternativlos, da die `node`-Objekte, auf die die `way`- und `relation`-Objekte verweisen, zur Erstellung der Geometrien benötigt werden und ein sequentielles Parsen der OSM-Datei keinen direkten Zugriff hierauf ermöglicht. Für besonders große Kartenausschnitte, die nicht mehr im Arbeitsspeicher gehalten werden können, wäre die Erstellung einer Datenbank für `node`-Objekte möglich. Auf diese Weise könnten `way`- und `relation`-Objekte erstellt werden, ohne den gesamten DOM-Baum im Speicher zu halten. Die Berechnungsdauer würde sich jedoch erheblich verlängern.

6.4 Generierung eines ExtendedGraph

Die GeoTools-Klassensammlung bietet Klassen zum Zugriff auf Shapefiles. Um große Datenbanken verarbeiten zu können, werden nur die Daten im Speicher gehalten, die derzeit verwendet werden. Aus einem LineString-Layer kann unter Nutzung der Klasse `FeatureGraphGenerator` ein Graph erstellt werden, der edges und nodes enthält. Diese werden anschließend weiter verarbeitet, um zur Nutzung in einer Simulation geeignet zu sein. Für jedes Objekt der Klasse edge (node) wird ein Objekt der Klasse `EdgeInformation` (EI) (`NodeInformation` (NI)) erstellt, deren grundlegender Aufbau in Abbildung 6.4 gezeigt wird.

|EI| bezeichne die Länge von EI in $[m]$. Sie entspricht der Summe der euklidischen Distanzen zwischen je zwei aufeinanderfolgenden Koordinaten der EI.

Jede Straße in OSM verfügt über die Definition des Straßentyps. Aus dieser lassen sich approximativ fehlende Attribute mittels LUTs ermitteln. Für eine Straße des Typs `residential` (Wohngebiet), werden per LUT `maxspeed = 30` und `lanes = 1` gesetzt, falls die entsprechenden Attribute undefiniert sind. Geschwindigkeiten werden in OSM in $[km/h]$ definiert und zur Simulation nach $[m/s]$ skaliert.

```
┌─────────────────────────────────┐     ┌─────────────────────────────┐
│        EdgeInformation          │     │       NodeInformation       │
├─────────────────────────────────┤     ├─────────────────────────────┤
│ name: String                    │     │ geometry: Geometry          │
│ type: String                    │     ├─────────────────────────────┤
│ oneway: boolean                 │     │ id: int                     │
│ maxspeed: int                   │     │ edges: EdgeInformation      │
│ lanes: int                      │     │ verbindungen: Verbindung    │
│ bridge: boolean                 │     │ ampel: Ampel                │
│ tunnel: boolean                 │     │ zebrastreifen: boolean      │
│ ref: String                     │     └─────────────────────────────┘
│ junction: String                │
│ osmID: String                   │
│ geometry: Geometry              │
├─────────────────────────────────┤
│ id: int                         │
│ length: double                  │
│ vorfahrt: int                   │
│ parking: boolean                │
│ roundabout: boolean             │
│ nodeA: NodeInformation          │
│ nodeB: NodeInformation          │
└─────────────────────────────────┘
```

Abbildung 6.4: Attribute von EdgeInformation und NodeInformation: Unterteilung in zwei Gruppen: Die Attribute der ersten Gruppe können direkt aus dem Kartenmaterial ausgelesen werden, die der zweiten Gruppe entstehen durch Analyseschritte.

Die Verbindung zwischen zwei EIs wird über eine NI hergestellt, die eine Menge an EIs verwaltet, die mit NI verbunden sind. Es sei $n = |\text{NI}_{\text{edges}}|$.

$$\text{NI}_{\text{edges}} = \{\text{EI}_1 \cdots \text{EI}_n\} \tag{6.9}$$

Es gilt:

$$\exists \text{Verbindung}(\text{EI}_i, \text{EI}_k) \ \forall \ i, k \ | \ (1 \leq i, k \leq n) \land (i \neq k) \tag{6.10}$$

Ein Verbindungsobjekt verwaltet die Verbindungsrichtung und den Winkel zwischen zwei EIs, sowie ob die Verbindung nutzbar ist. Wenn z.B. EI_k entgegen einer Einbahnstraße befahren würde, ist die korrespondierende Verbindung(EI_i, EI_k) nicht nutzbar. Die einzelnen Attribute, sowie Erweiterungen der EI - und NI -Definitionen werden in Kapitel 8 besprochen.

Eine Straße zwischen zwei Knoten NI_1 und NI_2 kann auf die in Abbildung 6.5 dargestellten Weisen modelliert werden. Einerseits kann (Teil (a)) eine Kante EI genutzt werden, um die Straße zu modellieren. Andererseits können (Teil (b)) zwei Kanten EI_1 und EI_2 verwendet werden, um die einzelnen Fahrtrichtungen zu beschreiben. Zwei Kanten zu verwenden hat den Vorteil, dass Einbahnstraßen modelliert werden können, indem eine der Kanten entfernt wird. Wird nur eine Kante verwendet, muss die Richtung einer

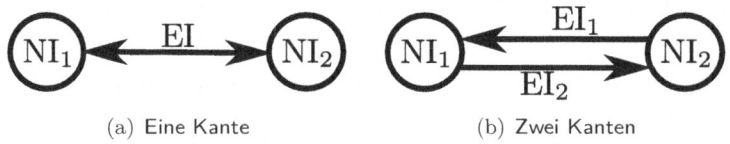

(a) Eine Kante (b) Zwei Kanten

Abbildung 6.5: Modellierung von Straßen mittels Kanten

Einbahnstraße über einen Parameter innerhalb der Kante vermerkt werden. Die Einbahnstraße kann beispielsweise von NI$_1$ ausgehen.

Im Rahmen dieser Arbeit wird nur eine Kante verwendet, um eine Straße zu modellieren (Abbildung 6.5(a)). Dies erleichtert die Modellierung von Interaktionen zwischen verschiedenen Verkehrsteilnehmern auf einer Straße. Ein Fußgänger, der eine Straße EI an Position p überqueren möchte, kann die Verkehrsteilnehmer in seinem Bereich $[p - \Delta \cdots p + \Delta]$ von EI abfragen und muss nicht mehrere EIs berücksichtigen.

Die Fahrtrichtung eines Verkehrsteilnehmers v auf einer EI kann über die NI definiert werden, die v zuletzt passiert hat. Einbahnstraßen erhalten als Attribut `oneway = true`, um festzulegen, dass sie ausschließlich von `nodaA` nach `nodeB` befahren werden können. In OSM werden Straßen stets von ihrem Start- zu ihrem Zielpunkt definiert. Eine Einbahnstraße läuft somit immer von `nodaA` nach `nodeB`, was keine weiteren Aktionen notwendig macht.

Ein Straßengraph, der mittels EIs und NIs modelliert ist, wird *Extended-Graph* genannt, da er komplexere Informationen speichert, als ein einfacher Graph. Komplexe Straßenkarten können über die beschriebene Graphdatenstruktur definiert werden. Mit leichten Modifikationen und Erweiterungen können bekannte Graphalgorithmen (A*, Dijkstra, Floyd, usw.) zur Wegbestimmung im *ExtendedGraph* verwendet werden.

6.5 Graphanpassungen für urbane Szenarien

Um den Verkehr in urbanen Szenarien simulieren zu können, müssen einige Analyse- und Modifikationsschritte am *ExtendedGraph* vorgenommen werden. Dieser Abschnitt gibt einen kurzen Überblick:

Bushaltestellen sind in OSM als Punkte $\vec{p}$ gespeichert. Sie werden aus dem entsprechenden Layer selektiert. Es wird im Graph nach einer NI gesucht, die die Position $\vec{p}$ hat. Falls notwendig wird eine neue NI angelegt und die geschnittene `EI` an dieser Stelle aufgeteilt. `NI` wird als Bushaltestelle markiert.

Ampeln werden identisch zu Bushaltestellen behandelt. In diesem Fall wird jedoch eine Ampel (vgl. Abschnitt 7.5) in die `NI` integriert. Falls zwei Ampeln über eine `EI` miteinander verbunden sind und eine Distanz von weniger als 50 m haben, wird eine der Ampeln entfernt. Es wird davon ausgegangen, dass beide Ampeln in diesem Fall zu einer Kreuzung gehören. Entscheidend ist nicht die Position der Anzeige einer Ampel, sondern welcher Bereich von ihr geregelt werden soll.

Parkplätze speichert OSM als Polygone. Es werden alle innerhalb des Polygons liegenden `EI`s als Parkplätze deklariert. Wenn keine QZ-Informationen vorhanden sind, werden Autos bevorzugt auf Parkplätzen erstellt.

Kreisverkehre sind im städtischen Straßenverkehr wichtige Vorfahrtsinstrumente. Sie werden in OSM teilweise mittels `junction = roundabout` markiert. Dies trifft jedoch bei weitem nicht immer zu. Eine Gruppe von `EI`s wird zusätzlich als Kreisverkehr (höchste Vorfahrtspriorität) markiert, wenn alle enthaltenen `EI`s Einbahnstraßen sind und identische Kreisverkehreigenschaften haben. Diese sind: Krümmung der Geometrie nach links, Typ, Brücke, Tunnel, Name, Ref, Spuren. Die Verbindungsrichtung von je zwei aufeinanderfolgenden `EI`s muss links sein.

Endknoten und Endkanten werden bestimmt, um den Verkehr aus dem Simulationsgebiet heraus und in das Gebiet hinein modellieren zu können. Diese Start- und Zielpunkte werden bevorzugt, falls keine QZ-Informationen vorhanden sind.

Abzweigungsrichtungen werden benötigt, damit simulierte Verkehrsteilnehmer die Vorfahrtsregeln beachten können. Für jede Verbindung von je zwei `EI`s über eine `NI` werden die Richtung und der Winkel in einem Verbindungsobjekt verwaltet.

Vorfahrtsrelevante Verbindungen jede `NI` weist jeder mit ihr verbundenen `EI` eine Liste von `EI`s zu, die Vorfahrt über sie haben. Dies geschieht durch Betrachtung der Vorfahrtswerte der jeweiligen `EI`s (0 = gering (z.B. Feldwege), 1 = normal, 2 = Vorfahrtsstraße, 3 = Kreisverkehr). Die Verbindungsrichtungen finden ebenfalls Beachtung (rechts vor links). Dieser Schritt vereinfacht während der Simulation die Bestimmung von vorfahrtsrelevanten Verkehrsteilnehmern, die von den vorfahrtsrelevanten Straßen abgefragt werden können.

6.5 Graphanpassungen für urbane Szenarien

Krümmungen der Geometrien der EIs werden bestimmt, um die auf ihnen fahrbaren Geschwindigkeiten abzuschätzen. Die erlaubte Maximalgeschwindigkeit kann in Folge unvollständiger Angaben in OSM und der daraus resultierenden Abschätzung mittels einer LUT nach dem Straßentypen unrealistisch hoch sein. Die Geometrie einer EI ist eine Folge von Koordinaten $k_1, \cdots k_n$. Je zwei Koordinaten bilden einen Vektor $\vec{v} = (k_a, k_{a+1})$. Es werden die Winkel $\alpha_1, \cdots \alpha_{n-1}$ der aufeinander folgenden Vektoren bestimmt. Der Krümmungswert K einer EI ist $K = \frac{\sum_{i=1}^{n-1} \alpha_i}{(n-1) \cdot |\text{EI}|}$. Die Krümmungswerte von acht verschiedenen - dem Autor bekannten Straßen - wurden bestimmt und fahrbare Geschwindigkeiten hierfür definiert. Es wurden hierfür Straßen ausgewählt, deren Krümmung von *gerade* bis *sehr enger Kreisel* immer weiter anstieg. Die Ergebnisse werden in einer LUT verwaltet. Für jede EI wird K bestimmt und zwischen den nächstliegenden LUT-Einträgen linear die Geschwindigkeit v_K^{EI} interpoliert.

Wartepositionen sind die Abstände, die zu einer NI eingehalten werden müssen, wenn sie nicht überquert werden kann. Für jede mit einer NI verbundenen EI wird das Maximum der Breiten der restlichen mit NI verbundenen EIs als Warteposition genutzt. Als Minimum werden 2 m verwendet.

Fußgängerüberwege werden an allen NIs für jede verbundene EI gesetzt (vgl. Kapitel 7.3). Zusätzlich werden Fußgängerüberwege für jeden Zebrastreifen platziert.

Zebrastreifen sind eine zentrale Option, um Fußgängern Straßenüberquerungen zu ermöglichen. In OSM werden Zebrastreifen als Punkte verwaltet. Die Platzierung eines Zebrastreifens geschieht analog zu Bushaltestellen.

Knoten an Schnittstellen von EIs müssen häufig gesetzt werden, da der Graphgenerator von GeoTools zwar NIs an Endstellen von EIs setzt, jedoch nicht zwei sich überschneidende Straßenzüge auftrennt, um eine verbindende NI zu setzen.

Brücken und Tunnel werden anschließend betrachtet. OSM verfügt über entsprechende Attribute. Der Straßengraph erhält die drei Ebenen *Tunnel*, *normal* und *Brücke*. Alle NIs werden untersucht. Falls eine NI EIs unterschiedlicher Ebenen verbindet, wird eine neue NI auf identischer Position eingefügt und die EIs werden nach Ebenen aufgeteilt. Somit verlaufen Brücken nun über und Tunnel unter normalen Straßen - ohne Verbindung.

Kreisgeometrien sind Geometrien, deren Start- und Endkoordinate identisch ist. Straßen dieses Typs werden in der Mitte aufgeteilt. Es wird eine zusätzliche NI hinzugefügt. Dieser Schritt ist notwendig, da die Fahrtrichtung auf einer EI von der NI abhängt, die zuletzt passiert wurde. Wenn eine EI nur über einen Knoten NI verfügt, lässt sich über diesen Mechanismus keine Fahrtrichtung abbilden.

Knoten mit Grad 2, die nicht in einem der letzten Schritte hinzugefügt wurden, werden entfernt, um Speicherplatz und Rechenzeit zu sparen.

Ortsbereiche verfügen im Normalfall über eine maximale Geschwindigkeit von 50 km/h. Orte werden in OSM über Polygone umrissen. Die Ränder des Polyongs schneiden EIs. An Schnittstellen werden NIs eingefügt. Alle EIs, die innerhalb eines Ortspolygons liegen, werden auf maximal 50 km/h begrenzt, sofern keine anderen Angaben oder darunterliegende Geschwindigkeitsbegrenzungen vorliegen.

Auf- und Abfahrten auf Autobahnen oder autobahnähnlichen Straßen sind in OSM nicht vorhanden. Jeder relevante Straßentyp (z.B. motorway) verfügt jedoch über einen Zubringerstraßentyp (z.B. motorway_link). Alle EIs, deren Typ über das Suffix _link verfügt, werden analysiert. Verbundene EIs des entsprechenden Grundtypen (z.B. motorway) werden um eine Auffahrt erweitert, wenn die Link-EI auf sie führt und um eine Abfahrt, wenn die Link-EI von ihr wegführt. Auf- und Abfahrten werden jeweils gesetzt, indem die entsprechende Straße geteilt wird und ein Abschnitt als Auf- bzw. Abfahrt gekennzeichnet wird.

7 Modellierung multimodalen Verkehrs

Dieses Kapitel beschreibt die entwickelten Simulationsmodelle für Verkehrsteilnehmer. In den folgenden Abschnitten werden die Modelle für Autos (7.1), Fahrräder (7.2) und Fußgänger (7.3) beschrieben. Die Modelle befinden sich auf der operativen Ebene, des in Abbildung 3.8 auf Seite 36 und beschreiben die Bewegungen und Wechselwirkungen zwischen Verkehrsteilnehmern. Abschnitt 7.4 beschreibt, welche Verkehrsregeln in die Modelle integriert wurden. Verschiedene Ampelschaltungen werden in Abschnitt 7.5 diskutiert. Abschließend werden in Abschnitt 7.6 verschiedene Methoden zur Routenbestimmung für Verkehrsteilnehmer vorgestellt, die im Simulationssystem integriert sind (taktische Ebene).

7.1 Raumkontinuierliche Modellierung des Automobilverkehrs

Erste Schritte auf dem Weg zur Modellierung des Verhaltens von Autos wurden vor mehr als 35 Jahren gemacht. Eine herausragende Arbeit auf diesem Sektor ist der technische Report [Treiterer, 1975]. Hierbei wurde zwischen 1966 und 1975 ein Forschungsprojekt durchgeführt, bei dem durch die Analyse von Luftaufnahmen charakteristische Situationen im Verkehrsfluss ermittelt wurden. Ergebnisse von Messreihen wurden als Raum-Zeit-Diagramme aufgetragen und ermöglichten eine einfache Interpretation der Daten.

Das Phänomen des Staus aus dem Nichts (Phantomstau) wurde identifiziert. Eine Möglichkeit für die Entstehung eines Staus aus dem Nichts ist eine Stauquelle, die zeitlich bereits weit zurückliegt, deren Auswirkungen aber noch zu spüren sind. Ein solcher Stau ist also nur in der subjektiven Wahrnehmung der Autofahrer aus dem Nichts entstanden [Treiber und Kesting, 2010, S. 263f]. Ein alternativer Entstehungsgrund für einen Phantomstau ist eine große Menge an Schätzungsfehlern, die Autofahrer begehen. Wenn ein Autofahrer den Abstand zu seinem Vordermann zu gering schätzt, wird er seine

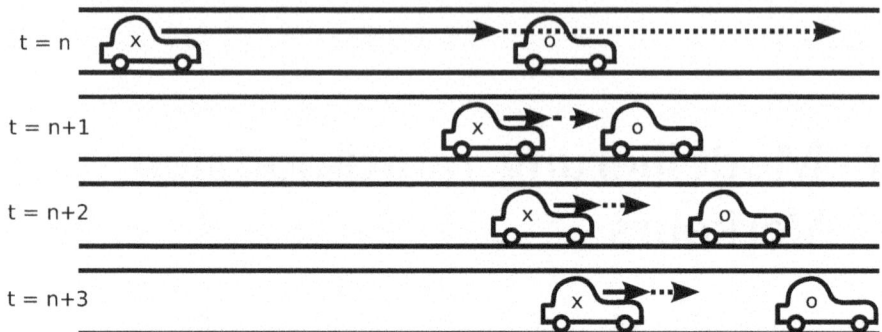

Abbildung 7.1: Das mit einem x markierte Auto beachtet zum Zeitpunkt $t = n$ seinen Sicherheitsabstand (gepunkteter Vektor) zum Vordermann o nicht und fährt mit hoher Geschwindigkeit (durchgezogener Vektor) weiter. Bei $t = n + 1$ ist der Abstand zu o sehr gering und x muss abbremsen, um nicht aufzufahren. In den weiteren Zeitschritten fahren beide Autos mit gleichbleibenden Geschwindigkeiten und es zeigt sich, dass x langsamer als o fährt.

Geschwindigkeit niedriger halten, als dies notwendig ist. Dieses Phänomen wird durch einfaches Trödeln verstärkt [Bungartz et al., 2009, S. 189].

Durch Messungen konnte gezeigt werden, dass Autofahrer dazu tendieren, nicht mit konstanter Geschwindigkeit zu fahren, sondern gelegentlich ihre Geschwindigkeit zu variieren. Eine kurze Phase des Ausrollens genügt, um eine kleine Stauwelle loszutreten, die sich durch Fehleinschätzungen schnell verstärken und im Extremfall zum kompletten Stillstand führen kann.

Zusätzlich führt zu spätes Bremsen beim Auffahren auf einen Vordermann dazu, dass ein Auto weiter abbremsen muss, als notwendig gewesen wäre, wie Abbildung 7.1 verdeutlicht. Hieraus können ebenfalls Stauwellen entstehen. Gründe für zu spätes Bremsen können Unaufmerksamkeit und Schätzfehler bei der Bestimmung der Geschwindigkeitsdifferenz und des Abstands zum Vordermann sein.

Diese Phänome können in makroskopischen Verkehrssimulationsmodellen nicht berücksichtigt werden und nur durch zeitliche und räumliche Mittelung können die entstehenden Verkehrsstörungen simuliert werden. Mikroskopische Simulationsmodelle können beliebige Effekte berücksichtigen und eignen sich daher besonders für die Simulation von kleinen Ausschnitten des gesamten Straßennetzes. Ein erstes Modell, dass sich zur Berücksichtigung des Stau aus dem Nichts eignete, ist das Nagel-Schreckenberg-Modell (NSM), welches in Abschnitt 3.1.2 behandelt wurde. Die Schwäche eines zellenbasierten Ansatzes ist, dass die Zellengröße sehr gering gewählt werden muss, um die niedrigen Geschwindigkeiten, die innerorts gefahren werden, modellieren zu können. Ein verkehrsberuhigter Bereich, ugs. Spielstraße, ist auf Schrittgeschwindigkeit (3,6 bis 10 km/h) begrenzt, sodass hierfür eine Zellengröße von maximal 1 m benötigt würde. Die Anzahl der Zellen erhöht sich somit drastisch.

Der folgende Abschnitt 7.1.1 stellt ein neues, erweitertes mikroskopisches Modell zur Simulation von Fahrzeugbewegungen vor. Anschließend wird das dazugehörige Spurwechselmodell in Abschnitt 7.1.2 erläutert. Die Modellierung von Überholvorgängen wird in Abschnitt 7.1.3 beschrieben. Abschließend werden Modellierungsdetails in Abschnitt 7.1.4 aufgelistet.

7.1.1 Mikroskopisches Automodell

Im Rahmen dieser Arbeit wurde ein neues mikroskopisches Verkehrsmodell entwickelt, welches auf dem NSM basiert. Die Stärke des zellularen Ansatzes ist seine Berechnungseffizienz. Geschwindigkeiten müssen zur Simulation in urbanen Szenarien feingranular abgebildet werden können, um Verkehrsteilnehmer unterschiedlicher Geschwindigkeit - z.B. Fahrräder und Autos - in einem System modellieren zu können. Hierfür muss die Zellengröße reduziert werden. Dies führt zu einer Erhöhung des Berechnungsaufwandes. Das entwickelte Modell abstrahiert daher von Zellen und führt Bewegungen direkt auf Kanten im Graphen durch. Durch diesen Verallgemeinerungsschritt lassen sich verschiedene Verhaltensweisen einfach modellieren. Unterschiedliche Beschleunigungsfähigkeiten verschiedener Fahrzeugklassen können exakt abgebildet werden und sind nicht auf Zellengrößen limitiert. Dieser Abschnitt beschreibt die grundlegende Funktionsweise des Fahrzeugmodells.

Dieser Abschnitt präzisiert die in Abschnitt 5.1 definierte Architektur. Das Simulationssystem wird von einer Steuerungskomponente gelenkt. Ein Simulationsschritt simuliert eine Sekunde Realzeit. Die Simulationssteuerung führt in jeder Iteration die in Abbildung 7.2 gezeigten Schritte aus.

Zu erst wird die Spurwechselfunktion für jedes Auto parallel aufgerufen. Spurwechsel werden sofort wirksam. Anschließend aktualisiert jedes Auto seinen internen Zustand gleichzeitig durch Aufruf der update-Funktion. Geschwindigkeitsänderungen und Bewegungen der Autos werden ausgeführt, wenn die Simulationssteuerung die provide-Funktion aufruft. Die Teilung der Zustandsaktualisierung in diese Schritte synchronisiert den Ablauf und berücksichtigt Interdependenzen der Zustände der simulierten

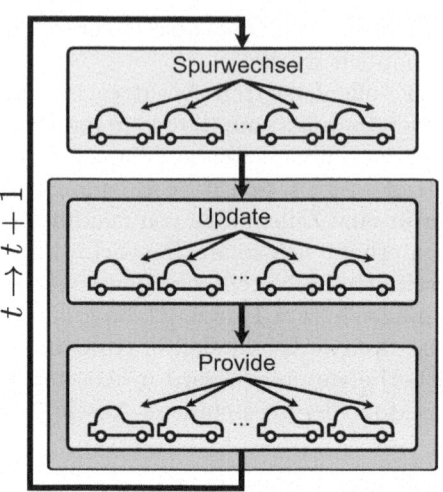

Abbildung 7.2: Updatezyklus der Simulationssteuerung

```
1  procedure update()
2      v_{t+1/3} ← min(v_t + a^⊕(v_t), v_wunsch);
3      v_{t+2/3} ← min(v_{t+1/3}, dist − sd(v_{t+1/3}));
4      if random ≤ prob(v_{t+2/3}, vordermann(fzg)) then
5          v_{t+1} ← max(v_{t+2/3} − a^⊖(v_{t+2/3}), 0)
6      else
7          v_{t+1} ← v_{t+2/3};
```

Algorithmus 7.1: Raumkontinuierlicher Ansatz

Autos. Das grundlegende Verhalten der simulierten Autos wird durch die Update-Prozedur beschrieben. Das Update besteht aus den in Algorithmus 7.1 gezeigten Teilschritten. Die Zustandsaktualisierung lässt sich analaog zum NSM in die Schritte „Beschleunigen", „Sicherheitsabstand wahren" und „trödeln" zerlegen. Die folgenden Unterabschnitte vertiefen diese Schritte.

Beschleunigung

Die Geschwindigkeit wird in Zeile 2 von Algorithmus 7.1 durch die Beschleunigungsfähigkeit $a^{\oplus}(v)$ des Fahrzeugs ausgehend von der aktuellen Geschwindigkeit[1], sowie durch die Wunschgeschwindigkeit des Autos begrenzt. Die Maximalgeschwindigkeiten des betreffenden Fahrzeugs $v_{\max}$ und der derzeit genutzten Straße $v_{\max}^{\text{EI}}$ müssen berücksichtigt werden. Zusätzlich wird die geschätzt fahrbare Geschwindigkeit v_K^{EI} einbezogen. Es gilt:

$$v_{\text{wunsch}} = \min\left(v_{\max},\ v_{\max}^{\text{EI}},\ \psi \cdot v_K^{\text{EI}}\right) \quad (7.1)$$

Der Verhaltensparameter ψ kann individuell für jedes Fahrzeug bestimmt werden und skaliert den Einfluss von v_K^{EI} auf die Wunschgeschwindigkeit. Falls $\psi > 1$ gewählt wird, fährt das Fahrzeug sportlich; $\psi < 1$ führt zu defensiver Wahl der Wunschgeschwindigkeit. Die Untersuchung des Einflusses unterschiedlichen Fahrverhaltens mittels Variation von ψ wird somit möglich, steht jedoch nicht im Fokus dieser Arbeit. Als Standardwert wird $\psi = 1$ verwendet. Keines der in den Kapiteln 3 und 4 diskutierten Modelle oder Systeme berücksichtigt die Krümmung der Straße. Dies ist dennoch notwendig, um bei unvollständigen Informationen über Straßen eine Abschätzung über realistische Geschwindigkeiten zu erlangen.

Dies stellt eine Erweiterung zum NSM dar, da dort konstante Maximalgeschwindigkeiten und Beschleunigungsfähigkeiten für alle Autos festgelegt wurden. Es lassen sich nun unterschiedlich schnelle Verkehrsteilnehmer und variierende Geschwindigkeitsbegrenzungen berücksichtigen. $v_{\max}$ ist eine gleichverteilte Zufallszahl zwischen $33,\overline{3}$ m/s und $55,\overline{5}$ m/s (120 km/h $\cdots$ 200 km/h). Die Bestimmung von $v_{\max}^{\text{EI}}$ und v_K^{EI} wird in Kapitel 6 beschrieben.

Die Beschleunigung eines Verkehrsteilnehmers wird durch $a_{\max}^{\oplus}$ begrenzt:

$$a_{\max}^{\oplus} = \xi^{\oplus} \cdot \left(\frac{v_{\max}}{55,\overline{5}\ \text{m/s}} + 1 - \bot\right) \quad (7.2)$$

Der Wert von $a_{\max}^{\oplus}$ hängt linear von $v_{\max}$ (Maximalgeschwindigkeit des Autos) und $1 - \bot$ (Beschleunigungsvermögen des Fahrers) ab und wird mittels $\xi^{\oplus}$ skaliert. Der Beschleunigungsfaktor $\xi^{\oplus}$ nimmt für Autos $\xi^{\oplus} = 4,5$ und für Lkw $\xi^{\oplus} = 1,36$ an. Abbildung 7.3(a) zeigt die Verteilung von $a_{\max}^{\oplus}$.

---

[1] Das Symbol $\oplus$ bei $a^{\oplus}(v)$ zeigt auf, dass eine positive Geschwindigkeitsänderung (Beschleunigung) bestimmt wird. In Zeile 5 von Algorithmus 7.1 wird mit $a^{\ominus}(v)$ hingegen eine negative Geschwindigkeitsänderung (Bremsung) bestimmt.

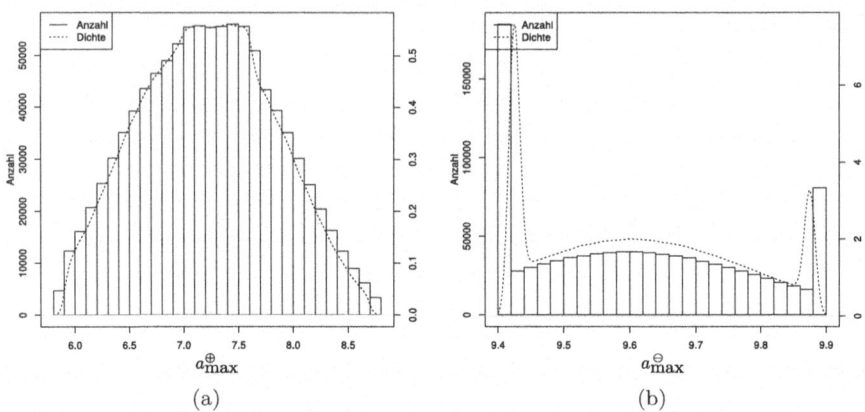

Abbildung 7.3: Verteilung von $a_{\max}^{\oplus}$ und $a_{\max}^{\ominus}$ für Autos in m/s.

Vereinfachend wird bis zu einer Grenzgeschwindigkeit v_g mit $a_{\max}^{\oplus}$ und anschließend mit einer zu $v_{\max}$ hin linear abnehmenden Stärke beschleunigt. Gleichung 7.3 beschreibt die resultierende Beschleunigungsfunktion.

$$a^{\oplus}(v) = \begin{cases} a_{\max}^{\oplus} & \text{falls } v \leq v_g \\ a_{\max}^{\oplus} \cdot \left(\frac{v_{\max}-v}{v_{\max}-v_g}\right) & \text{sonst} \end{cases} \quad (7.3)$$

Die Grenzgeschwindigkeit v_g wird auf $v_g = 0,7 \cdot v_{\max}$ festgelegt. Dies führt zu gleichverteilten Werten im Bereich $v_g = [23,\overline{3} \text{ m/s} \cdots 38,\overline{8} \text{ m/s}]$ (84 km/h $\cdots$ 140 km/h).

Wenn eine EI als innerstädtisch gekennzeichnet ist, wird die in Gleichung 7.3 bestimmte Beschleunigung um den Faktor $1 - \bot$ skaliert. Dies führt zu einer Senkung des Beschleunigungspotentials. Der Parameter $\bot$ ist von zentraler Bedeutung und wird unter dem Punkt „Trödeln" erläutert. Mit $a^{\oplus}(v)$ können heterogene Fahrzeug-/Fahrerkombinationen modelliert werden.

Sicherheitsabstand wahren

§ 4 Abs. 1 StVO definiert den Sicherheitsabstand nach vorne wie folgt:

> Der Abstand von einem vorausfahrenden Fahrzeug muß in der Regel so groß sein, daß auch dann hinter ihm gehalten werden

7.1 Raumkontinuierliche Modellierung des Automobilverkehrs

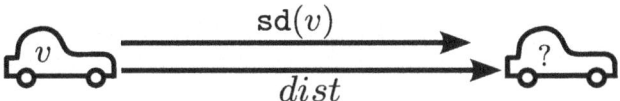

Abbildung 7.4: Beispiel für die Beachtung des Sicherheitsabstands für $v \geq 14$. Das mit v hinterherfahrende Auto muss nicht abbremsen, da $v+\mathtt{sd}(v) < dist$.

kann, wenn es plötzlich gebremst wird. Der Vorausfahrende darf nicht ohne zwingenden Grund stark bremsen.

Dieser Absatz wird meist als „halber Tachoabstand" ausgelegt und entspricht ca. der in zwei Sekunden gefahrenen Strecke (siehe Abbildung 7.4). Innerorts wird in der Regel ein geringerer Abstand von ca. einer Sekunde verwendet.

Es hat sich herausgestellt, dass die Einhaltung der Daumenregel „halber Tachoabstand" in Simulationen zu unrealistischen makroskopischen Kenngrößen führt. In der Literatur beschriebene Modelle verwenden geringere Folgezeiten. NSM: 1 s, IDM: 1,5 s (vgl. Abschnitt 3.1). Der einzuhaltende Sicherheitsabstand $\mathtt{sd}(v)$ wird im Rahmen dieser Arbeit wie folgt gesetzt:

$$\mathtt{sd}(v) = \max(1{,}33 \cdot v,\ 2\mathrm{m}) \tag{7.4}$$

Trödeln

Das NSM wurde nicht zuletzt wegen seines Trödelfaktors bekannt. Dieser Faktor ermöglicht die Simulation unvorhersehbarer Geschwindigkeitsschwankungen. Die Wahrscheinlichkeit zu trödeln, wird nach Algorithmus 7.2 bestimmt. Es sei $\mathcal{N}_a^b(\mu,\ \sigma)$ eine um μ mit Standardabweichung σ auf das Intervall $[a \cdots b]$ begrenzte, normalverteilte Zufallszahl. Jeder Verkehrsteilnehmer verfügt über einen normalverteilten Trödelfaktor $\bot = \mathcal{N}_{0{,}05}^{0{,}3}(0{,}2,\ 0{,}1)$. Dies stellt eine Erweiterung zu Algorithmus 3.1 dar, denn dort ist die Trödelwahrscheinlichkeit für jeden Verkehrsteilnehmer identisch. In den Zeilen 3 bis 7 von Algorithmus 7.2 werden die auf Seite 29 besprochenen Erweiterungen um die Beachtung von Bremslichtern und das verspätete Losfahren integriert.

Jeder simulierte Verkehrsteilnehmer aktiviert sein Bremslicht bl zum Zeitpunkt t im provide-Schritt, falls $v_{t+1} < v_t$. Die Trödelwahrscheinlichkeit verdoppelt sich, wenn die Entfernung zum Vordermann gering ist und sein Bremslicht aufleuchtet. $\bot$ wird genutzt, um die unterschiedliche Sensibilität verschiedener Fahrertypen auf Bremslichter zu beachten. Wenn der simulierte

```
1  function prob (v, vordermann)
2      res ← ⊥;
3      if vordermann then
4          if vordermann.bl ∧ dist(vordermann) < ⊥ · 27 · v then
5              res ← 2 · res;
6          if v == 0 ∧ dist(vordermann) < 12 then
7              res ← 2 · res;
8      res ← res/spur;
9      return min (res, 0,8);
```

Algorithmus 7.2: Trödelwahrscheinlichkeit prob(v, vordermann)

Verkehrsteilnehmer derzeit steht und die Distanz zum Vordermann gering ist, verdoppelt sich die Wahrscheinlichkeit, nicht loszufahren. Die Grenzdistanz wird in [Maerivoet und Moor, 2005] auf zwei Zellen ($\approx$ 12 m) gesetzt.

Zeile 8 stellt eine Neuerung dar. Die Wahrscheinlichkeit, zu trödeln, wird mit dem Kehrwert der Spur, auf dem der betreffende Verkehrsteilnehmer fährt, skaliert. Dies bewirkt, dass Autos auf einer linken Spur (*spur* > 1) weniger trödeln, als auf der rechten (*spur* = 1). Die Rückgabe des Algorithmus ist die auf 0, 8 begrenzte Wahrscheinlichkeit.

Falls ein Verkehrsteilnehmer derzeit nicht überholt, trödelt er mit Wahrscheinlichkeit $p = $ `prob()` und verringert seine Geschwindigkeit um $a^\ominus_{\max} \cdot \max(p, 0, 1)$. Die maximale Bremsintensität wird als $a^\ominus_{\max} = \xi^\ominus \cdot (5 - \bot)$ definiert. Analog zu Beschleunigungen nimmt $\xi^\ominus = 2$ für Autos und $\xi^\ominus = 0,8$ für Lkw an. Abbildung 7.3(b) zeigt die Verteilung von $a^\ominus_{\max}$ für Autos.

7.1.2 Spurwechselmodell

Es wird wie bei den im Stand der Forschung diskutierten Modellen (vgl. Abschnitt 3.1.2) zwischen zwei Entscheidungen unterschieden. Es muss geprüft werden, ob ein Auto einen Spurwechsel durchführen *möchte* und ob dies *möglich* ist. Ein Auto *möchte* seine Spur nach links wechseln, wenn

- außerorts $v + 5$ m/s $< v_{\text{wunsch}}$ und kein Vordermann auf der linken Spur ist oder dieser schneller fährt, als der Vordermann auf der rechten Spur
- der Vordermann auf der aktuellen Spur einen Unfall hat

7.1 Raumkontinuierliche Modellierung des Automobilverkehrs

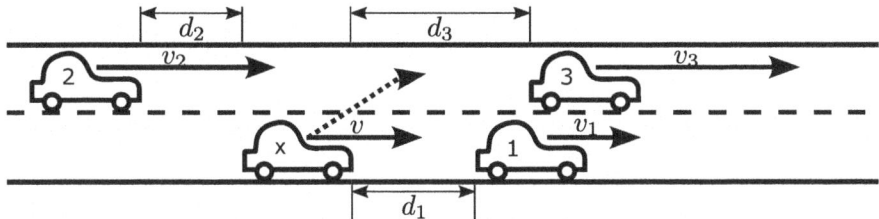

Abbildung 7.5: Spurwechsel

- der Vordermann auf der linken Spur überholt werden soll
- die linke Spur näher an der *bevorzugten* Spur liegt, als die aktuelle Spur

Spurbevorzugungen werden eingesetzt, wenn

- von einer Auffahrt auf eine Straße gewechselt wird (Spur 1 wählen)
- von einer Straße auf eine Abfahrt gewechselt wird (Spur 0 wählen)
- die aktuelle Spur auf der Folge-EI nicht mehr existiert
- die Straße sich teilt und das Auto sich einordnen muss:
  - Weiterfahrt geradeaus: mittlere Spur bestimmen
  - Weiterfahrt rechts: rechte Spur wählen
  - Weiterfahrt links: linke Spur wählen

Ein Auto möchte nach rechts wechseln, wenn

- kein Vordermann auf der aktuellen und der rechten Spur vorhanden ist
- die rechte Spur näher an der *bevorzugten* Spur liegt, als die aktuelle Spur
- die Vordermänner auf der aktuellen und der rechten Spur mehr als 5 s entfernt sind und zudem schneller fahren
- der Vordermann auf der aktuellen Spur einen Unfall hat
- innerorts auf der rechten Spur eine größere Distanz zum Vordermann ist

Falls ein Auto einen Spurwechsel durchführen *möchte*, muss geprüft werden, ob dies möglich ist. In Abbildung 7.5 wird ein Beispiel gegeben. Das Auto x möchte nach links wechseln und muss die anderen Autos 1 bis 3 berücksichtigen. Ein Wechsel nach links ist möglich, falls $d_2 > \texttt{sd}\,(v_2)$ und somit Auto 2 nicht behindert würde. Zusätzlich muss eine ausreichende Lücke nach vorne $d_3 > \texttt{sd}\,(v)$ vorhanden sein.

Bei einem Spurwechsel nach rechts muss die Entfernung zum Hintermann auf der rechten Spur mehr als 3 s betragen, damit dieser nicht behindert

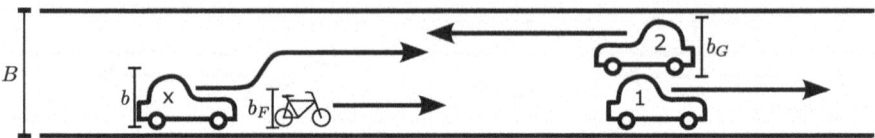

Abbildung 7.6: Überholvorgang

wird. Der Vordermann auf der rechten Spur muss entweder weiter als 6 s entfernt oder weiter als 3 s entfernt und schneller sein.

Um zu vermeiden, dass auf einer Straße mit mehr als zwei Spuren auf gleicher Höhe mehr als ein Auto gleichzeitig auf eine Spur wechselt, werden bei geraden Iterationsnummern nur Spurwechsel nach links und bei ungeraden Iterationsnummern nur Spurwechsel nach rechts zugelassen. Dieser Synchronisierungsschritt vereinfacht die weitere Modellierung von Spurwechseln und stellt keine bedeutende Einschränkung des Modells dar, da innerhalb von 2 s Realzeit ein Spurwechsel in beide Richtungen möglich ist.

Durch das beschriebene Modell lässt sich Autobahnverkehr unter Berücksichtigung von Auf- und Abfahrten ebenso modellieren, wie urbaner Verkehr mit mehrspurigen Straßen. Es stellt im Hinblick auf die im Kapitel 3 diskutierten Modelle die Erweiterung dar, dass eine Spurbevorzugung genutzt werden kann, damit sich Autos einsortieren. Über diesen Mechanismus können Erweiterungen - z.B. ein Linksfahrgebot - umgesetzt werden. Simulierte Autos fragen bei der Spurwechselplanung zuerst ab, ob ein generelles Überholverbot herrscht. Zusätzlich können Lkw-Überholverbote geschaltet werden.

7.1.3 Überholvorgänge

Bei der Literaturbetrachtung konnten keine Studien zum Überholverhalten von Autos an Fahrrädern aufgespürt werden, die über die Betrachtung des seitlichen Abstands hinausgehen. Dennoch muss dieses Verhalten modelliert werden. Würden Autos nicht überholen können, würde sich hinter jedem Fahrrad in einer simulierten Stadt eine Schlange von Autos bilden. Die im Folgenden gewählten Werte für Geschwindigkeiten und Geschwindigkeitsdifferenzen können mangels Feldstudien nicht verifiziert werden. Sie zeigen jedoch eine Möglichkeit zur Modellierung auf, die durch Anpassung dieser Parameter auf die Nachbildung realen Verhaltens kalibriert werden kann.

Wenn ein Auto auf ein Fahrrad aufläuft, *möchte* es mit Wahrscheinlichkeit prob() überholen, sofern das Fahrrad mindestens $9,9$ km/h langsamer als die erlaubte Höchstgeschwindigkeit fährt.

7.1 Raumkontinuierliche Modellierung des Automobilverkehrs

Abbildung 7.6 skizziert das Szenario. Auto x möchte überholen und prüft zuerst, ob das zu überholende Fahrrad derzeit selbst überholt. Falls dies nicht der Fall ist, schätzt x ausgehend von seiner aktuellen Geschwindigkeit, sowie der Geschwindigkeit des Fahrrads ab, wie lange der Überholvorgang dauern würde. Es wird dabei für jede Iteration im Planungszeitraum von einer Beschleunigung von x und gleich bleibender Geschwindigkeit des Fahrrads ausgegangen. Der Abstand zu Auto 1 ist von Bedeutung, da abschließend wieder eingeschert werden muss. Es wird zum Einscheren ein Abstand von 3 m zum Fahrrad eingeplant. Die Distanz zwischen Fahrrad und Auto 1 muss die Einhaltung der erforderlichen Sicherheitsabstände ermöglichen.

Zur Bestimmung des Gegenverkehrs werden in diesem Fall ausschließlich Verkehrsteilnehmer des Typs Auto berücksichtigt. Falls Gegenverkehr vorhanden ist, muss geprüft werden, ob der Überholvorgang dennoch möglich ist. Jeder Verkehrsteilnehmer hat eine Breite b. Die Straße hat eine Gesamtbreite B. Falls $B > b + b_F + b_G$, können alle drei Verkehrsteilnehmer aneinander vorbeifahren, ohne sich zu berühren. Die Breiten der Verkehrsteilnehmer inkludieren hierbei einen seitlichen Sicherheitsabstand (vgl. Abschnitt 3.2). Die Breite eines Autos wird mit $\mathcal{N}_{2,25}^{2,75}(2, 5, 0, 1)$ m bestimmt und beinhaltet bereits einen seitlichen Sicherheitsabstand. Analog wird die Breite von Fahrrädern mit 1,5 m festgelegt. Insgesamt entstehen somit ca. die in Abschnitt 3.2 ermittelten Abstände.

Ist die Straße nicht breit genug, schätzt Auto x die Bewegungen aller relevanten Verkehrsteilnehmer ab und prüft, ob das Überholmanöver abgeschlossen werden kann, bevor eine Kollision mit Auto 2 auftritt. Es wird ein zeitlicher Sicherheitsabstand von 2 s hinzugefügt. Der zeitliche Planungshorizont beträgt 5 s. Wenn der Überholvorgang nicht innerhalb dieser Zeit abgeschlossen sein würde, wird er nicht gestartet.

7.1.4 Detailmodellierungen

Dieser Abschnitt beschreibt kompakt einige weitere Verhaltensweisen, die in den simulierten Autos von MAINSIM modelliert wurden.

Abbremsen vor Abzweigung Die simulierten Autos können abfragen, ob vorfahrtsrelevanter Verkehr aus einer angrenzenden Straße kommen wird. Reale Autofahrer müssen hingegen häufig abbremsen, um feststellen zu können, ob sie eine Kreuzung passieren dürfen. Wenn die Distanz eines Autos zu einer Kreuzung geringer als $10 \cdot \text{prob}() \cdot v$ ist ($\approx 2 \cdots 6s$) und seine Geschwindigkeit $v > 18$ km/h ist, wird zusätzlich getrödelt. Dies geschieht nur bei Straßen mit zulässiger Geschwindigkeit < 70 km/h, da bei höheren Geschwindigkeiten von einer guten Sicht auszugehen ist.

Einparken Wenn ein Auto das Ziel seiner Fahrt erreicht, wird geprüft, ob dieses am Kartenrand liegt. In diesem Fall fährt das Auto ungebremst weiter und *verlässt den Kartenausschnitt*. Falls das Ziel jedoch nicht am Rand liegt und die Distanz zum Ziel geringer als 5 s ist, wird getrödelt, sofern die aktuelle Geschwindigkeit mindestens $1,5 \cdot a^\oplus(v_t) \cdot (1 - \bot)$ ist. Dies führt zu einem simulierten *Halten am Straßenrand*.

Ausparken Autos fahren entweder vom Kartenrand in die Simulationsumgebung hinein und haben in diesem Fall bereits eine Geschwindigkeit > 0 km/h oder sie starten innerhalb des Simulationsgebietes und müssen losfahren. In diesem Fall warten sie auf eine geeignete Lücke im Verkehr. Der Hintermann muss mindestens 4 s entfernt sein, um ihn nicht zu behindern.

Kreisel Kreisverkehre werden in Städten häufig zur Vorfahrtsregelung eingesetzt. Innerhalb von Kreisverkehren können Autos keine Fahrräder überholen. Ein Kreisverkehr kann nur dann betreten werden, wenn seine Verkehrsdichte geringer als 33 % ist. Ohne diese Regel können Staus innerhalb von Kreisverkehren entstehen, die sich nicht mehr auflösen.

Lückenakzeptanz Wenn ein Auto an einer Abzweigung Vorfahrt zu achten hat, bewertet es die Lücken je nach Abbiegerichtung. Die Grundwerte für die Lückenakzeptanz sind an Tabelle 3.7 auf Seite 44 unter normalen Bedingungen angelehnt und werden in Abhängigkeit zu $\bot$ variiert.

Rechts überholen Autos dürfen außerorts nicht rechts überholen. Sollte ein Auto mit Geschwindigkeit v_1 ein Auto mit Geschwindigkeit v_2 von rechts überholen, korrigiert es seine Geschwindigkeit auf $v_1 = v_2$ und trödelt zusätzlich. Falls jedoch $v_1 \leq 6$ m/s, wird von einer Stop'n'Go-Situation ausgegangen. In diesem Fall darf rechts überholt werden.

Unaufmerksamkeit Autos können nach einer Wahrscheinlichkeitsverteilung (Standard: 0 %) unaufmerksam sein. In diesem Fall wird der Sicherheitsabstand nicht gehalten und Überholvorgänge von rechts werden nicht unterdrückt. Es wird in jeder Iteration geprüft, ob der Vordermann unter Unaufmerksamkeit überholt wurde und somit ein Unfall stattgefunden hat. In diesem Fall bleiben beide Autos für eine definierte Dauer (Standard: 20 min) auf ihrer Position stehen.

Verzicht auf Vorfahrt Wenn ein Auto eine Kreuzung nicht passieren kann, verzichtet es mit einer Wahrscheinlichkeit p auf seine eigene Vorfahrt. p

steigt innerhalb von 100 s von 0 % auf sein Maximum 50 %. Andere wartende Verkehrsteilnehmer ignorieren das verzichtende Auto in diesem Fall und ein Deadlock an einer Kreuzung kann sich auflösen.

Umplanen Wenn die Wartezeit eines Autos an einer Kreuzung einen linear von $\perp$ abhängigigen Betrag übersteigt, kann die Route zur Zielposition umgeplant werden. Dies tritt in Kraft, wenn die zu überquerende Kreuzung keine Ampel hat, da in diesem Fall eine lange Ampelphase der Wartegrund sein kann. Das Auto muss das erste Auto in der Warteschlange sein.

Durch geeignete Parametrisierung und Erweiterung können mit dem beschriebenen Modell ebenfalls Lkw, Busse und Lieferwagen simuliert werden. Die Fahrzeuglängen, Beschleunigungsvermögen, Maximalgeschwindigkeiten und Trödelwahrscheinlichkeiten (Lkw verwenden häufig Tempomaten) können angepasst werden, ohne die grundlegenden Abläufe zu beeinflussen.

Die simulierten Autos befinden sich in einer Umgebung, agieren autonom, sind reaktiv, proaktiv und sozial. Ihre Flexibilität und Robustheit entsteht durch die Möglichkeit, umzuplanen. Dies geht Hand in Hand mit der sozialen Fähigkeit, auf die Vorfahrt zu verzichten. In Anlehnung an Definition 2.3.3 auf Seite 14 sind die simulierten Autos somit als intelligente Agenten anzusehen.

7.2 Modellierung des Fahrradverkehrs

Aus der Auflistung der Verkehrsmittelwahl verschiedener deutscher Städte (vgl. Tabelle 3.1 auf Seite 18) geht hervor, dass ein signifikanter Anteil an Wegen in Städten mit dem Fahrrad zurückgelegt werden. In MAINSIM wird daher ein Fahrradmodell integriert. Analog zu den in Abschnitt 3.2 besprochenen Modellen, ist auch das im Rahmen dieser Arbeit vorgeschlagene Modell eine Adaption eines mikroskopischen Automodells. Das im vorherigen Abschnitt 7.1 besprochene Modell wird verwendet, verschiedene Kenngrößen auf Fahrräder „herunterskaliert" und um Verhaltensweisen ergänzt, die typisch für Fahrräder sind.

Fahrräder haben eine Breite von 1,5 m und eine Länge von 2 m. Dies modelliert die Maße eines Fahrrads mit reserviertem Raum für Schwankungen während der Fahrt. Alle weiteren gewählten Belegungen für Parameter wurden mangels gesicherter Daten geschätzt.

Die Maximalgeschwindigkeit $v_{\max}$ wird zufällig gleichverteilt zwischen 12 und 33 km/h bestimmt. Es wird ein Beschleunigungsfaktor

$$a_f = \frac{v_{\max}}{33 \text{ km/h}} \tag{7.5}$$

bestimmt, der die prozentuale Ausnutzung der maximalen Geschwindigkeit für Fahrräder bestimmt. Für Fahrräder werden zwei Beschleunigungsgrenzen $a_{\min} = 0,5$ m/s^2 und $a_{\max} = (a_{\min} + k) \cdot a_f$ bestimmt. k sei eine gleichverteilte Zufallszahl im Intervall $[0,5 \cdots 1,0]$.

Es sei r eine gleichverteilte Zufallszahl im Intervall $[0 \cdots 1]$. Die Funktion

$$a^{\oplus}(v) = r \cdot a_{\min} + (1 - r) \cdot a_{\max} \qquad (7.6)$$

bestimmt die Intensität der Beschleunigung eines Fahrrads. Die Trödelwahrscheinlichkeit wird in Relation zu a_f als

$$\bot = \frac{\min\left(\max\left(1 - a_f,\ 0\right),\ 0,7\right)}{3} \qquad (7.7)$$

gesetzt $(0 \cdots 0,2\overline{3})$. Die Distanz zu einer Abzweigung, ab der ein Fahrrad seine Geschwindigkeit verringert, wird im Vergleich zum Automodell geringer gewählt. Sie beträgt $\bot \cdot 50$ $(6 \cdots 42$ m$)$. Die Wahrscheinlichkeit zu trödeln bleibt stets $\bot$, unabhängig von der Verkehrssituation. Falls ein Fahrrad zur Einhaltung des Sicherheitsabstands bremsen muss, verschätzt es sich mit Wahrscheinlichkeit $3 \cdot \bot$ und trödelt in diesem Fall zusätzlich.

Falls der Vordermann ein Auto ist, welches derzeit überholt, so überholt es mit hoher Wahrscheinlichkeit das entsprechende Fahrrad. In diesem Fall wird der Sicherheitsabstand nicht zum Vordermann, sondern zum Vordermann des Vordermanns gewahrt. Ansonsten würde ein überholtes Fahrrad während des Überholvorgangs eine Vollbremsung durchführen. Fahrräder überholen andere Fahrräder. Es wird in diesem Fall vereinfachend davon ausgegangen, dass dies stets möglich sei und ein Vordermann, der ein Fahrrad ist, nicht beachtet werden muss.

7.3 Bimodulares Fußgängermodell

Im Rahmen dieser Arbeit soll der Einfluss von Fußgängern auf den Straßenverkehr berücksichtigt werden. Es erscheint daher sinnvoll, nur diejenigen Schritte mikroskopisch zu modellieren, die einen direkten Einfluss auf den Verkehr haben und alles andere zu vereinfachen. Das entwickelte Fußgängermodell teilt sich in zwei Module, zur Simulation der Bewegungen auf Wegen (Unterabschnitt 7.3.1) und auf Überwegen (Unterabschnitt 7.3.2), z.B. Zebrastreifen. Abschließend werden in Unterabschnitt 7.3.3 Straßenüberquerungskriterien diskutiert.

7.3.1 Fußgängerbewegung auf Fußwegen

Die Grundidee des entwickelten Fußgängermodells ist, dass Fußgänger auf Gehwegen relativ ungehindert mit einer mittleren Geschwindigkeit laufen können. Wenn die Route eines Fußgängers dies erfordert, wechselt er die Straßenseite. Dies kann er entweder in deren Verlauf oder an Kreuzungspunkten und Fußgängerüberwegen durchführen. Algorithmus 7.3 beschreibt den grundlegenden Ablauf.

In Zeile 2 wird die Wunschgeschwindigkeit v des Fußgängers bestimmt. Sie hängt davon ab, ob derzeit eine Straßenüberquerung stattfindet (Zeile 19) oder auf einem Bürgersteig gelaufen wird (Zeile 25). Es wird ferner unterschieden, ob der Fußgänger bei seiner Überquerung Vorfahrt hat oder die Überquerung im Verkehr durchführt (Zeilen 20 bis 25). Die Grundgeschwindigkeiten $vNormal$, $vVorfahrt$ und $vKeineVorfahrt$ werden für jeden Fußgänger nach den Gleichungen 7.8 bis 7.10 gewählt und basieren auf den Daten aus Abschnitt 3.3.

$$vNormal = \mathcal{N}_{0,5}^{1,75}(1,33,0,25) \qquad (7.8)$$
$$vVorfahrt = \mathcal{N}_{vNormal}^{1,5 \cdot vNormal}(1,5,0,5) \qquad (7.9)$$
$$vKeineVorfahrt = \mathcal{N}_{vNormal}^{2 \cdot vNormal}(1,8,0,5) \qquad (7.10)$$

Die bestimmte Grundgeschwindigkeit wird mit dem Faktor f skaliert, der linear zwischen $1,0$ und $1,3$ verläuft und sein Maximum ab einer *standdauer* von $15\ s$ erhält. Diese Steigerung der Geschwindigkeit um bis zu 30 % lässt sich aus [Ishaque, 2006] ableiten (vgl. Abschnitt 3.3.1 auf Seite 38). Die *standdauer* wird hochgezählt, wenn nach dem update() die Geschwindigkeit des Fußgängers $v = 0$ beträgt und zurückgesetzt, falls $v \neq 0$. Auf diese Weise wird Ungeduld modelliert.

Wenn die Bewegung eines Fußgängers auf einem Bürgersteig verläuft, kann er ohne Interferenzen mit anderen Fußgängern seine Bewegung mit v durchführen (Zeile 16), da diese sich über die gelaufene Strecke hinweg mitteln. Überquert er gerade eine Straße, so gilt *ueberquerungEI* und die Bewegung findet senkrecht zum Straßenverlauf mit v statt (Zeilen 4 bis 8). Die Variable *weite* gibt an, wie weit die Überquerung bereits abgeschlossen ist. Übersteigt die *weite* die *breite* der Straße, so wird v auf den Teil von v reduziert, der über die Überquerung hinausgeht und die Bewegung in Zeile 16 weitergeführt. Die Variable *pos* ist hierbei die Position im Straßenverlauf. Die Straßenseite des Fußgängers wird durch *seite* beschrieben und wechselt nach einer Überquerung. Eine Straßenüberquerung kann auch auf einer NI geschehen. Hierfür wird ein detaillierteres Bewegungsmodell verwendet.

```
1  procedure update(iteration)
2  | v = calcV();
3  | if ueberquerungEI then
4  |   | weite ← weite + v;
5  |   | if weite ≥ breite then
6  |   |   | weite ← 0, seite ← ¬seite, v ← weite − breite;
7  |   | else
8  |   |   | return;
9  | else
10 |   | checkUeberquerungEI();
11 | if ueberquerungNI then
12 |   | way.update(iteration);
13 |   | return;
14 | else
15 |   | checkUeberquerungNI();
16 | pos ← pos + v;
17 function calcV()
18 | f ← 1 + 0.02 · min(standdauer, 15);
19 | if ueberquerung then
20 |   | if habeVorfahrt then
21 |   |   | vTmp ← vVorfahrt;
22 |   | else
23 |   |   | vTmp ← vKeineVorfahrt;
24 | else
25 |   | vTmp ← vNormal;
26 | return f · vTmp;
```

Algorithmus 7.3: Fußgängerbewegung auf EI

7.3.2 Bewegungsmodell für NodeInformations

Hierbei handelt es sich um Stellen, an denen mehrere Fußgänger die Straße gleichzeitig überqueren und sich gegenseitig behindern können. NIs verwalten way-Objekte, die Überwege über adjazente EIs modellieren. Jeder in Abbildung 7.7 gezeigte Überweg wird durch ein way-Objekt model-

7.3 Bimodulares Fußgängermodell

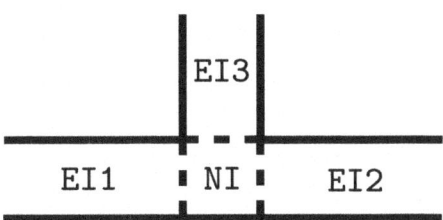

Abbildung 7.7: Positionierung von Fußgängerüberwegen: Die Verläufe der Überwege sind gestrichelt dargestellt.

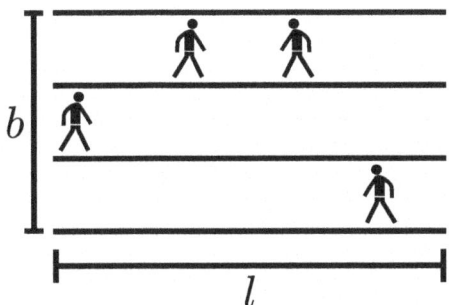

Abbildung 7.8: Fußängerüberweg mit einer Breite $b = 3$

liert, dessen update()-Methode in Zeile 12 von Algorithmus 7.3 aufgerufen wird. In den way-Objekten wird eine raumkontinuierliche Variante des in [Blue und Adler, 2001] vorgestellten Fußgängermodells verwendet (vgl. Abschnitt 3.3.4 auf Seite 41, sowie Anhang C). Dies ermöglicht die Verwendung individueller Geschwindigkeiten. Die Überwege werden in Spuren eingeteilt, die von den Fußgängern genutzt werden können. Abbildung 7.8 zeigt einen Fußgängerüberweg mit $b = 3$ Spuren. Diese Vereinfachung ermöglicht eine Diskretisierung in der Breite, die zu einer Vereinfachung des Bewegungsmodells führt. Die Länge des Weges ist $l = breite(\text{EI})$. Die Update-Methode der way-Objekte wird in Algorithmus 7.4 gezeigt. Da jedes Fußgängerobjekt die update-Methode seines way-Objektes aufruft, wenn es eine Straße überquert, muss Sorge dafür getragen werden, dass ein way nicht mehrfach geupdatet wird. Jeder way speichert daher die *iteration* seines letzten Updates und verhindert Mehrfachupdates in den Zeilen 2 und 3. Das beschriebene Verfahren führt zu geringen Aufwendungen für die Verwaltung von way-Objekten, auf denen sich derzeit Fußgänger befinden und die somit aktualisiert werden müssen.

```
 1  function update(iteration)
 2      if iteration ≠ iterationAlt then
 3          iterationAlt ← iteration;
 4      checkQueue();
 5      foreach Fußgänger f do
 6          ermittle nutzbare Spuren (falls ein Bereich von mehr
            als einem Fußgänger begehbar ist, wähle einen
            Fußgänger aus und blockiere Bereich für alle anderen)
 7      foreach Fußgänger f do
 8          wähleSpur()
 9      foreach Fußgänger f do
10          provideSpur()
11      foreach Fußgänger f do
12          bestimmeV()
13      foreach Fußgänger f do
14          f.pos ← f.pos + v;
15          if f.pos ≥ l then
16              f.ueberquerungNI←false;
17              entferne(f);
```

Algorithmus 7.4: update()-Methode der way-Objekte

way-Objekte haben eine begrenzte Anzahl an Spuren. Jeder Fußgänger wählt zu Beginn eine Spur mit freier Startposition, sofern vorhanden. Ansonsten wird zufällig eine Spur gewählt. Daher kann es bei starkem Verkehrsaufkommen dazu kommen, dass ein Fußgänger nicht den way betreten kann. In diesem Fall wird er in eine Warteschlange eingefügt, behält jedoch seine anfänglich bestimmte Spur. Bei jedem update() wird in Zeile 4 geprüft, ob ein Fußgänger aus der Warteschlange nun den Weg betreten kann, da seine Spur frei geworden ist. Für jeden Fußgänger f wird in Zeile 6 nach Gleichung 7.11 ermittelt, welche Spuren in einer Nachbarschaft der aktuellen Spur liegen. Der Parameter b ist die Breite des way-Objektes.

$$N_{\text{Spur}} = \{f.\text{spur} - 1, f.\text{spur}, f.\text{spur} + 1\} \cap \{1, \cdots, b\} \tag{7.11}$$

7.3 Bimodulares Fußgängermodell

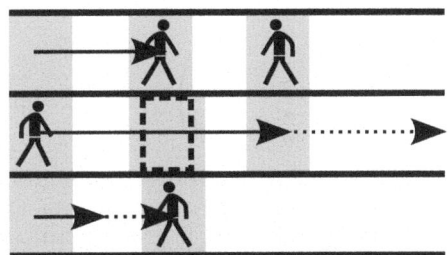

Abbildung 7.9: Die Nachbarschaften der Fußgänger sind grau markiert. Umrandet wurde eine Konfliktstelle, an der zufällig einer der beiden Fußgänger den Vorzug für die mittlere Spur erhält. Der Fußgänger f auf der mittleren Spur bestimmt und bewertet die Lücken in seiner Nachbarschaft. Gestrichelte Vektoren zeigen die Distanzen zum nächsten Fußgänger auf der jeweiligen Spur. Durchgezogene Vektoren symbolisieren die Lückenbewertungen von f. Auf der mittleren Spur wird die Lücke auf die Sichtweite von f begrenzt. Auf der oberen Spur ist die Lücke identisch zur Bewertung von f. Auf der unteren Spur bewertet f die Lücke halb so groß, wie sie ist, da der Fußgänger auf dieser Spur f entgegenkommt.

Jeder Fußgänger belegt ein Intervall auf seiner Spur. Es können Konflikte entstehen, wenn mehrere Fußgänger bei ähnlicher *pos* die selben Spuren in ihrer Nachbarschaft haben (vgl. Abbildung 7.9). Konfliktpositionen werden zufällig einem der betroffenen Fußgänger zugewiesen und aus der Nachbarschaft der anderen Fußgänger entfernt.

Die Spurwahl der Fußgänger ist zwecks Vermeidung von Asynchronitäten in die Phasen Spurbestimmung und Spurbekanntgebung getrennt. Zuerst führt in den Zeilen 7 und 8 jeder Fußgänger eine Bewertung der Spuren seiner Nachbarschaft aus. Es werden die Lücken $l(s)$ zum nächsten Fußgänger in Laufrichtung auf der jeweiligen Spur $s \in N_{\text{spur}}$ bestimmt. Anschließend werden die Lücken bewertet. Die Bewertung einer Spur $\vartheta(s)$ ist identisch zur Lücke und wird halbiert, sofern ein Fußgänger auf dieser Spur in entgegengesetzter Richtung läuft (siehe Abbildung 7.9). Alle Bewertungen werden auf eine maximale Sichtweite von 10 m begrenzt. Die Bewertungen werden anschließend auf Wahrscheinlichkeiten zur Nutzung der Spuren abgebildet. Hat die aktuelle Spur von f eine maximale Bewertung, wird sie mit $p_s = 95$ % gewählt und die restlichen 5 % auf die anderen Spuren in N_{spur} verteilt. Ansonsten wird die Verteilung nach Gleichung 7.12 gebildet.

$$p_s = \vartheta(s) \left(\sum_{s \in N_{\text{spur}}} \vartheta(s) \right)^{-1} \quad \forall\, s \in N_{\text{spur}} \qquad (7.12)$$

Fußgänger wählen somit bevorzugt die Spur, die die größte Lücke bzw. das schnellste Vorankommen verspricht und bevorzugen die aktuelle Spur, wenn dadurch kein Nachteil entsteht. In den Zeilen 9 und 10 von Algorithmus 7.4 wird der Spurwechsel ausgeführt.

Die Bestimmung der Laufgeschwindigkeiten in den Zeilen 11 und 12 wird nach den Spurwechseln durchgeführt. Die Lückenbewertung $\vartheta(s)$ muss jeder Fußgänger für seine neue Spur durchführen. Die Laufgeschwindigkeiten werden nach Gleichung 7.13 als Minimum der Maximalgeschwindigkeit v_{max} = `calcV()` und $\vartheta(s)$ bestimmt.

$$v = \min(\vartheta(s), v_{\text{max}}) \qquad (7.13)$$

Wenn durch Gegenverkehr keine Bewegung möglich ist, kann ein Fußgänger mit Wahrscheinlichkeit $p_{\text{tausch}} = 0{,}15$ dennoch am Gegenverkehr vorbeilaufen und erhält als Geschwindigkeit $v = v_{\text{tausch}} = 0{,}25 \cdot v_{\text{max}}$.

In den Zeilen 13 bis 17 wird die Bewegung mit v für jeden Fußgänger f durchgeführt. Wenn f das Ende des Weges erreicht, ist seine Überquerung abgeschlossen und `ueberquerungNI` aus Algorithmus 7.3 wird `false` gesetzt. Das Objekt f wird aus dem `way`-Objekt entfernt.

Da Fußgänger an Überwegen direkt den Straßenverkehr beeinflussen, muss an diesen Stellen ein Modell verwendet werden, dass auch deren Wechselwirkungen untereinander berücksichtigt, um die Stärke der Verkehrsbeeinflussung realistisch skalieren zu können. Das vorgestellte Modell führt zu geringen Fußgängergeschwindigkeiten an stark genutzen Überwegen und ermöglicht die Nutzung von individuellen Geschwindigkeiten für jeden Fußgänger. Dies führt zu einer Steigerung des Detaillierungsgrades.

Nachdem eine Straßenüberquerung an einer `NI` abgeschlossen ist, kann sich die Straßenseite des Fußgängers geändert haben. Anhand Abbildung 7.7 werden die unterschiedlichen Fälle in Laufrichtung $EI_1 \rightarrow EI_2$ verdeutlicht. Die Straßenseite ändert sich, wenn `EI1` oder `EI2` überquert wurden, nicht aber wenn `EI3` überquert wurde, da hier lediglich dem Verlauf des Bürgersteiges gefolgt wurde und hierfür eine kreuzende Straße überquert werden musste.

Straßenüberquerungen können nun durchgeführt werden. Der folgende Unterabschnitt beschreibt, welche Kriterien erfüllt sein müssen, damit ein Fußgänger eine Überquerung beginnt.

7.3.3 Straßenüberquerungskriterien

Wann ein Fußgänger f eine Straße überqueren möchte, legt er in der Taktischen Ebene seines Verhaltensmodells fest. Nachdem f eine Route in dem Straßengraph bestimmt hat, folgt ein Analyseschritt zur Bestimmung der Straßenüberquerungen. Es wird versucht, vor jeder Abzweigung des Weges auf der Straßenseite zu sein, die in Abzweigungsrichtung liegt und Zebrastreifen und Ampeln für die Straßenüberquerungen zu berücksichtigen. Jeder EI der Route wird zugewiesen, ob eine Straßenüberquerung beabsichtigt ist.

Auf der operativen Ebene des Fußgängerverhaltensmodells muss während der Durchführung des Plans mittels der Zeilen 10 und 15 aus Algorithmus 7.3 bestimmt werden, wann eine Straßenüberquerung unter Berücksichtigung des Verkehrs durchgeführt werden kann. Die Methode checkUeberquerungEI() prüft, ob eine Überquerung für die aktuelle EI von f vorgesehen ist. Die Straßenüberquerung wird in diesem Fall gestartet, wenn f die Straße überqueren *möchte* und *kann*. Ein Fußgänger *möchte* die Straße mit einer Wahrscheinlichkeit von $p = \frac{f.pos}{länge(\text{EI})}$ wechseln. Die Wahrscheinlichkeit steigt folglich, je weiter f auf EI läuft. Wenn f eine EI überqueren *möchte*, bestimmt f die geschätzte Dauer der Überquerung nach Gleichung 7.14.

$$GD = \frac{breite(\text{EI})}{v} + AF + 2\,s \qquad (7.14)$$

GD hängt von der Breite der Straße, der Geschwindigkeit von f, einem Aggressivitätsfaktor $AF = \mathcal{N}_{-3}^{+3}(-0,5\,,1)$ und $2\,s$ Sicherheitsabstand ab. Das Vorgehen basiert auf den in Abschnitt 3.3.2 vorgestellten Überlegungen nach [Ottomanelli et al., 2009, Brewer et al., 2006]. Zusätzlich steigt AF nach einer *standdauer* $> 5\,s$ um $0,1 \cdot (standdauer - 5\,s)$ an, um eine steigende Aggressivität in Relation zur *standdauer* zu modellieren. f prüft für alle Autos, die seine Position auf EI erreichen können, ob die Zeit, die sie dafür voraussichtlich benötigen, größer als GD ist. Falls ja, wird die Überquerung der Straße gestartet. Abbildung 7.10 gibt ein Beispiel.

Die Vorgehensweise für die Überquerung einer NI ist ähnlich. Die Frage, ob f die Überquerung durchführen *möchte* stellt sich in diesem Fall nicht. Eine NI wird entweder überquert, da sie in der Routenbestimmungsphase wegen besonderer Eignung zum Wechsel der Straßenseite ausgewählt wurde (Zebrastreifen, Ampel) oder weil der Wechsel auf der aktuellen EI vorgesehen, aber auf Grund des Verkehrs nicht möglich war und nun am Ende von EI der Wechsel erzwungen ist. Ein weiterer Grund sind kreuzende Straßen.

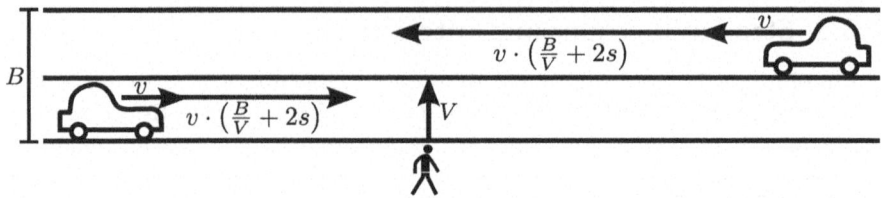

Abbildung 7.10: Straßenüberquerung bei Lücke im Verkehr: Der Fußgänger f benötigt $2\,s$ Sicherheitsabstand bei der Überquerung der Straße. Ausgehend von den Autos wird der GD-Term mit $AF = 0$ gezeigt. Er modelliert die geschätzte Position der Autos am Ende der Straßenüberquerung durch f. Bei einem negativen AF kann die Lücke noch akzeptiert werden und die Autos treffen gegebenenfalls auf f und müssen bremsen. Bei einem $AF \approx 0$ und größer, wird f auf Grund des Autos von rechts die Straßenseite nicht wechseln.

Ob eine NI mittels way-Objekt überquert werden *kann*, wird analog zur Überquerung bei EIs bestimmt. Es wird nach Gleichung 7.14 für alle Verkehrsteilnehmer, die way überfahren werden, auf Konflikte geprüft. Blinker bzw. Handzeichen von abbiegenden Verkehrsteilnehmern finden Berücksichtigung. Es wird beachtet, dass nach StVO § 9(3) ein *abbiegender* Verkehrsteilnehmer Fußgängern Vorfahrt gewähren muss, denn „[...] auf Fußgänger muß er besondere Rücksicht nehmen; wenn nötig muß er warten".

7.4 Vorfahrtsregeln

Die Verkehrsteilnehmer von MAINSIM halten sich an die grundlegenden Verkehrsregeln. Die Regeln für Fußgänger wurden direkt in das Fußgängermodell integriert (vgl. Abschnitt 7.3). Dieser Abschnitt beschreibt die Vorfahrtsregeln, die von simulierten Autos und Fahrrädern verwendet werden.

Vorfahrtsregeln müssen immer dann beachtet werden, wenn ein simulierter Verkehrsteilnehmer T von einer EI_1 über eine NI auf eine EI_2 wechselt. Er setzt zu diesem Zeitpunkt einen Blinker in die Richtung, in die er fahren möchte. Blinker können *links*, *geradeaus* oder *rechts* geschaltet werden. Fahrräder setzen ebenfalls Blinker - symbolisch für Handzeichen.

Falls NI über eine Ampel verfügt, kann NI überquert werden, wenn diese *grün* zeigt. Enthält NI keine Ampel, muss geprüft werden, ob die Vorfahrt einem anderen Verkehrsteilnehmer gewährt werden muss. Es werden der

Reihe nach alle mit NI verbundenen EIs untersucht und geprüft, ob aus der jeweiligen EI ein Verkehrsteilnehmer in Richtung NI fährt, der nah genug am Ende der EI ist, sodass er NI erreichen wird. In diesem Fall werden die in § 8 StVO beschriebenen Vorfahrtsregeln abgebildet. Hierbei werden Abbiegewünsche (Blinker) anderer Verkehrsteilnehmer und daraus resultierende Möglichkeiten zum Überqueren der NI berücksichtigt.

Vorfahrtsstraßen und Kreisverkehre erhalten höhere Vorfahrtsprioritäten. Es werden ausschließlich Verkehrsteilnehmer berücksichtigt, deren EI eine identische oder höhere Vorfahrtspriorität zu der EI von T haben.

Falls Verkehrsteilnehmer auf NI zufahren, die Vorfahrt über T haben, bewertet T, ob er deswegen warten muss. Dies geschieht unter Berücksichtigung der in Tabelle 3.7 auf Seite 44 dargestellten Lückenakzeptanzwerte. Schwankungen werden über $\bot$ modelliert. Autos und Fahrräder überqueren keine NI, auf der sich Fußgänger befinden, unabhängig ob diese Vorfahrt haben oder nicht. Muss T warten, so fährt er bis zu einer Warteposition (vgl. Abschnitt 6.5), um nicht auf der Mitte der Kreuzung zu halten.

7.5 Ampelschaltungen

OSM definiert Positionen, an denen sich Ampeln befinden. Die gesetzten Ampeln können in MAINSIM grundlegend drei Arten haben: eine Festzeitsteuerung, eine Fußgängerampel oder eine dynamische Schaltung. Jede der Ampeln kann von Fußgängern gedrückt werden.

Die grundlegende Funktionsweise ist, dass eine Ampel in einer NI eine aktive EI auswählt. Jede nicht aktive EI hat automatisch rot. Die aktive EI durchläuft die grundlegenden Phasen rot, gelb-rot, grün und gelb. Verkehrsteilnehmer werten gelb-rot und gelb jeweils als rot.

Die einfachste Ampel ist die Fußgängerampel. Sie kann ausschließlich an einer NI platziert werden, die nur zwei verbundene EIs hat. Sie ist im Normalfall deaktiviert und somit für Autos und Fahrräder unsichtbar. Wenn ein Fußgänger sie drückt, wird sie aktiviert und schaltet den Straßenverkehr auf rot. Nach einer fixen Dauer wird die Ampel wieder deaktiviert.

Die Festzeitsteuerung verwendet vordefinierte Phasenlängen für jede Phase. Die Phasenlängen bleiben konstant über die Simulationsdauer. Nach einem Phasendurchlauf wird die nächste EI von NI aktiv geschaltet und anschließend identisch verfahren. Keine Seite kann „Verhungern", da der Reihe nach jede EI von NI aktiviert wird. Diese Schaltung ist nicht effizient, da sie nicht auf die aktuelle Verkehrslage eingeht.

Eine erste dynamische Schaltung ist die lastbasierte Schaltung. Sie schaltet die Straße grün, die am meisten wartende Verkehrsteilnehmer hat. Dieses triviale Verfahren führt zu einer Bevorzugung der Hauptverkehrsrichtung. Falls jedoch stets sehr viele Verkehrsteilnehmer aus einer Richtung kommen, kann eine weniger frequentierte Straße „verhungern", sie erhält niemals grün.

Als standard-Ampel wird bei MAINSIM eine Prioritätsampel verwendet. Die Priorität aller `EI`s der geschalteten `NI` ist anfangs 0. Es wird randomisiert eine `EI` gewählt, die zuerst grün erhält. In jeder Iteration werden die Prioritäten der `EI`s, die nicht aktiv sind, um die Anzahl an wartenden Verkehrsteilnehmern inkrementiert. Nach Ablauf einer Phase wird die nächste `EI` mit der höchsten Priorität ausgewählt und aktiviert. Ein „verhungern" wird ausgeschlossen, da auch eine `EI` mit wenig Verkehr im Laufe der Zeit Priorität anhäuft. Wenn die Ampel umschaltet und eine andere `EI` aktiv wird, wird deren Priorität auf 0 gesetzt. Der Mechanismus ist bisher identisch zu der in [Fouladvand et al., 2005] beschriebenen Ampelschaltung.

Bei einem Ungleichgewicht an Verkehrsdichte auf den zu schaltenden `EI`s kann eine dynamische Phasenlänge zu Verbesserungen der Schaltungseffizienz führen. Es sei p_g die Regelphasenlänge der grünen Phase. Es sei $prio(\texttt{EI})$ die Priorität einer `EI` und $\texttt{EI}_a$ die derzeit aktive `EI`. Der Mittelwert der Prioritäten aller mit `NI` verbundenen `EI`s sei p_m. Die Phasenlänge p wird durch Gleichung 7.15 je nach Prioritätsverteilung variiert.

$$p = \min\left(\max\left(p_m{}^{-1} \cdot prio(\texttt{EI}_a),\ 0{,}75\right),\ 3{,}0\right) \cdot p_g \qquad (7.15)$$

Eine `EI` mit hoher Priorität erhält länger grün, als eine `EI` mit geringer Priorität. Die Auflösung eines Staus an einer Ampel wird somit begünstigt.

7.6 Routing

Wenn ein Verkehrsteilnehmer von einer Start- zu einer Zielposition möchte, benötigt er eine entsprechende Route - eine Folge von `NI`s und `EI`s, die den Weg definieren. In MAINSIM können die in den folgenden Unterabschnitten 7.6.1 bis 7.6.3 beschriebenen Routingverfahren verwendet werden.

7.6.1 Vorberechnete Routen

Eine statische Methode ist die Vorberechnung aller möglichen Routen im Graphen. Hierfür wird von jeder `NI` der Algorithmus von Dijkstra [Dijkstra, 1959] berechnet, der das Single-source shortest path (SSSP) - Problem löst. In einem Graphen mit 10.000 `NI`s existieren $10.000 \cdot 9.999 \approx 10^8$ Routen. Hieraus

7.6 Routing 111

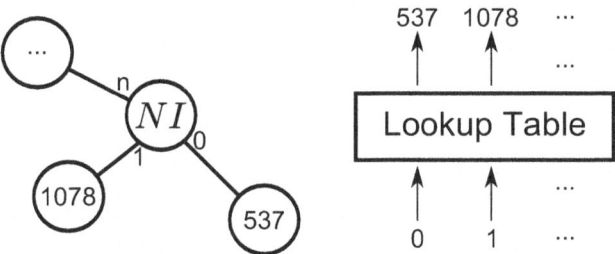

Abbildung 7.11: Lookup table für NI-IDs

resultieren zwei Probleme: Die Dauer der Berechnung aller Routen steigt schnell an, da Dijkstra eine Laufzeit von $\mathcal{O}\left(|\texttt{NIs}| \cdot lg\left(|\texttt{NIs}|\right) + |\texttt{EIs}|\right)$ hat [Cormen et al., 2001]. Dijkstra muss für jede NI durchgeführt werden, da der *ExtendedGraph* ein gerichteter Graph ist. Insgesamt ergibt sich eine Laufzeitkomplexität von $\mathcal{O}\left(|\texttt{NIs}|^2 \cdot lg\left(|\texttt{NIs}|\right) + |\texttt{NIs}| \cdot |\texttt{EIs}|\right)$. Im Übrigen müssen alle Routen gespeichert werden.

Vorberechnete Routen werden nach Bestimmung des *ExtendedGraph* berechnet. Anschließend wird der gesamte Graph zur Behebung der Laufzeitproblematik in einer Datei gespeichert.

Jede NI verwaltet eine Liste mit Ids. Der Eintrag i der Liste ist die Id der nächsten NI auf dem Pfad zur NI mit der Id i. Nach diesem Verfahren müsste jede NI im Beispiel mit 10.000 NIs 9.999 Integer-Zahlen verwalten. Integer benötigt in Java 32 Bit. Es ergibt sich ein Speicherbedarf von ca. 381 MB pro Verkehrsteilnehmertypen. Zur Komprimierung werden nicht die Ids selbst, sondern Ersetzungen davon gespeichert (vgl. Abbildung 7.11).

Dies ist möglich, da jede NI nur sehr wenige Nachbarknoten hat, mit denen sie direkt verbunden ist. Der Datentyp Byte (8 Bits) genügt hierfür. Jede NI erstellt eine LUT, die den IDs der nachbar-NIs eine Byte-Zahl zuweist. Der Speicherbedarf kann somit auf ca. 95MB reduziert werden. Dies geschieht ohne signifikante Einbußen der Berechnungseffizienz. Um den Weg von einer Start-NI zu einer Ziel-NI zu bestimmen, muss jede NI auf dem Weg einen Lookup durchführen. Die zeitliche Komplexität ist hierbei insgesamt $\Theta(n)$, wobei n die Anzahl der NIs auf der Route ist.

Die beschriebene Methode führt während der Verkehrssimulation zu Staus, da alle Verkehrsteilnehmer die Routen wählen, die ohne weiteren Verkehr optimal wären. Ein einfaches Verfahren, um diesem Problem zu begegnen, ist das im folgenden Abschnitt vorgestellte probabilistische Routingverfahren.

7.6.2 Probabilistisches Routing

In diesem Ansatz werden Routen zufällig bestimmt. Verkehrsteilnehmer, die mittels dieser Methode ihre Routen bestimmen, haben einen definierten Startpunkt, aber keinen vorgegebenen Zielpunkt. Verkehr dieser Art kann als Hintergrundverkehr genutzt werden. Dies ist Verkehr, der andere Verkehrsteilnehmer beeinflusst, aber nicht im Fokus der Simulation steht.

Es sei Ω_{NI} die Menge an EIs, die mit NI verbunden sind. Jede NI des *ExtendedGraph* speichert eine Abbiegewahrscheinlichkeit $p_t(EI_{\text{curr}}, EI_{\text{next}})$, für einen Verkehrsteilnehmer des Typs $t \in \{\text{Auto}, \text{Fahrrad}, \text{Fußgänger}\}$ von EI_{curr} kommend. p_t gibt die Wahrscheinlichkeit, EI_{next} als nächste EI zu wählen. Die Funktion p_t hält die Gleichungen 7.16 und 7.17 ein.

$$p_t(\text{EI}_{\text{curr}}, \text{EI}_{\text{curr}}) = 0 \tag{7.16}$$

$$\sum_{\text{EI} \in \Omega_{NI}} p_t(\text{EI}_{\text{curr}}, \text{EI}) = 1 \ \forall \ t, \text{EI}_{\text{curr}} \tag{7.17}$$

Mit einer gegebenen EI_{curr} kann eine Route durch wiederholte zufällige Wahl der nächsten EI von EI_{curr} bestimmt werden. Die Funktion p_t wird aus den vorberechneten Routen des vorherigen Abschnitts extrahiert.

Jede NI verwaltet Zähler (initial 0) für jeden Typ t und jede Kombination $EI_{\text{curr}}, EI_{\text{next}} \in \Omega_{NI}$. Die Routen $\zeta(NI_{\text{start}}, NI_{\text{dest}})$ zwischen allen nicht identischen Paaren von NIs NI_{start} zu NI_{dest} werden als Listen von NIs und EIs bestimmt. Jede Route ζ wird analysiert und an jeder $NI \in \zeta$ wird der dazugehörige Zähler für die Verbindung zwischen der aktuellen und der nächsten EI inkrementiert. Dieser Analyseschritt wird für jeden Typen t durchgeführt. Anschließend werden alle Zähler normalisiert, sodass die Wahrscheinlichkeitsverteilungen p_t entstehen, die die Bedingungen der Gleichungen 7.16 und 7.17 einhalten.

Die Bestimmung von p_t hat eine zeitliche Komplexität von $\mathcal{O}(|NIC|^3)$, da $\mathcal{O}(|NIC|^2)$ Routen mit jeweils einer maximalen Pfadlänge von $\mathcal{O}(|NIC|)$ NIs analysiert werden müssen. Der Lookup einer Route mit n NIs geschieht in $\Theta(n)$.

Beide beschriebenen Methoden sind nicht in der Lage, dynamische Veränderungen der Straßenkonditionen zu berücksichtigen. Daher wird im nächsten Abschnitt der bekannte A*-Algorithmus beschrieben.

7.6.3 Live berechnete Routen

Innerhalb von MAINSIM wird ein bidirektionaler A*-Algorithmus verwendet. Die Grundlage hierfür ist der A*-Algorithmus [Russell und Norvig, 2004] zur Lösung des Single-pair shortest path-Problems zwischen zwei NIs. Der bidirektionale Ansatz führt eine vorwärts gerichtete Suche vom Startknoten zum Zielknoten und gleichzeitig eine rückwärts gerichtete Suche vom Zielknoten zum Startknoten durch. Wenn beide Suchen einen Schnittpunkt ergeben, ist die Suche beendet. Das Vorgehen führt zu einer geringeren Exploration des Suchraums und folglich zu einer Beschleunigung der Suche.

Das Routingproblem wird entscheidend durch die Wahl der Kantenbewertungsfunktion $d(\text{EI})$ beeinflusst. Der einfache Ansatz, die Distanz als $d(\text{EI}) = v_{\max}^{\text{EI}} \cdot |\text{EI}|^{-1}$ zu bestimmen, führt zu identischem Routingverhalten wie die in Abschnitt 7.6.1 beschriebene Verwendung vorberechneter Routen. Eine Verteilung des Verkehrs im Simulationsbereich wird durch Einbeziehung von aktuellen Reiseinformationen erzielt.

Ein Verkehrsteilnehmer kann eine *eigene* Kantenbewertungsfunktion übermitteln und Erfahrungen aus früheren Simulationsläufen aufgreifen. Eine andere Methode ist die Protokollierung von Reisedauern auf EIs. Die Reisedauern der Verkehrsteilnehmer der letzten 15 simulierten Minuten werden pro EI separiert nach Fahrtrichtung und Verkehrsteilnehmertypen protokolliert. Der Mittelwert dieser Protokollreisedauern kann als $d(\text{EI})$ verwendet werden. Wenn auf Grund einer Überlastung einer Straße die Reisedauern der korrespondierenden EI ansteigen, werden simulierte Verkehrsteilnehmer dies einbeziehen und EI tendenziell meiden.

Als Heuristik $h(\text{NI}_1, \text{NI}_2)$ wird die Euklidische Distanz zwischen den Koordinaten der Punkte von NI_1 und NI_2 verwendet. $h()$ kann mit einem Überschätzungsfaktor skaliert werden [Jacob et al., 1999]. Dies führt zu nicht optimalen Lösungen bei gleichzeitiger Reduktion der Berechnungsdauer [Fu et al., 2006]. Als Standard wird keine Skalierung durchgeführt.

Eine in der Literatur diskutierte Methode zur Beschleunigung der Routenfindung ist eine Berechnung von mehreren Hierarchieebenen [Sanders und Schultes, 2006]. Auf der untersten Ebene sind alle Straßen vorhanden. Bei steigender Ebenennummer werden immer weniger Straßentypen berücksichtigt, bis auf der höchsten Ebene nur noch Autobahnen übrig bleiben. Um eine Route über große Distanzen zu berechnen, müssen auf jeder Ebene die Eintrittspunkte zur nächst höheren Ebene gefunden werden. Von dort kann die Suche mit sehr wenigen Knoten schnell durchgeführt werden. Später muss der Weg auf der obersten Ebene durch die Teilwege der darunterliegenden Ebenen ersetzt werden. Insgesamt führt das Verfahren zu einer Beschleunigung der Routenfindung [Sanders und Schultes, 2005].

Verfahren dieser Art können zur Routenfindung in statischen Szenarien ohne starke Schwankungen der Reisedauern auf den jeweiligen Straßen verwendet werden. Im Rahmen eines Verkehrssimulationssystems würde die Verteilung des Verkehrs nicht entstehen, da schwankende Werte von d () zu einer Aktualisierung der Hierarchieebenen führen müssten. Die Neuberechnung der Ebenen wäre zu aufwendig.

Nach [Westerdijk, 1990] spielen bei der Routenwahl für Fußgänger und Fahrradfahrer mehrere Faktoren eine Rolle. Eine Auswahl sind Distanz, Anzahl an Kreuzungen, Schönheit des Weges, Attraktionen, Qualität des Straßen- bzw. Bürgersteigbelags, Steigung und die Verkehrssicherheit. Die wichtigsten Faktoren für Fahrradfahrer sind jedoch die Distanz und der Straßenverkehr [Dill und Gliebe, 2008]. Vereinfachend wird in MAINSIM für Fahrräder und Fußgänger als Kantenbewertung die Länge der EI verwendet. Die fahrbare Geschwindigkeit ist für Fußgänger irrelevant. Fahrräder fahren im Normalfall ebenfalls langsamer, als die Straße es zulassen würde. Die Gewichtung der Schönheit einer Straße wird über einen Skalierungsfaktor in Abhängigkeit zum Typ der korrespondierenden EI berücksichtigt. Fahrradwege bzw. Fußwege werden bevorzugt, Wohngebiete erhalten ebenfalls geringere Skalierungsfaktoren als Hauptverkehrsstraßen. Dies führt zu einer Bevorzugung von Straßen mit wenig Automobilverkehr.

8 Prototypische Implementierung

Dieses Kapitel beschreibt grundlegende Implementierungsdetails. Der folgende Abschnitt 8.1 diskutiert fundamentale Designentscheidungen und die wichtigsten Teile der Programmarchitektur. Abschnitt 8.2 zeigt die Vorgehensweise zur Durchführung einer Simulation. Abschnitt 8.3 diskutiert die Zeit- und Speicherkomplexität verschiedener Operationen von MAINSIM. Abschließend wird in Abschnitt 8.4 die Skalierbarkeit des Sytems untersucht.

8.1 Designentscheidungen und Architektur

Zuerst musste die Frage nach einer geeigneten Datenquelle für Straßenkarten beantwortet werden. Im Bereich der Geoinformationssysteme (GIS) hat sich das Shapefile-Format als Quasi-Standard durchgesetzt. Ein Aufbau der Simulation auf einem GIS bietet sich daher an. In Kapitel 6 wurde bereits ausgeführt, dass die Java-Klassensammlung *GeoTools* zur Verarbeitung von Shapefiles genutzt werden kann. Um Funktionalitäten von *GeoTools* direkt in MAINSIM einbinden zu können, wird die Programmiersprache Java verwendet. Grundlegende Hilfsklassen - z.B. zur Verarbeitung von XML-Dateien - sind in Java bereits vorhanden.

Abbildung 8.1 stellt eine Erweiterung von Abbildung 6.1 auf Seite 73 dar. Die Datei „karte.osm" wird mittels eines SAX-XML-Parsers auf einen Ausschnitt beschnitten, der in der Datei „ausschnitt.osm" gespeichert wird. Die Nutzung eines SAX-Parsers ermöglicht die Verarbeitung beliebig großer XML-Dateien. Ein DOM-Parser wird benötigt, um die einzelnen Elemente der „ausschnitt.osm" zu verarbeiten und die enthaltenen Geodaten in Ebenen zu trennen (vgl. Abschnitt 6.1). Die berechneten Ebenen werden im Shapefile-Format gespeichert.

Die Trennung zwischen Ausschnittsbestimmung und der weiteren Verarbeitung der OSM-Daten ist notwendig, da im Format von OSM Geometrien aus Node-Elementen zusammengesetzt werden, die verschiedenen Objekten zugehören können. Hieraus folgt, dass ein DOM-Tree benötigt wird. Hierfür muss das gesamte XML-Dokument im Speicher gehalten werden. Dies ist lediglich bei Ausschnitten von OSM-Dateien möglich, da z.B. die

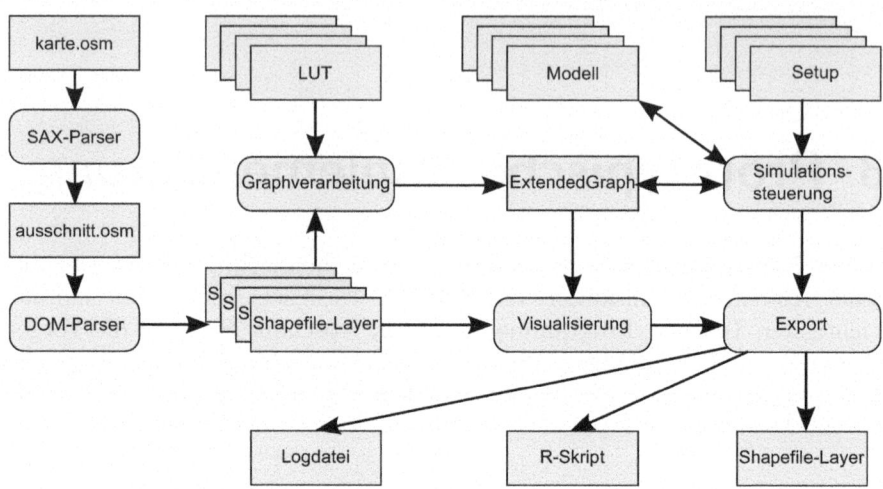

Abbildung 8.1: Architektur von MAINSIM

Landkarte des Bundeslandes Hessen knapp 2GB (Stand: 31.07.2012) umfasst. Der generierte DOM-Tree benötigt nochmals weit mehr Kapazitäten im Arbeitsspeicher.

Die Shapefile-Layer werden anschließend geladen, um daraus den *ExtendedGraph* zu berechnen. Es könnten somit auch Geodaten anderer Anbieter als OSM genutzt werden. Die Komponente „Graphverarbeitung" wird mittels LUTs mit zusätzlichen Informationen angereichert, um lückenhafte Geodaten zu ergänzen. Der *ExtendedGraph* wird in der Simulationssteuerung genutzt. Angereichert mit Modellen für Verkehrsteilnehmer und Ampeln, sowie Einstellungen zur Durchführung der Simulation, steuert die Simulationssteuerung den Ablauf der Simulation.

Der aktuelle Zustand (z.B. die Positionen der Verkehrsteilnehmer) kann über eine Visualisierungskomponente dargestellt werden. Die Visualisierung verwendet die berechneten Shapefile-Layer und nutzt eine Renderingkomponente von *GeoTools* zur Darstellung der Landkarte. Verkehrsteilnehmer und Ampeln werden auf die gerenderte Karte mit einer in MAINSIM implementierten Software-Sprite Technologie gezeichnet (vgl. [Watt, 2000]).

Eine aktuelle Momentaufnahme und Simulationsergebnisse können exportiert werden. Es stehen eine automatisch geschriebene Logdatei und Exportfunktionen zur Generierung von Shapefiles, Bilddateiformaten und R-Skripten zur Verfügung.

Die grundlegende in Abbildung 8.1 gezeigte Architektur ist stark vereinfacht. MAINSIM verfügt über 32 Pakete mit insgesamt 203 Klassen. Das System besteht aus 35.552 Zeilen Java-Quelltext (Stand: 02.10.2012).

8.2 Ablauf einer Simulationsstudie

Nachdem der *ExtendedGraph* eines gewählten Kartenausschnitts berechnet wurde, kann eine Simulation durchgeführt werden. Die Simulationssteuerung führt in einer Schleife den in Abbildung 7.2 auf Seite 90 gezeigten Updatezyklus durch. Zusätzlich zu den drei Schritten *Spurwechsel*, *Update* und *Provide* werden in jeder Iteration die Zustände der Ampeln aktualisiert.

Eine Methode zum Hinzufügen von neuen Verkehrsteilnehmern wird ausgeführt. Diese kann je nach Simulationsexperiment unterschiedlich agieren. Es kann beispielsweise eine bestimmte Anzahl an Verkehrsteilnehmern nach einer definierten statistischen Verteilung aufrecht erhalten oder pro Iteration eine bestimmte Anzahl an Autos erstellt werden. In einem konkreten Experiment muss diese Methode daher maßgeschneidert werden.

Ein weiterer Schritt, der in jeder Iteration durchgeführt wird, ist die Sortierung der EIs. Die Verkehrsteilnehmer auf jeder EI werden nach aufsteigender Position sortiert, um eine effiziente Bestimmung des Vorder- und Hintermanns zu ermöglichen. Da pro Iteration nur wenige Überholvorgänge auftreten, wird das Sortierverfahren Bubblesort (vgl. [Cormen et al., 2001]) verwendet. Bubblesort hat im Worstcase eine Laufzeit von $\mathcal{O}\left(n^2\right)$ bei n zu sortierenden Elementen. Um den Sortierschritt zu umgehen, könnten alternativ bei den Bewegungen der Verkehrsteilnehmer auch Positionsänderungen detektiert werden. Dies würde jedoch eine komplexere Logik erfordern. Tests haben gezeigt, dass während der Simulation selten mehr als ein oder zwei Sortierdurchgänge notwendig sind und der Berechnungsaufwand daher als gering einzustufen ist.

In Abbildung 8.2 wird der vollständige Updatezyklus der Simulationssteuerung gezeigt. Zwischen je zwei Schritten beim Ablauf des Updatezyklus können weitere Methoden integriert werden. Zusätzlich kann in einer Simulationssteuerung für ein Experiment jede der Methoden erweitert werden. Dies ermöglicht eine einfache Umsetzung von Messungen, wie z.B. den Reisedauern(-geschwindigkeiten, -kraftstoffverbrauchswerten, ...) einer bestimmten Verkehrsteilnehmergruppe in einem definierten Messgebiet zu einer bestimmten Messzeit.

Die Simulationssteuerungskomponente wird häufig von einer Experimentensteuerungskomponente aufgerufen. Die Experimentsteuerung führt eine

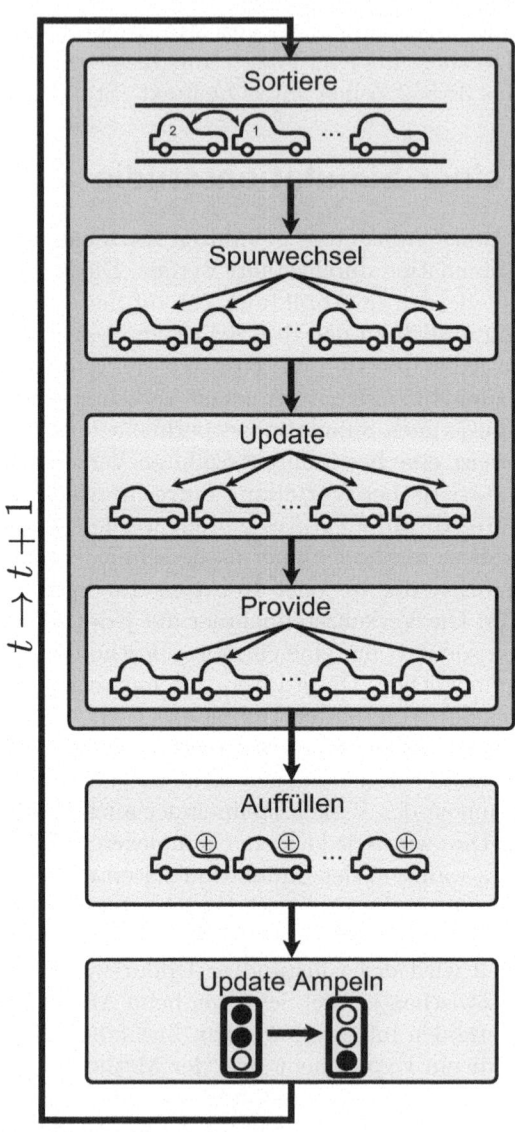

Abbildung 8.2: Vollständiger Updatezyklus der Simulationssteuerung. Der separat gruppierte Block *Sortiere*, *Spurwechsel*, *Update* und *Provide* muss in der gezeigten Reihenfolge berechnet werden. Weitere Funktionseinheiten können an beliebiger Position innerhalb des Schemas eingefügt werden.

bestimmte Anzahl von Simulationsläufen durch und extrahiert Ergebnisinformationen. Es besteht hierbei die Möglichkeit, Simulationsparameter dynamisch anzupassen, z.B. für Optimierungsaufgaben.

8.3 Komplexität

Während der Berechnung des *ExtendedGraph* wird zuerst ein Ausschnitt aus der „karte.osm" berechnet, da die Berechnung eines DOM-Trees Zeit und Speicherkapazitäten kostet. MAINSIM arbeitet mit Java 64, da mit 32 Bit nicht genügend Speicher zur Berechnung des DOM-Trees des in Kapitel 15 genutzten Kartenausschnitts zur Verfügung stand.

Während der Berechnung des *ExtendedGraph* müssen mehrere Arbeitsschritte mit Geodaten durchgeführt werden. Um beispielsweise eine NI an der Schnittstelle einer EI_1 mit einer schneidenden EI_2 zu setzen, wird über einen Räumlichen Index nach räumlich nahen EIs zu EI_1 gesucht. Der durch *GeoTools* gegebene Räumliche Index gibt jedoch auch EIs zurück, die weit von EI_1 entfernt liegen.

Die Anzahl an zurückgegebenen EIs bei einer Anfrage an den Räumlichen Index kann maximal $|EIC|$ sein. Somit ist die Gesamtlaufzeit der Operation maximal $\mathcal{O}\left(|EIC|^2\right)$. Von einer Reimplementierung des Räumlichen Index wird abgesehen, da der *ExtendedGraph* nur einmalig berechnet werden muss. Er wird in einer Datei per Serialisierung gespeichert und kann zur erneuten Verwendung wieder geladen werden.

Die Simulationsgeschwindigkeit nimmt bei steigender Größe des *ExtendedGraph* ab. Dies resultiert aus dem steigenden Aufwand zur Berechnung von Pfaden (vgl. Abschnitt 7.6). Die Anzahl der simulierten Verkehrsteilnehmer beeinflusst die Simulationsgeschwindigkeit linear. Bei hohen Verkehrsdichten und auftretenden Staus können zusätzliche Kapazitäten für die Berechnung von neuen Routen umplanender Verkehrsteilnehmer benötigt werden.

Bei der Durchführung eines Experiments werden meist wiederholt Simulationsdurchläufe mit identischen Einstellungen durchgeführt, da Simulationsergebnisse auf Grund probabilistischer Einflüsse in den mikroskopischen Verkehrsmodellen streuen. Messgrößen werden daher gemittelt. Um mehrere Simulationsläufe parallel durchführen zu können, verfügt MAINSIM über ein einfaches Client-Server-System. Der Server steuert die Simulationsläufe von über TCP/IP verbundenen Clients. Ein Client erhält die Aufforderung, einen Simulationslauf mit einem vom Server gegebenen Seedwert für den Zufallszahlengenerator und Parametern für das Experiment durchzuführen. Der Server verwaltet in Listenstrukturen die von den Clients gesammelten

Ergebnisse. Die Auslastung des Servers ist hierbei minimal. Die Clients lasten pro Instanz einen Rechenkern aus. Ein Client-PC kann somit mehrere Client-Instanzen berechnen. Bei Tests wurde mit ca. 20 Rechenkernen parallel simuliert.

8.4 Skalierbarkeit

Dieser Abschnitt untersucht den Einfluss der Anzahl an simulierten Verkehrsteilnehmern und der Kartenausschnittsgröße auf die Simulationsgeschwindigkeit. Zur Analyse wird ein Desktop PC mit Intel E6750 (2,66 Ghz) Prozessor genutzt. In den folgenden Experimenten wird stets eine Verkehrszusammensetzung von 50 % Autos, 7,5 % Fahrrädern und 42,5 % Fußgängern verwendet.

Die in Abschnitt 7.6 beschriebenen Routingverfahren führen zu divergierenden Simulationsgeschwindigkeiten. Eine Verteilung des Verkehrs im Straßennetz bei gleichzeitiger Berücksichtigung individueller Start- und Zielpunkte wird nur dann erreicht, wenn während eines Simulationslaufes Routen unter Nutzung von aktuellen Reiseinformationen berechnet werden. Es wird daher in den folgenden Experimenten die auf Seite 113 besprochene Protokollierung von Reisedauern genutzt.

Abbildung 8.3 zeigt den Verlauf der Simulationsgeschwindigkeit in Relation zur Anzahl an simulierten Verkehrsteilnehmern in den Städten Erlensee (vgl. Abbildung 13.1 auf Seite 184) und Hanau (vgl. Abbildung 9.9 auf Seite 135). Es wurden hierfür initial a Verkehrsteilnehmer erstellt und nach einer Einschwingphase von 1.000 Iterationen für 4.000 Iterationen die Simulationsgeschwindigkeit gemessen. Anschließend wurde die Anzahl an Verkehrsteilnehmern je in Schritten von a erhöht und dieses Vorgehen wiederholt, bis eine Anzahl von 2.000 Verkehrsteilnehmern erreicht wurde. Das Verfahren wurde 100 mal wiederholt, um die Ergebnisse mitteln zu können. Für Erlensee wurde $a = 25$, für Hanau $a = 50$ verwendet.

Bei steigender Anzahl an Verkehrsteilnehmern führen die simulierten Agenten vermehrt Berechnungen durch, die durch das Vorhandensein anderer Agenten hervorgerufen werden (z.B. Überholmanöver). Bei hohen Verkehrsdichten entstehen Staus, die Umplanaktionen hervorrufen. Die Verkehrsdichte im Graphen hängt von der Anzahl an Verkehrsteilnehmern und der Gesamtlänge des Straßennetzes ab. Daher ist in der kleineren Stadt Erlensee ein steilerer Abfall der Simulationsgeschwindigkeit zu beobachten, als in der Stadt Hanau.

8.4 Skalierbarkeit

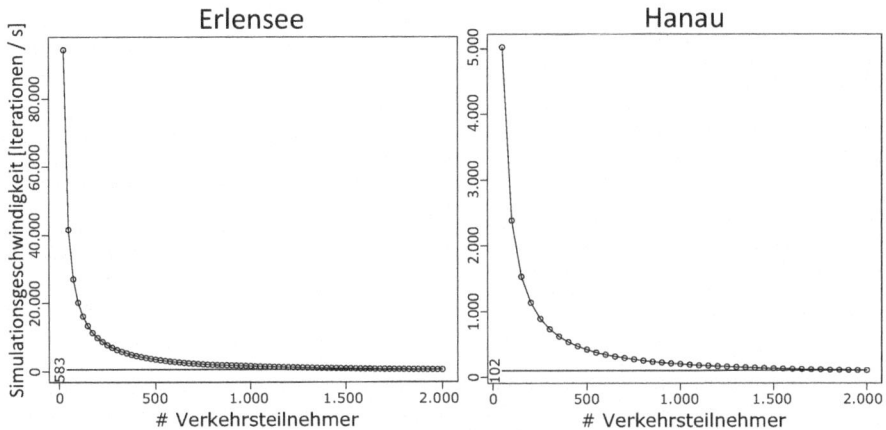

Abbildung 8.3: Simulationsgeschwindigkeitsskalierung nach Verkehrsmengen.

Zusätzlich werden die Interaktionen untersucht, die simulierte Autos im Experiment in der Stadt Erlensee mit anderen Verkehrsteilnehmern haben. Exemplarisch wurden folgende Ereignisse protokolliert:

Sicherheitsabstand gewahrt Wenn ein Auto einen Vordermann hat und auf diesen reagieren muss.

Prüfe Fahrradüberholung Wenn ein Auto ein Fahrrad überholen möchte und prüft, ob dies möglich ist.

Überhole Fahrrad Wenn ein Auto ein Fahrrad überholt.

Kann Kreuzung nicht Überqueren Wenn ein Auto eine Kreuzung nicht überqueren konnte. Dies tritt ein, wenn ein vorfahrtsberechtigter anderer Verkehrsteilnehmer, eine rote Ampel oder ein Fußgänger auf einem Überweg die Überquerung einer Kreuzung verhinderte.

Hat umgeplant Wenn ein Auto seine Route verändert hat, um Behinderungen zu umgehen. Dies können geänderte Ankunftszeitschätzungen auf der aktuellen Route oder ein Stau an einer Kreuzung sein, der die Wahl einer anderen Abbiegerichtung hervorrief.

Der Simulationsablauf ist identisch zum vorherigen Experiment. Die Verläufe in Abbildung 8.4 sind prozentual nach dem Anteil der Autos skaliert, die bei der jeweiligen Verkehrsmenge die aufgelisteten Ereignisse durchschnittlich pro Iteration hervorriefen. Jeder Messwert ist ein Mittelwert aus 100

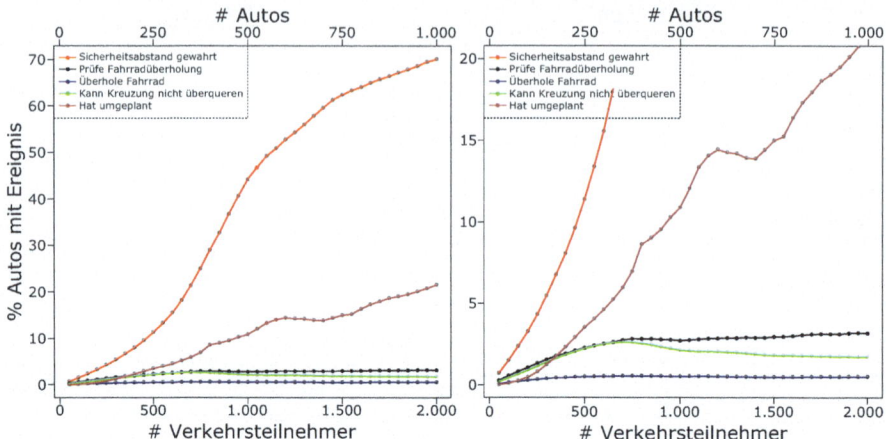

Abbildung 8.4: Menge an Interaktionen von Autos mit anderen Verkehrsteilnehmern.

Simulationsläufen. Im rechten Teil der Abbildung wird ein Ausschnitt des linken Graphen gezeigt.

Es ist zu erkennen, dass bei 2.000 Verkehrsteilnehmern ca. 70 % der Autos einen Vordermann auf ihrer Straße haben, zu dem sie einen Sicherheitsabstand wahren müssen. Die Anzahl an Umplanmanöver, bei denen Autos neue Routen zu ihren Zielpositionen berechnen, nimmt ebenfalls stark zu. Die Verläufe der weiteren drei protokollierten Ereignisse lassen sich im vergrößerten Ausschnitt der Ergebnisse analysieren.

Die Anteile an Autos, die Überholmanöver an Fahrrädern überprüfen stagniert bei ca. 3,15 %. Tatsächlich überholen durchschnittlich jedoch nur ca. 0,55 % der Autos pro Iteration. Diese starke Diskrepanz deutet darauf hin, dass Überholmanöver aufgrund geringer Straßenbreiten und vorhandenem Gegenverkehr oftmals nicht möglich sind. Die Menge an Kreuzungsüberquerungen, die nicht möglich waren, steigt zunächst durch Zunahme an Verkehr. Bei hohen Verkehrsdichten geht diese Kenngröße jedoch zurück, was auf Staus hindeutet.

Abbildung 8.4 zeigt exemplarisch mit fixer prozentualer Verkehrsmittelwahl anhand von Simulationsergebnissen in einem Graphen der Stadt Erlensee, dass eine hohe Verkehrsdichte zu vermehrten Wechselwirkungen zwischen simulierten Verkehrsteilnehmern führt. Hieraus resultieren zusätzliche Berechnungen. Das aufwendigste betrachtete Verfahren ist hierbei die

8.4 Skalierbarkeit

Tabelle 8.1: Kenngrößen der Simulationsgraphen für Skalierungstests. Variierende Mengen an NIs und EIs im Vergleich zu anderen Angaben in dieser Arbeit resultieren aus dem Stand des Kartenmaterials und des Verfahrens der Grapherstellung.

Stadt	# NIs	# EIs	Gesamtlänge [km]
Erlensee	747	970	142
Hanau	4.300	5.844	548
Koblenz	8.098	10.547	717
Frankfurt und Umgebung	52.852	66.205	6.316

Möglichkeit des Umplanens. Die gezeigten Ergebnisse decken sich mit den Beobachtungen aus Abbildung 8.3.

Der grundlegende Verlauf beider Graphen in Abbildung 8.3 ist vergleichbar. Der größere Simulationsgraph der Stadt Hanau führt jedoch zu geringeren Simulationsgeschwindigkeiten. In einem weiteren Experiment wird daher der Einfluss der Kartenausschnittsgröße anhand der soeben verwendeten Graphen der Städte Erlensee, Hanau, sowie Koblenz[1] und der Umgebung Frankfurt am Mains (vgl. Abbildung 15.1 auf Seite 206) untersucht. Tabelle 8.1 listet Kenngrößen der Simulationsgraphen auf.

Gegenläufige Kenngrößen sind hierbei die Anzahl an NIs und die Gesamtstraßenlänge. Je mehr NIs im Graphen enthalten sind, desto aufwendiger wird eine Routenbestimmung. Je mehr Gesamtkilometer das modellierte Straßennetz umfasst, desto weniger Wechselwirkungen zwischen den simulierten Verkehrsteilnehmern treten auf. Im Experiment wird die Anzahl an Verkehrsteilnehmern konstant auf 1.000 gehalten. Sobald ein Verkehrsteilnehmer sein Ziel erreicht hat, wird ein neuer erstellt. Zur Mittelung der Ergebnisse wurden ebenfalls 100 Simulationsläufe durchgeführt. Nach einer Einschwingphase von 5.000 Iterationen beginnt eine Messphase mit einer Länge von 20.000 Iterationen. Abbildung 8.5 zeigt den Vergleich der gemessenen Simulationsgeschwindigkeiten.

Es ist zu erkennen, dass die Simulationsgeschwindigkeit bei konstanter Anzahl an Verkehrsteilnehmern durch Vergrößerung des Simulationsgraphen sinkt. Dies war zu erwarten und ist vorwiegend auf den vermehrten Aufwand bei der Routenbestimmung zurückzuführen. Bei Simulationen mit realistischen Quelle-Ziel-Informationen ist zu erwarten, dass dieser Effekt geringer ausfällt, da nahe beieinanderliegende Areale größere Verkehrsnachfragen erzeugen.

---

[1] Grenzen in WGS84: [6.49 : 8.44, 49.24 : 50.78]

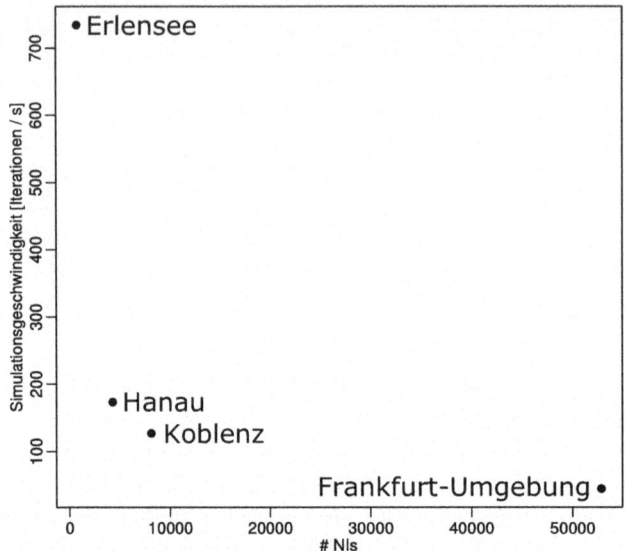

Abbildung 8.5: Skalierung der Simulationsgeschwindigkeits in Abhängigkeit zur Graphgröße.

In Simulationsstudien beeinflussen weitere Faktoren - z.B. Messmodule oder die Anzahl an Ampeln - zusätzlich die Simulationsgeschwindigkeit.

9 Evaluierung der Verkehrsmodelle

Dieser Abschnitt evaluiert die in Kapitel 7 entwickelten Simulationsmodelle. In Abschnitt 9.1 wird eine kurze Einführung in die Modellkalibrierung gegeben. Abschnitt 9.2 zeigt die Plausibilität des Automodells. In Abschnitt 9.3 wird das Fahrradmodell diskutiert. Abschnitt 9.4 evaluiert das Fußgängermodell. Abschließend gibt Abschnitt 9.5 eine kurze Zusammenfassung.

9.1 Modellkalibrierung

Um ein Simulationsmodell als Vorhersagewerkzeug nutzen zu können, muss es auf die Gegebenheiten der zu simulierenden Umgebung und Zeit (Tageszeit, Wochentag) kalibriert werden. Die Modellkalibrierung geschieht auf unterschiedlichen Ebenen (Tabelle 9.1).

Es können verschiedene Messwerte der Simulation zur Kalibrierung genutzt werden. Die folgende Auflistung gibt einen groben Überblick. In einer Studie kann jeder einzelne Punkt verfeinert und weiter differenziert werden. Die Varianzen aller Durchschnittswerte können ebenfalls von Bedeutung sein.

- Durchschnittliche Geschwindigkeit auf Straßenabschnitt

Tabelle 9.1: Modellkalibrierungsebenen

Ebene	Parameter	Quelle	Anpassungen
Straßengraph	Straßengeometrie	OSM	-
	Straßentypen	OSM	-
	v_{max}	OSM	Erg. / Korr.
	Spuren	OSM	Erg. / Korr.
	Ampeln	OSM	Signalpläne
Simulationsmodell	Fluss-Dichte-Relation	Zählung	Kalibrierung
Routing	Abbiegewsk.	Zählung	-
	Flussdaten	Zählung	Kalibrierung
	Quelle-Ziel-Informationen	Zählung	-

- Durchschnittliche Reisezeit zwischen zwei Punkten
- Verkehrsfluss an Messpunkt
- Verkehrsdichte auf Streckenabschnitt
- Durchschnittlicher Benzinverbrauch und Schadstoffausstoß
- Unfallanzahl

Bei Kalibrierungsprozessen im Verkehrssimulationsbereich tritt das Problem auf, dass wenige Messdaten vorhanden sind, die zur Kalibrierung genutzt werden können. Expertenwissen wird benötigt, um zu entscheiden, welche Abweichung zwischen Messdaten und Simulationsergebnissen als kalibriert akzeptiert werden [Hellinga, 1998]. Die Kalibrierung des Modells geschieht Ebene für Ebene. Nach jedem Kalibrierungsschritt werden die Simulationsergebnisse mit Messdaten verglichen und entschieden, ob weitere Anpassungen am Modell vorgenommen werden müssen. Im Folgenden werden die verschiedenen Kalibrierungsebenen betrachtet.

Die Ebene des Straßengraphen wird im vorgestellten Konzept nahezu vollautomatisch kalibriert. Es werden Straßenkarten von OSM genutzt und analysiert. Ergänzungen und Korrekturen sind nur dann notwendig, wenn die Daten von OSM unvollständig oder fehlerhaft sind. Oftmals fehlen beispielsweise die Positionen von Ampeln und Zebrastreifen und Geschwindigkeitsangaben sind nicht vorhanden.

Die Kalibrierung des Simulationsmodells muss auf das Fahrverhalten der Verkehrsteilnehmer im Bereich des Straßengraphen geschehen. Eine wesentliche Ebene der Kalibrierung ist die Routenbestimmung. Eine einfache Methode ist, morgens Wohngebiete als Start- und Industriegebiete als Zielareale zu deklarieren. Es würde ein einfacher Berufsverkehr entstehen. Diese Methode ist jedoch zu einfach, da nicht verzeichnet wird, auf welche Industriegebiete sich die simulierten Verkehrsteilnehmer eines Wohngebietes verteilen. Es helfen Quelle-Ziel-Matrizen (QZM_{ij}), die jedem Quellareal i für jedes Zielareal j die Anzahl der Verkehrsteilnehmer zuweisen, die sich von i nach j bewegen. Die Bestimmung der QZM kann durch Bevölkerungsbefragungen, Straßenverkehrszählungen, Mikrozensusdaten oder Aggregierung aus Detektordaten geschehen. Tagesabläufe können über QZM_{ij}^{t} simuliert werden, die die Anzahl der Verkehrsteilnehmer verzeichnen, die sich zum Zeitpunkt t von i nach j bewegen. Hierbei werden aggregierte Daten über Zeitabschnitte verwendet. Teilweise wird als weiterer Parameter der Verkehrsteilnehmertyp hinzugezogen. Einen Überblick über die Aggregierung von QZM geben [Hellinga, 1994] und [Steierwald et al., 2005].

Die Kalibrierung mittels QZM ist für ein konkretes Szenario notwendig, um realistische Verkehrsaufkommen zu erhalten. Um das Verkehrssimulationssystem MAINSIM an sich zu kalibrieren, müssen die mikroskopischen Verkehrsmodelle untersucht werden. Das Automodell muss grundlegende Diagramme der Verkehrsforschung reproduzieren können. Das Fahrradmodell muss aus Mangel an Vergleichsdaten auf Plausibilität geprüft werden. Ein Vergleich von Messdaten des Fußgängermodells mit der betrachteten Literatur muss die Reproduzierbarkeit gewünschter Eigenschaften zeigen.

Nachdem das Simulationssystem kalibriert wurde, kann es genutzt werden, um Wirkungen beeinflussender Aktionen vorherzusagen oder Kenngrößen zu extrahieren, die nicht unmittelbar durch den Kalibrierungsprozess bestimmt werden. Es könnte beispielsweise versucht werden, den durchschnittlichen Benzinverbrauch zu senken und gleichzeitig den Verkehrsfluss zu erhöhen.

9.2 Automodell

Die Evaluierung des mikroskopischen Automodells wird in die Abschnitte „Autobahn- und Landstraßenverkehr" (Abschnitt 9.2.1), sowie „Innerstädtischer Verkehr" (Abschnitt 9.2.2) unterteilt, da in den jeweiligen Abschnitten unterschiedliche Charakteristika bestehen. Abschnitt 9.2.3 führt eine kurze Vergleichsstudie zu verschiedenen Routingverfahren durch.

9.2.1 Autobahn- und Landstraßenverkehr

Verkehrsmodelle für Autobahn- und Landstraßenszenarien werden überwiegend an ihren makroskopischen Kenngrößen gemessen. Dies resultiert aus der Tatsache, dass makroskopische Vergleichswerte von realen Messungen verfügbar sind und die meisten mikroskopischen Verkehrsmodelle nicht das Ziel haben, durchgehend realistisches Verhalten zu beschreiben, sondern in der Summe ein stimmiges Bild zu erzeugen.

Zur Evaluierung des im Rahmen dieser Arbeit entwickelten Automodells wird ein Graph verwendet, der aus zwei EIs mit Länge 25.000 m besteht, die mit zwei NIs verbunden sind. Der Graph modelliert einen Kreisverkehr mit 50 km Länge. Es entstehen somit periodische Randbedingungen. Dies entspricht dem Standardvorgehen zur Ermittlung anerkannter Kenngrößen. Eine $NI_f \in NIs$ wird zur Ermittlung des Verkehrsflusses verwendet. Immer wenn ein Auto NI_f passiert, wird ein Zähler inkrementiert. Es werden unabhängige Simulationsläufe mit steigender Anzahl an Autos durchgeführt. Zu Beginn eines Simulationslaufes werden die zu simulierenden Autos auf zufällige Po-

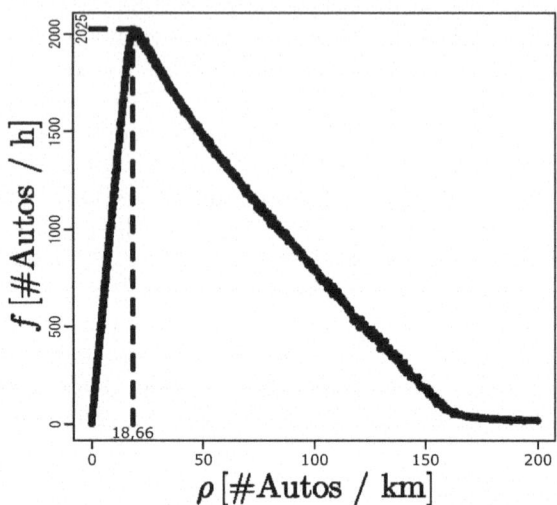

Abbildung 9.1: Fundamentaldiagramm für das entwickelte Automodell auf einspuriger Straße ohne Geschwindigkeitsbegrenzung. Zusammenhang zwischen Verkehrsdichte ρ und Verkehrsfluss f.

sitionen des Simulationsgraphen platziert. Nach einer Einschwingphase von 1.000 Iterationen beginnen die Messungen der zur Auswertung benötigten Kenngrößen. Nach weiteren 10.000 Iterationen werden gemittelte Ergebnisse für diesen Simulationslauf abgespeichert und der nächste Simulationslauf wird gestartet.

Das identische Vorgehen wird zuerst für eine einspurige Straße und anschließend für eine zweispurige Straße durchgeführt.

Einspuriger Verkehr

In der Vergangenheit hat sich das Fundamentaldiagramm des Verkehrsflusses als wichtige Kenngröße für die Plausibilität eines Verkehrsmodells etabliert. Bereits in [Greenberg, 1959] wird das Diagramm grundlegend beschrieben und einige Jahre später als *Fundamentaldiagramm* bezeichnet [Haight, 1963, Pipes, 1967]. Auf einer leeren einspurigen Straße wird die Verkehrsdichte immer weiter erhöht, bis die Straße vollkommen mit Autos belegt ist. Für jede Verkehrsdichte wird der Verkehrsfluss ermittelt. Abbildung 9.1 zeigt das Fundamentaldiagramm des im Rahmen dieser Arbeit entwickelten Modells.

9.2 Automodell

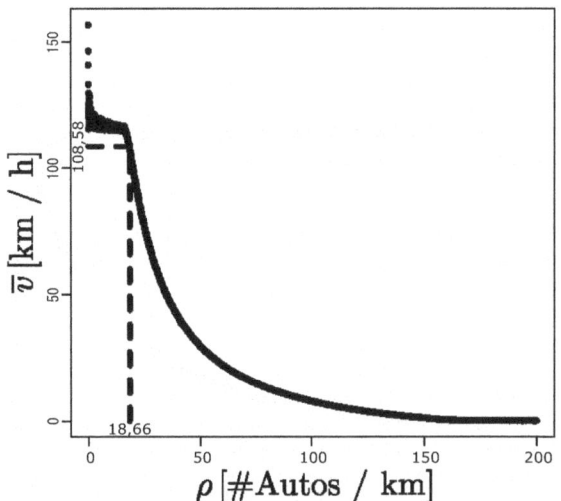

Abbildung 9.2: Zusammenhang zwischen Verkehrsdichte ρ und mittlerer Geschwindigkeit $\overline{v}$ auf einer einspurigen Straße ohne Geschwindigkeitsbegrenzungen.

Das gezeigte Diagramm deckt sich mit den in Feldstudien ermittelten Fluss-Dichte-Diagrammen[1]. Der Verkehrsfluss f auf der Straße steigt bis zu einer Verkehrsdichte von $\rho \approx 18,66$ #Autos / km an. Das Maximum von f beschreibt die Verkehrsdichte, ab der die Autos auf der Straße beginnen, sich so stark gegenseitig zu behindern, dass f zu sinken beginnt. Dieses Phänomen resultiert aus den einzuhaltenden Sicherheitsabständen und trödelnden Autos. Der Fluss f sinkt bei steigender Dichte ρ bis zum Nullpunkt, da sich bei vollständiger Auslastung einer Straße kein Auto mehr bewegen kann.

Abbildung 9.2 zeigt den Zusammenhang zwischen ρ und der mittleren Geschwindigkeit $\overline{v}$, die die simulierten Autos fahren. Es ist wie in Abbildung 9.1 die Stelle markiert, an der $\rho \approx 18,66$ ist. Es zeigt sich, dass bei dieser Verkehrsdichte die Werte von $\overline{v}$ bereits geringer als das Maximum sind. Auf einer einspurigen Straße wird $\overline{v}$ durch die Geschwindigkeit des langsamsten Autos dominiert, da keine Überholmöglichkeiten bestehen. Die Werte von $\overline{v}$ sinken daher bereits bei geringen Verkehrsdichten $\overline{v} \approx 120$ km/h.

Abbildung 9.3 zeigt den Zusammenhang zwischen f und $\overline{v}$. Die Verkehrsdichte ρ wird nicht explizit aufgetragen, führt jedoch zu den Funktionswerten

---
[1] vgl. [Emmerich und Rank, 1997, Nagel et al., 1998, Mahnke et al., 2008] uvm.; siehe auch Abbildung 2.1 auf Seite 11.

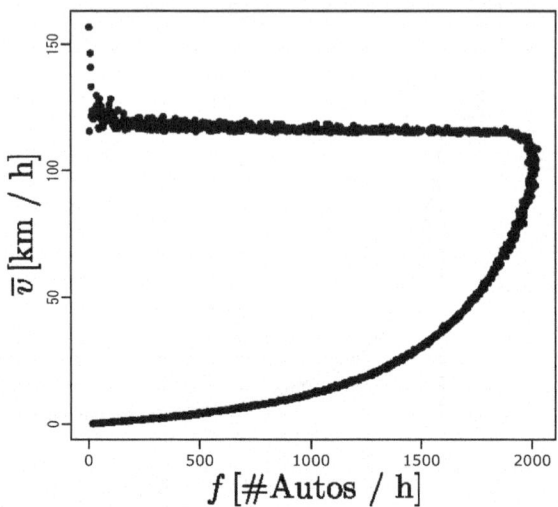

Abbildung 9.3: Zusammenhang zwischen Verkehrsfluss f und mittlerer Geschwindigkeit $\bar{v}$ auf einer einspurigen Straße ohne Geschwindigkeitsbegrenzungen.

im Diagramm. Bei sehr niedrigem Verkehrsfluss können die wenigen Autos, die den Messpunkt für f passieren mit großen $\bar{v}$ fahren. Bei steigendem ρ sinkt $\bar{v}$ auf $\bar{v} \approx 120$ km/h und bricht beim maximalen f ein. Die sinkenden Werte von f werden durch sinkendes $\bar{v}$ bedingt.

Die gezeigten Abbildungen 9.1 bis 9.3 verdeutlichen, dass das entwickelte Automodell auf einer einspurigen Straße ohne Geschwindigkeitsbegrenzungen makroskopische Messgrößen korrekt abbilden kann. Ein mikroskopisches Verkehrsmodell muss zusätzlich einen *Stau aus dem Nichts* entstehen lassen können. Es handelt sich hierbei um ein gut untersuchtes Verkehrsphänomen [Sugiyama et al., 2008]. Wenn innerhalb einer Kolonne eine situationsabhängige Verkehrsdichte überschritten ist, kann eine kleine Störung genügen, um eine deutlich messbare Störung hervorzurufen. Es genügt beispielsweise eine Engstelle oder ein trödelndes Fahrzeug. Durch Schätzfehler der hinterherfahrenden Fahrzeuge, in diesem Fall übermäßiges Bremsen, schaukelt sich die Störung immer weiter hoch. Dies bedeutet auch, dass der Stau nicht für das Fahrzeug spürbar ist, das den Stau ausgelöst hat[2]. Der Stau aus dem Nichts

---

[2]Der scherzhafte Spruch „Stau is nur hinne blöd, vorne gehts!" bewahrheitet sich somit.

9.2 Automodell

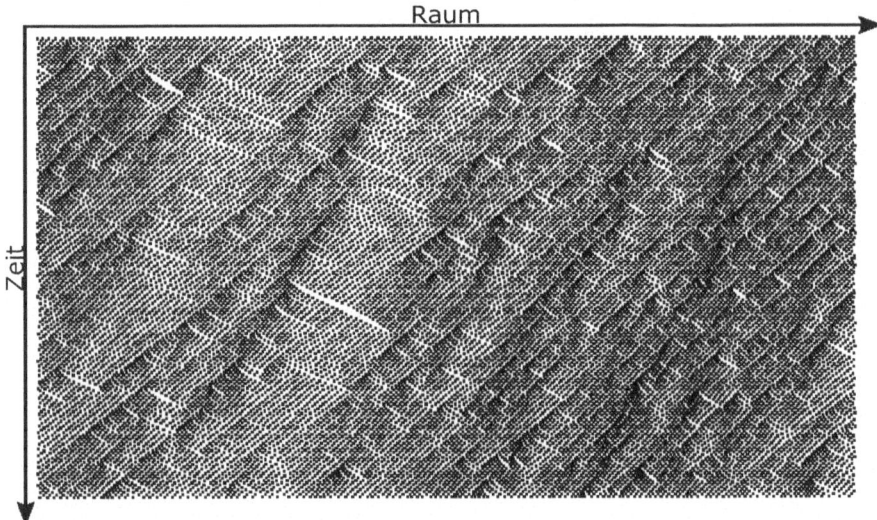

Abbildung 9.4: Raum-Zeit-Diagramm einspurig

konnte erstmals durch das in Abschnitt 3.1.2 beschriebene NSM reproduziert werden und entsteht auch in dem in dieser Arbeit entwickelten Modell.
Zur Veranschaulichung dient das in Abbildung 9.4 gezeigte Raum-Zeit-Diagramm. Jeder Punkt im Diagramm zeigt zu einem Zeitpunkt die Position eines Fahrzeuges auf der Straße. Von oben nach unten gelesen, fahren die Fahrzeuge von links nach rechts. Es sind deutlich Stauwellen erkennbar. Auf der Straße existierten keine Hindernisse. Die Störungen entstanden durch Trödeln. Stauwellen breiten sich entgegen der Fahrtrichtung aus.

Mehrspuriger Verkehr

Ohne Beschränkung der Allgemeinheit wird mehrpsuriger Autobahnverkehr exemplarisch an zweispurigem Autobahnverkehr evaluiert.
Abbildung 9.5 zeigt das Fundamentaldiagramm für zweispurigen Verkehr. Der maximale Verkehrsfluss hat sich gegenüber Abbildung 9.1 ca. verdoppelt. Der grundlegende Verlauf der Funktion ist identisch zur einspurigen Variante. Dies deckt sich mit in der Literatur gezeigten Diagrammen (vgl. [Nagel et al., 1998]).
Abbildung 9.6 visualisiert die Zusammenhänge zwischen ρ und $\overline{v}$, sowie f und $\overline{v}$. Es zeigt sich, dass gegenüber den Abbildungen 9.2 und 9.3 in Bereichen

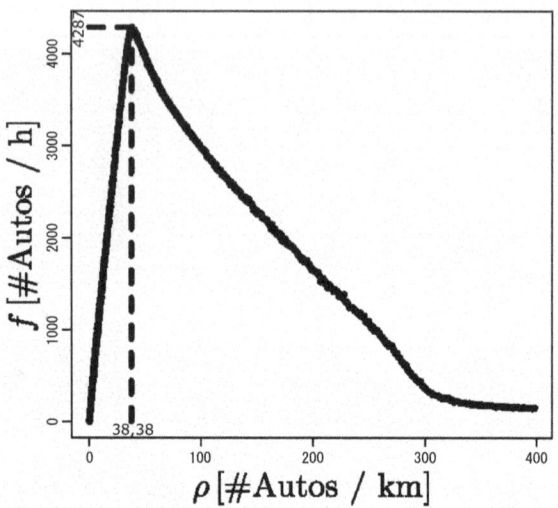

Abbildung 9.5: Fundamentaldiagramm für das entwickelte Simulationsmodell auf einer zweispurigen Straße ohne Geschwindigkeitsbegrenzung. Zusammenhang zwischen Verkehrsdichte ρ und Verkehrsfluss f.

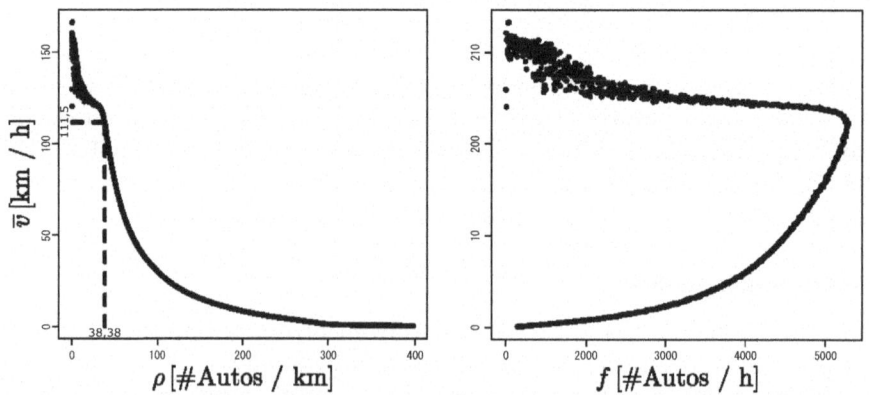

Abbildung 9.6: Zusammenhang zwischen Dichte ρ und mittlerer Geschwindigkeit $\bar{v}$, sowie Fluss f und $\bar{v}$ auf einer zweispurigen Straße.

9.2 Automodell

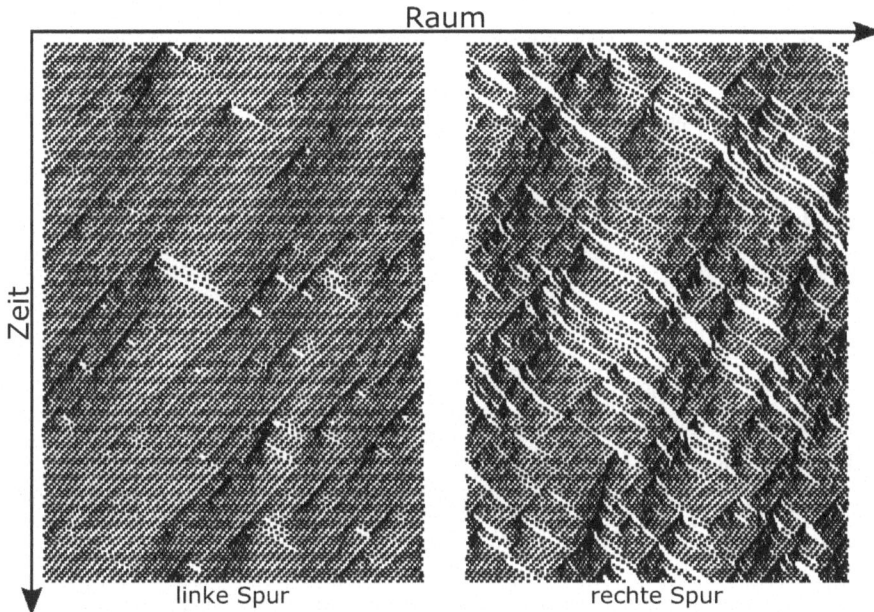

Abbildung 9.7: Raum-Zeit-Diagramm zweispurig

niedriger ρ höhere $\bar{v}$ erreicht werden, da langsame Autos nun überholt werden können. Dieser Trend setzt sich über den gesamten Dichteverlauf fort.

Abbildung 9.7 zeigt einen Ausschnitt mittlerer Verkehrsdichte, bei der die rechte Spur ein höheres Verkehrsaufkommen und stärkere Störungen in Form von Stauwellen verzeichnet.

9.2.2 Innerstädtischer Verkehr

Die fundamentalen Zusammenhänge zwischen ρ und f bzw. $\bar{v}$ gelten auch im urbanen Bereich. Sie sind jedoch weniger gut untersucht, da Messungen in diesem Zusammenhang komplexer ausfallen, als auf Autobahnen und Landstraßen. In jüngerer Zeit wurden Untersuchungen in San Francisco und Yokohama durchgeführt, aus deren Ergebnissen Diagramme analog zu den im vorherigen Abschnitt vorgestellten Diagrammen für ρ und $\bar{v}$ ermittelt werden konnten [Daganzo und Geroliminis, 2008].

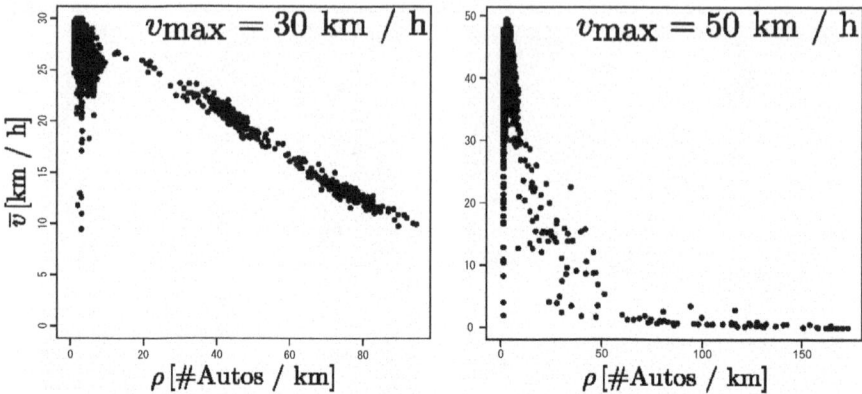

Abbildung 9.8: Zusammenhang zwischen Dichte ρ und mittlerer Geschwindigkeit $\bar{v}$ für urbane Szenarien unter Betrachtung von EIs mit typischen v_{max}.

Abbildung 9.8 zeigt ρ-$\bar{v}$-Diagramme für Straßen mit Maximalgeschwindigkeit $v_{max} = 30$ km/h, bzw. $v_{max} = 50$ km/h. Hierfür wurde der in Abbildung 9.9 gezeigte OSM-Ausschnitt der Stadt Hanau[3] verwendet.

Die gezeigten Ergebnisse wurden über jeweils 100 Simulationsläufe mit jeweils 5 Messintervallen à 2.000 Iterationen für je 15 betrachtete Straßen ermittelt. Die durchschnittlichen Geschwindigkeiten der Autos auf den jeweiligen Straßen und die dazugehörigen Verkehrsdichten wurden über die Messintervalle gemittelt. Um repräsentative Ergebnisse erzielen zu können, wurden zur Messung Straßen verwendet, die die für das jeweilige Diagramm vorgesehene Maximalgeschwindigkeit vorgeben. Es wurden ausschließlich Straßen mit einer Länge über 300 m betrachtet, die für Autos freigegeben sind. Die Auswahl von 15 Straßen aus der Gruppe mit den beschriebenen Eigenschaften geschah für jeden Simulationslauf zufällig. Somit wird ein Querschnitt über die in der Stadt vorhanden Straßen betrachtet, da die Werte der makroskopischen Kenngrößen für unterschiedliche Straßen in urbanen Szenarien variieren [Geroliminis und Sun, 2011]. Dies resultiert aus der weitaus größeren Menge an Einflussfaktoren auf urbanen Verkehr im Vergleich zu außerstädtischem Verkehr.

Die ermittelten Diagramme decken sich in ihrem Verlauf mit den in der Literatur gezeigten [Geroliminis, 2008, Helbing, 2009]. Dieses Ergebnis zeigt,

---

[3]Grenzen in WGS84: [8.71 : 9.15, 49.97 : 50.19]

9.2 Automodell

Abbildung 9.9: Visualisierung des Kartenausschnitts der Stadt Hanau. Gesamtlänge der Straßen: 548 km, Anzahl EIs: 5400, Anzahl NIs: 3878.

dass das entwickelte Modell grundlegend funktioniert. Das Fundamentaldiagramm für urbanen Verkehr wird in der Realität durch parkende Autos, Fahrräder, Fußgänger, Straßenbahnen und andere Faktoren beeinflusst. Es ist anzunehmen, dass es daher von Ort zu Ort variiert und lediglich als grobe Richtlinie bei der Evaluierung eines Verkehrsmodells zu sehen ist.

In einem weiteren Simulationslauf mit 1095 Verkehrsteilnehmern (50 % Autos, 25 % Fahrräder, 25 % Fußgänger) wurde im selben Kartenausschnitt nach einer Einschwingphase von 10.000 Iterationen protokolliert, welche Beschleunigungen die simulierten Pkw erbrachten. Es wurden 10^6 Beschleunigungen protokolliert. Abbildung 9.10 zeigt das Ergebnis.

Es ist zu sehen, dass starke Beschleunigungen die Ausnahme sind. In der Literatur werden verschiedene Beschleunigungsgrößen diskutiert. In [Kesting und Treiber, 2008] wird das *IDM* auf reale Messdaten kalibriert. In mehreren Evaluationsläufen werden Beschleunigungswerte zwischen $a = 1,00$ m/s^2 und $1,52$ m/s^2 ermittelt. Für urbane Szenarien wird in [Wang und Liu, 2005] ein ZA-Modell mit konstant $a = 1,00$ m/s^2 betrieben. Das ursprüngliche NSM für Autobahnverkehr lässt Autos mit $a = 7,50$ m/s^2 beschleunigen [Wahle et al., 2002]. Insgesamt erscheinen die Beschleunigungswerte aus Abbildung 9.10 plausibel.

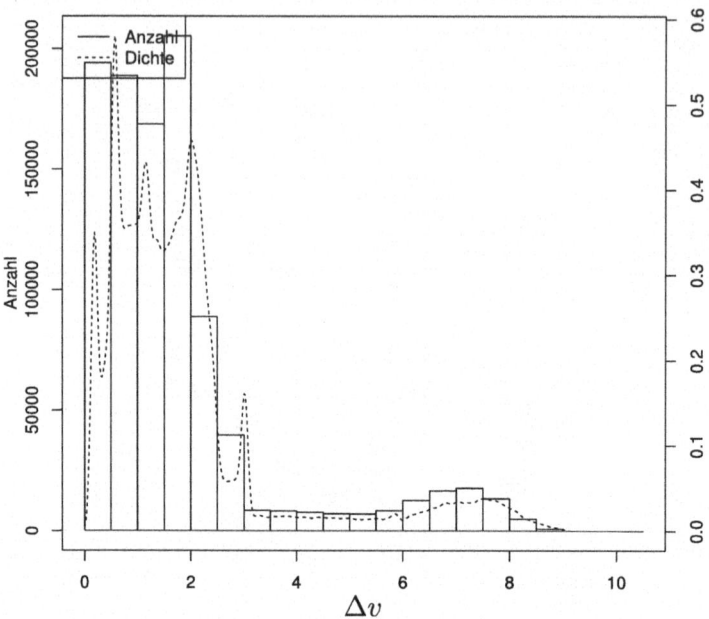

Abbildung 9.10: Beschleunigungsverhalten von Pkw. Angaben in m/s^2.

9.2.3 Vergleich von Routingverfahren

Dieser Abschnitt untersucht in einem einfachen Experiment, wie sich der Verkehr im Straßengraphen verteilt, wenn unterschiedliche Routingverfahren eingesetzt werden. Es werden konstant 400 Autos simuliert. Start- und Zielpositionen werden zufällig bestimmt. Nach einer Einschwingphase von 10 Stunden folgt eine Messphase von 8 Stunden Simulationszeit. Jede EI des *ExtendedGraph* erhält einen Zähler, der mit 0 initialisiert wird. In der Messphase wird nach jeder Iteration für jedes simulierte Auto der Zähler der EI, auf der sich das Auto derzeit befindet, inkrementiert. Abschließend werden die Zählerstände in einem Kartenlayer visualisiert.

Abbildung 9.11 zeigt die Ergebnisse. Es werden die in Abschnitt 7.6 beschriebenen Routingverfahren der vorberechneten Routen (Teil (a)), des probabilistischem Routings (Teil (b)), sowie einer Verteilung von 50 % vorberechneter und 50 % probabilistischer Routen (Teil (c)) verglichen. Zusätzlich wird in Teil (d) das Routingverfahren mittels A*-Algorithmus unter Verwendung von Reisedauerinformationen der jeweiligen EIs dargestellt.

9.2 Automodell

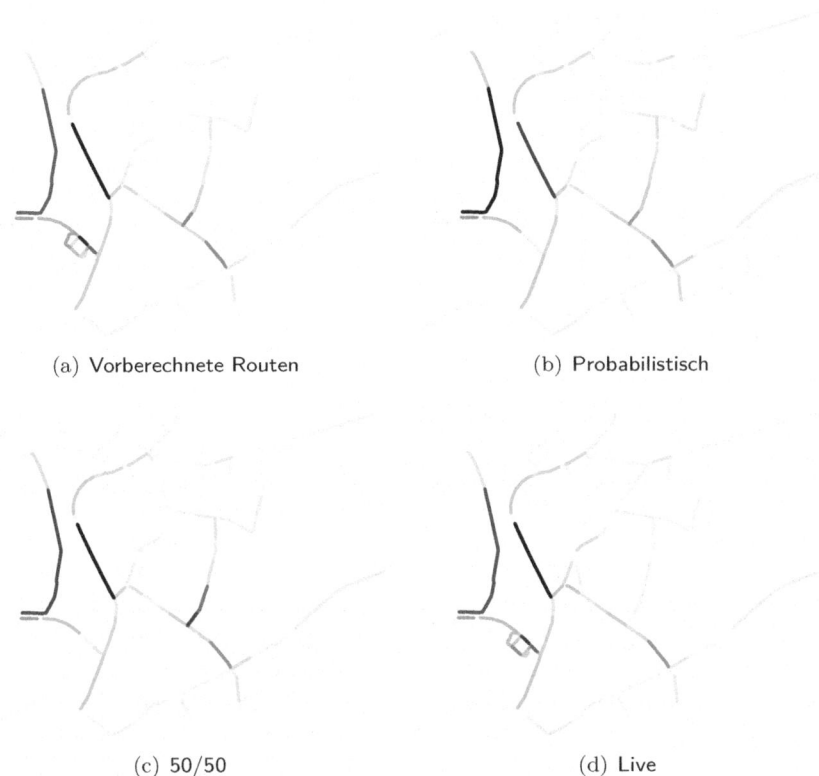

(a) Vorberechnete Routen (b) Probabilistisch

(c) 50/50 (d) Live

Abbildung 9.11: Vergleich der Straßennutzungshäufigkeiten bei unterschiedlichen Routingverfahren im Straßengraph der Stadt Erlensee. Verlauf der Kantennutzungshäufigkeit von sehr selten (weiß) bis sehr häufig (schwarz).

Aus Abbildung 9.11 kann nicht gelesen werden, welches der Verfahren am realistischsten ist. Ziel der Abbildung ist aufzuzeigen, wie sich der Verkehr verteilt. Zur Abbildung realen Verkehrs müssen live berechnete Routen verwendet werden, damit Änderungen in der Verkehrslage berücksichtigt werden können. Zur Untersuchung von Fragestellungen wie z.B. der Bestimmung des Einflusses von Fußgängern auf den Straßenverkehr, bieten sich jedoch auch die vorberechneten Routingverfahren an.

9.2.4 Zusammenfassung

Es wurde gezeigt, dass das entwickelte Automodell makroskopische Kenngrößen adäquat wiedergibt und einen Stau aus dem Nichts entstehen lassen kann. Auch in urbanen Szenarien konnten makroskopische Kenngrößen im Vergleich zu realen Messdaten realistische Werte reproduzieren.

Der Sicherheitsabstand wird in Gleichung 7.4 auf 1,33 s gesetzt und entspricht somit nicht dem „halben Tachoabstand". In Anhang B wird untersucht, wie sich ein größerer Sicherheitsabstand auf die gemessenen makroskopischen Kenngrößen auswirken würde.

Für wechselnde Straßenbeschaffenheiten, Witterungsbedingungen oder lokale Auto- bzw. Fahrereigenschaften sind Schwankungen in den gezeigten Diagrammen zu erwarten. Abbildung 9.1 gibt nahezu exakt die Messdaten von [Hall et al., 1986] wieder (vgl. Abbildung 2.1 auf Seite 11). Entscheidend ist jedoch die Übereinstimmung des Funktionsverlaufs mit Referenzdiagrammen. Dies gilt für alle in diesem Abschnitt diskutierten Diagramme.

Hieraus wird gefolgert, dass die grundlegenden Wirkungszusammenhänge zwischen den simulierten Fahrzeugen abgebildet werden können und somit das entwickelte Modell plausibel ist. Zur Simulation eines konkreten Szenarios müssen verschiedene Parameter - z.B. Sicherheitsabstand, Beschleunigung, $\perp$ und Lückenakzeptanz - an Messdaten angepasst werden.

In weiteren Untersuchungen muss der Einfluss anderer Verkehrsteilnehmertypen auf den urbanen Verkehr untersucht werden. Der nächste Abschnitt 9.3 untersucht daher das im Rahmen dieser Arbeit entwickelte Fahrradmodell.

9.3 Fahrrad

Das Fahrradmodell wird auf Fahrradgeschwindigkeiten (Unterabschnitt 9.3.1) und den Einfluss auf den Autoverkehr (Unterabschnitt 9.3.2) untersucht.

9.3.1 Fahrradgeschwindigkeiten

Zur Simulation wurde analog zur Analyse innerstädtischen Autoverkehrs der in Abbildung 9.9 auf Seite 135 gezeigte Kartenausschnitt der Stadt Hanau verwendet. Nach einer Einschwingdauer von 2.500 Iterationen begann eine Messdauer von 100.000 Iterationen unter Simulation von 1.500 Verkehrsteilnehmern mit der Zusammensetzung 50 % Autos, 15 % Fahrräder, 35 % Fußgänger.

Während der Messphase wird in jedem Simulationsschritt von jedem fahrenden ($v > 0$ km/h) Fahrrad die Geschwindigkeit protokolliert. Die

9.3 Fahrrad

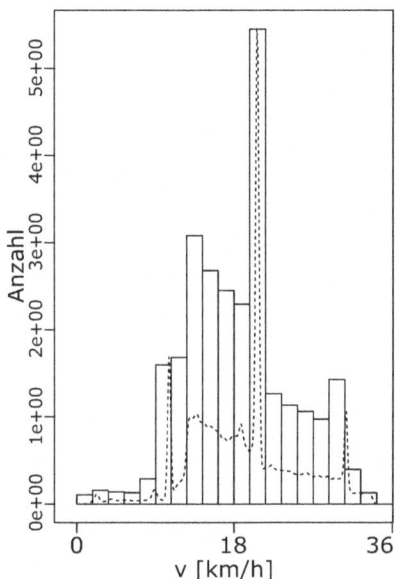

Abbildung 9.12: Fahrradgeschwindigkeiten

Verteilung der Geschwindigkeiten gibt Aufschluss über die Plausibilität des Fahrradverhaltens. Abbildung 9.12 zeigt die Ergebnisse.

Der Mittelwert der Geschwindigkeiten liegt bei $\approx 18,46$ km/h, der Median bei $\approx 18,60$ km/h. Es ist zu berücksichtigen, dass auch die geringen Geschwindigkeiten beim Anfahren oder Anhalten protokolliert wurden. Die maximalen Geschwindigkeiten liegen bei ca. 33 km/h. Diese Werte erscheinen realistisch und decken sich mit dem in Abschnitt 7.2 definierten Bereich. Die gefahrenen Geschwindigkeiten verteilen sich hauptsächlich um ca. 20 km/h herum.

9.3.2 Einfluss auf den Autoverkehr

Dieser Unterabschnitt untersucht die These, dass Interaktionen mit Fahrrädern zu längeren Reisedauern für Autos führen. Hierfür werden 2.000 Verkehrsteilnehmer (95 % Autos und 5 % Fußgänger) auf dem in Abbildung 9.9 gezeigten Kartenausschnitt initialisiert. Nach einer Einschwingdauer von 1.000 Iterationen wird über 10.000 Iterationen die Reisedauer der Autos gemessen, die ihre Fahrt beendet haben. Während der Simulation werden

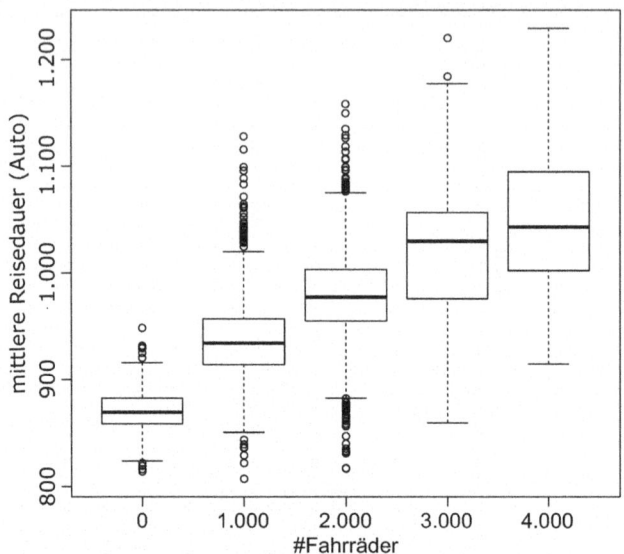

Abbildung 9.13: Fahrradeinfluss auf den Straßenverkehr

von allen initialisierten Verkehrsteilnehmern Klone in eine Liste eingefügt, die jeder Iteration eine Menge an zu initialisierenden Autos und Fußgängern zuweist.

Anschließend wird die Simulation zurückgesetzt und erneut gestartet. In jeder Iteration werden die Klone der Verkehrsteilnehmer des vorherigen Simulationslaufs initialisiert. Zusätzlich werden Fahrräder initialisiert. Die Messung findet analog statt und berücksichtigt ausschließlich Autos, um eine Aussage über Veränderungen der Reisedauer der Autos treffen zu können. Die Anzahl der Fahrräder wird bei identischem Experimentaufbau zwischen 1.000, 2.000, 3.000 und 4.000 variiert. Durch den Aufbau des Experiments können die Resultate verschiedener Fahrräderdichten paarweise verglichen werden, da die Verteilung der Autos und Fußgänger identisch bleibt.

Das Vorgehen wird in 1.000 Durchläufen wiederholt. Das Resultat eines jeden Laufs ist die mittlere Reisedauer der Autos in der Simulation. Abbildung 9.13 zeigt die Verteilung der Ergebnisse.

Die Reisedauern der Autos steigen bei einer Erhöhung der Menge an Fahrrädern im diskutierten Szenario deutlich an. Die Streuung der Ergebnisse nimmt hierbei zu. Tabelle 9.2 vergleicht die mittleren Reisedauern der Autos. Fahrräder haben somit in MAINSIM einen Einfluss auf den Autoverkehr.

9.4 Fußgänger

Tabelle 9.2: Vergleich der mittleren Reisedauer von Autos in Relation zur Anzahl an Fahrrädern in der Simulation.

#Fahrräder	0	1.000	2.000	3.000	4.000
mittlere Reisedauer [s]	870,14	938,71	978,06	1.019,96	1.048,37

9.4 Fußgänger

Die Analyse des in Abschnitt 7.3 beschriebenen Modells zur Simulation von Fußgängerbewegungen wird dreigeteilt durchgeführt. Unterabschnitt 9.4.1 bespricht in der Simulation auftretende Fußgängergeschwindigkeiten und Aggressivitätsfaktoren. Das Modell für Fußgängerbewegungen auf NIs wird in Unterabschnitt 9.4.2 behandelt. Die zwischen Fußgängern und Autos auftretenden Wechselwirkungen werden in Unterabschnitt 9.4.3 analysiert.

9.4.1 Laufgeschwindigkeiten und Aggresivität

In diesem Unterabschnitt werden Fußgängerbewegungen im Hinblick auf Laufgeschwindigkeiten und AF untersucht. Jeder Fußgänger erhält ein Analysemodul, welches gelaufene Geschwindigkeiten und weitere Kennzahlen protokolliert. Es muss geprüft werden, ob die simulierten Fußgänger in Relation zu ihrer Situation ähnliche Geschwindigkeiten, wie in Abschnitt 3.3 ermittelt, laufen.

Es wird zwischen den Geschwindigkeiten auf Bürgersteigen (EIs) und bei Straßenüberquerungen mit Vorfahrt (NIs) und ohne Vorfahrt (EIs und NIs) unterschieden. Die Aggressivitätsfaktoren AF (vgl. Gleichung 7.14 auf Seite 107) sind essenziell, da sie belegen, inwiefern simulierte Fußgänger sich bei der Bestimmung der benötigten Lücke für eine Straßenüberquerung verschätzen.

Das Simulationsszenario ist identisch zur Bestimmung der Fahrradgeschwindigkeiten in Unterabschnitt 9.3.1. Die Messung weicht jedoch ab. Von jedem Fußgänger in der Simulation wurden die mittleren Geschwindigkeiten v (insgesamt), v_B (Bürgersteig), v_V (Überquerung mit Vorfahrt) und v_O (Überquerung ohne Vorfahrt) protokolliert. Es entstanden dabei die in Abbildung 9.14 gezeigten Verteilungen.

Es ist ersichtlich, dass die Geschwindigkeiten sich mit dem Stand der Forschung decken (vgl. Abschnitt 3.3.1). Es ist hierbei zu beachten, dass die in der Literatur vorgeschlagenen Geschwindigkeitsverteilungen je nach Untersuchungsgebiet schwanken und die in Abbildung 9.14 gezeigten Vertei-

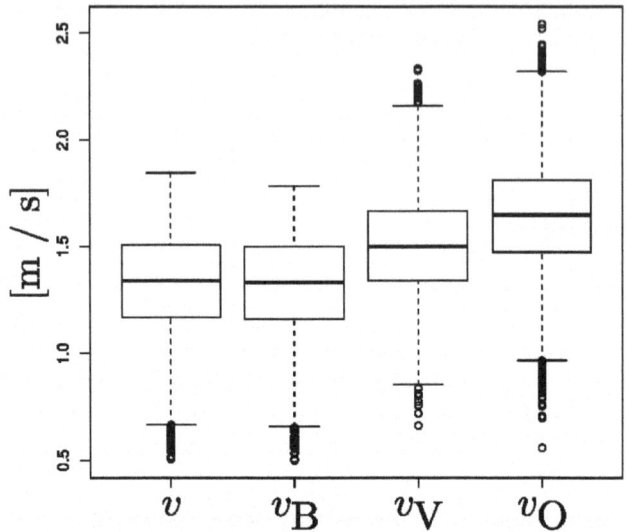

Abbildung 9.14: Verteilung der Fußgängergeschwindigkeiten in der Simulation

lungen vorwiegend hinsichtlich der Unterschiede bezüglich v, v_B, v_V und v_O zu interpretieren sind und plausible Geschwindigkeiten darstellen. Die mittlere Geschwindigkeit v liegt minimal oberhalb der Geschwindigkeit auf Bürgersteigen v_B, da Fußgänger die meiste Zeit auf Bürgersteigen verbringen. Sie laufen schneller, wenn sie Straßen überqueren, insbesondere, wenn sie eine Straße ohne Vorfahrt überqueren (v_V und v_O).

Immer, wenn ein Fußgänger prüft, ob er eine Straße überqueren kann und hierfür seine geschätzte Überquerungsdauer GD bestimmt, wird seine Aggressivität AF protokolliert. Abbildung 9.15 zeigt die Verteilung aller ermittelten Werte für AF.

Es ist ersichtlich, dass AF sich im definierten Bereich (vgl. Abschnite 3.3.2 und 7.3.3) befindet. Ein Fußgänger mit $AF > 0$ überschätzt seine Überquerungsdauer und ist somit passiv. Ein $AF < 0$ bedeutet hingegen, dass ein Fußgänger die Straße auch bei ungenügend großer Lücke überquert. Der Wert von AF sinkt mit der Wartedauer zur Überquerung einer Straße. Hierdurch können die Ausreißer im negativen Wertebereich von AF erklärt werden. Der Mittelwert von AF liegt bei $\approx -0,48$ und spiegelt somit den in Abschnitt 7.3.3 auf Seite 107 definierten Bereich wider. Die Differenz von $\approx -0,02$ geht ebenfalls auf Ausreißer im negativen Bereich von AF zurück.

9.4 Fußgänger

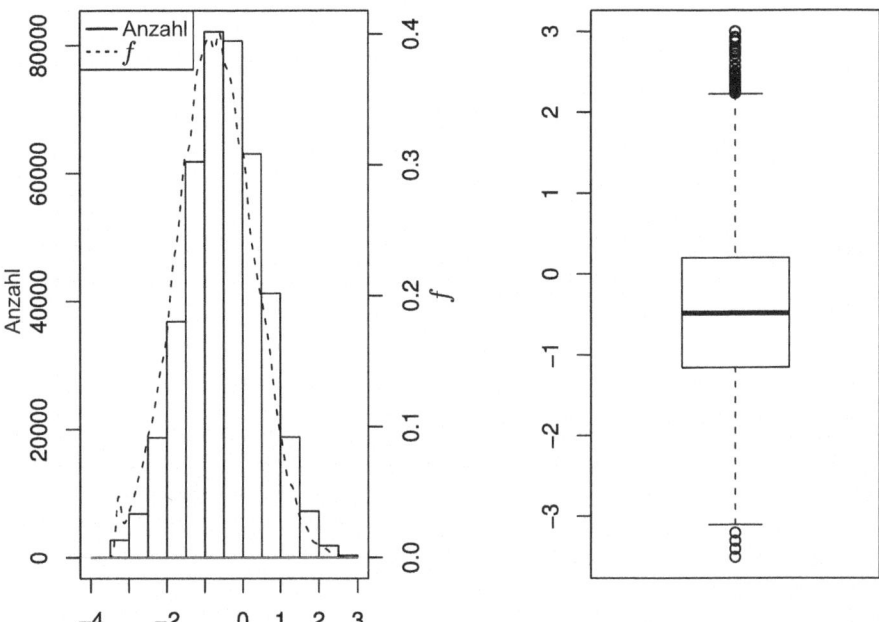

Abbildung 9.15: Verteilung der Aggressivität der Fußgänger

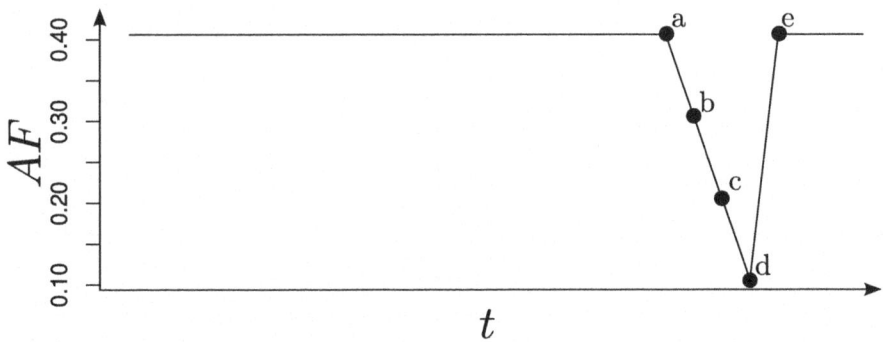

Abbildung 9.16: Exemplarischer Verlauf des AF

Abbildung 9.16 zeigt den Verlauf des AF exemplarisch anhand eines simulierten Fußgängers. Der Graph zeigt einen passiven Fußgänger, der bis zum Zeitpunkt a nicht auf Straßenüberquerungsmöglichkeiten warten musste. Bei b wurde 1 s gewartet und AF nimmt mit einer Schrittweite von $0,1 \cdot s^{-1}$ ab, bis zum Zeitpunkt d eine ausreichende Lücke vorhanden ist und der Fußgänger die Straße überquert. Sein AF gleicht sich wieder seinem Standardwert an.

Die wichtigsten Kenngrößen zur Validierung des Bewegungsmodells für EIs wurden ermittelt und diskutiert. Der folgende Unterabschnitt behandelt das Bewegungsmodell zur Überquerung von NIs.

9.4.2 Straßenüberquerungen auf Überwegen

Anhand von Geschwindigkeit-Dichte-Diagrammen kann grundlegend gezeigt werden, wie sich variierende Verkehrsdichten auf Fußgängergeschwindigkeiten auswirken. Das durchgeführte Experiment betrachtet ein way-Objekt (vgl. Abschnitt 7.3.2) mit 5 Spuren und einer Länge von 4,57 m. Dies entspricht in etwa einem Zebrastreifen über eine Straße in einem Wohngebiet. Die Anzahl an Fußgängern wird initial auf 1 gesetzt und pro Lauf um 1 inkrementiert. Pro Anzahl an Fußgängern werden 10 Replikationen durchgeführt und gemittelt. Protokolliert werden die Verkehrsdichte ρ und die mittleren Geschwindigkeiten der Fußgänger $\bar{v}$. Es gilt

$$\rho = \frac{\#\text{Fußgänger}}{C} \qquad (9.1)$$

Die Kapazität C eines way-Objektes ist:

$$C = \frac{b \cdot l}{0,457} \qquad (9.2)$$

mit $b =$ Breite des way-Objektes
$l =$ Länge des way-Objektes

Die Breite und Länge eines Weges werden in $[m]$ angeben und sind wie in Abbildung 7.8 auf Seite 103 definiert. Der Skalierungsfaktor $0,457$ resultiert zu Vergleichszwecken daraus, dass in [Blue und Adler, 2001] mit Zellen dieser Seitenlänge gearbeitet wird. Ein Fußgänger nimmt folglich eine Fläche von $0,457^2\ m^2$ ein. Die Anzahl der Fußgänger, die dem Weg folgen und die Anzahl der Fußgänger, die in die Gegenrichtung laufen, werden mit einer Schrittweite von 10 % variiert. Die simulierten Fußgänger wurden mit Geschwindigkeiten

9.4 Fußgänger

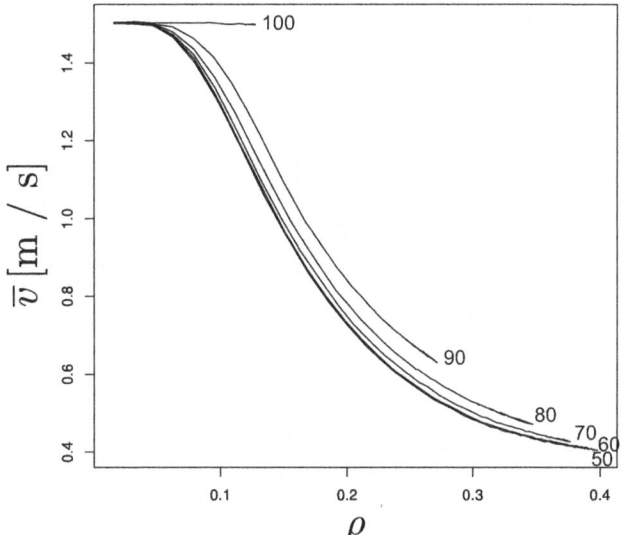

Abbildung 9.17: Geschwindigkeit-Dichte-Diagramm für Fußgängerüberwege. Unterschiedliche Kurven für variierende Verteilungen der Laufrichtung zwischen 100 (alle Fußgänger in selbe Richtung) bis 50 (gleiche Anzahl in beide Richtungen).

nach den Gleichungen 7.8 bis 7.10 in Abschnitt 7.3.1 initialisiert. Es ergibt sich das in Abbildung 9.17 gezeigte Geschwindigkeit-Dichte-Diagramm.

In [Blue und Adler, 2001] wurde das vorgestellte Modell systematisch mit Verkehrsdichten zwischen 0 % und 100 % belegte Zellen auf einem Weg mit 10 Spuren und einer Länge von 457 m mit periodischen Randbedingungen simuliert. Dieses Vorgehen ist für das in dieser Arbeit vorgestellte Modell nicht plausibel. Es wird stattdessen eine Anzahl an Fußgängern erstellt, die den Überweg nutzen möchte. Fußgänger betreten den Weg erst, wenn eine ausreichende Lücke vorhanden ist. Dichten von 100 % entstehen bei der geringen Weglänge nicht. Das simulierte way-Objekt hatte 5 Spuren und eine Länge von $10 \cdot 0,457$ m. Dies sind realistische Werte für einen Überweg. Ein Fußgänger, der das Ende des Weges erreicht hat, verlässt die Simulation.

Die maximal erreichbare Dichte nimmt den geringsten Wert an, wenn alle Fußgänger in die selbe Richtung laufen und steigt bei zunehmender Anpassung in Richtung gleicher Anzahl in beide Laufrichtungen. Gleichzeitig nehmen die gelaufenen Geschwindigkeiten immer weiter ab, je heterogener die Menge an Fußgängern ist. Es ist ferner zu erkennen, dass die Werte von $\bar{v}$ mit steigendem ρ sinken. Die Verläufe decken sich grundlegend mit den Ergebnisse aus [Blue und Adler, 2001]. Die absoluten Geschwindigkeits-Dichte-Verhältnisse weichen jedoch ab, da das Modell im Rahmen dieser Arbeit nicht zur Simulation von Fußgängerzonen und ähnlichen Bereichen genutzt wird, sondern ausschließlich Fußgängerüberwege modelliert.

Abschließend wird aus den Ergebnissen des Experiments des vorherigen Unterabschnitts 9.4.1 ein Geschwindigkeit-Dichte-Diagramm aus allen während der Simulation auftretenden Datenpaaren auf `way`-Objekten der `NIs` erstellt. Auf diese Weise kann analysiert werden, welche Bereiche des Diagramms aus Abbildung 9.17 relevant für die Simulation urbaner Szenarien sind. Hierfür wurden die Messwerte in Verkehrsdichteintervalle von jeweils 0,005 Breite gruppiert, um die jeweiligen Maxima und Mittelwerte der gelaufenen Geschwindigkeiten bestimmen zu können. Diese Gruppierung war notwendig, da die Anzahl an Messdaten kein aussagekräftiges Diagramm ermöglicht hätte.

In Abbildung 9.18 werden die berechneten Datenpaare durch Punkte dargestellt. Die Kurven $\bar{v}$ und $v_{\max}$ wurden durch eine Regressionsanalyse bestimmt. Die Abbildung zeigt, dass sich $\bar{v}$ und $v_{\max}$ bei steigender Verkehrsdichte ρ annähern. Die schnelleren Fußgänger werden durch die langsameren ausgebremst. Auch insgesamt sinkt die mittlere Geschwindigkeit $\bar{v}$ auf `way`-Objekten mit steigendem ρ. Der Verlauf von $\bar{v}$ ist eine Mischung der in Abbildung 9.17 dargestellten Kurven. Die relative Häufigkeit der auftretenden Verkehrsdichten $h_n(\rho)$ belegt, dass die meisten Straßenüberquerungen innerhalb der Simulation bei geringen Verkehrsdichten mit einem oder zwei Fußgängern auf dem `way`-Objekt stattfinden. Dennoch wird eine maximale Dichte von $\rho_{\max} = 0.16$ erreicht.

9.4.3 Wechselwirkungen mit Autos

Dieser Unterabschnitt untersucht die These, dass Interaktionen mit Fußgängern zu längeren Reisedauern für Autos führen. Der Aufbau des Experiments ist identisch zur Untersuchung des Fahrradeinflusses in Unterabschnitt 9.3.2. Die Anfangs-Verkehrszusammensetzung ist diesmal 95 % Autos und 5 % Fahrräder. Die Anzahl der Fußgänger wird zwischen 0 und 4.000 mit einer Schrittweite von 1.000 erhöht. Das Vorgehen wird in 1.000 Durchläufen wiederholt. Das Resultat eines jeden Laufs ist die mittlere Reisedauer der Autos in der Simulation. Abbildung 9.19 zeigt die Verteilung der Ergebnisse.

Es ist eine Tendenz zur Erhöhung der Reisedauer bei steigender Anzahl an Fußgängern in der Simulation ersichtlich. Die Schwankungen der Resultate

9.4 Fußgänger

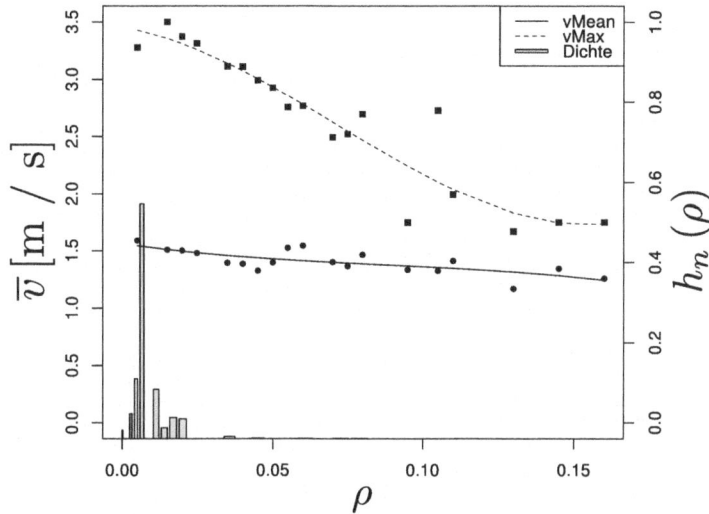

Abbildung 9.18: Geschwindigkeit-Dichte-Diagramm für Fußgängerüberwege innerhalb urbaner Simulation. Gegenüberstellung von $\bar{v}$ (mittlere Geschwindigkeit aller Fußgänger auf `way`-Objekt) und $v_{\max}$ (maximale gemessene Geschwindigkeit). Die Dichte $h_n(\rho)$ zeigt die Verteilung der auftretenden Verkehrsdichten ρ auf den Überwegen.

Tabelle 9.3: Vergleich der mittleren Reisedauer von Autos in Relation zur Anzahl an Fußgängern in der Simulation.

#Fußgänger	0	1.000	2.000	3.000	4.000
mittlere Reisedauer [s]	410,93	416,33	419,87	423,24	426,72

durch probabilistische Einflüsse steigen ebenfalls. Tabelle 9.3 vergleicht die mittleren Reisedauern.

Die mittleren Reisedauern sind streng monoton steigend in Relation zur Anzahl an Fußgängern innerhalb der Simulation. Die Steigung ist jedoch nicht vergleichbar mit dem Einfluss von Fahrrädern (vgl. Unterabschnitt 9.3.2). Um die Signifikanz dieser Aussagen nachzuweisen, werden die in Gleichung 9.3 bis 9.6 gezeigten Nullhypothesen aufgestellt.

$$H_0^a \quad : \quad rd(0) \geq rd(1.000) \tag{9.3}$$

$$H_0^b \quad : \quad rd(1.000) \geq rd(2.000) \tag{9.4}$$

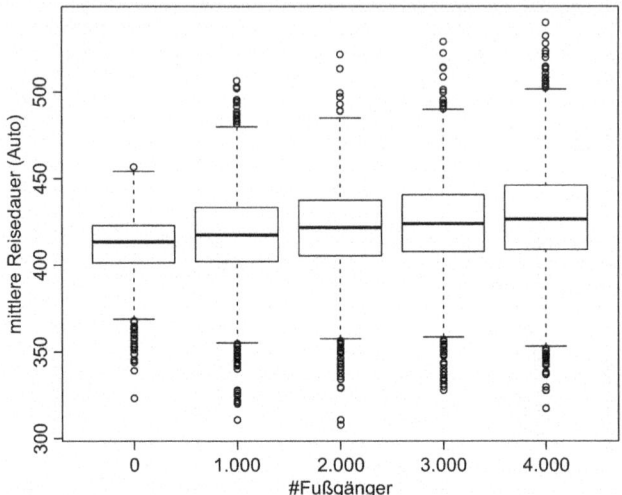

Abbildung 9.19: Fußgängereinfluss auf Straßenverkehr: Vergleich der Reisedauern von Autos bei verschiedenen Fußgängeranzahlen.

Tabelle 9.4: Aufstellung der Irrtumswahrscheinlichkeiten p der t-Tests zur Signifikanzbestimmung der Hypothesen H_0^a bis H_0^d.

Hypothese	p	$p < \alpha^*$
H_0^a	$3,157 \cdot 10^{-8}$	✓
H_0^b	$1,478 \cdot 10^{-4}$	✓
H_0^c	$5,37 \cdot 10^{-4}$	✓
H_0^d	$2,803 \cdot 10^{-4}$	✓

$$H_0^c \ : \ rd\,(2.000) \geq rd\,(3.000) \qquad (9.5)$$

$$H_0^d \ : \ rd\,(3.000) \geq rd\,(4.000) \qquad (9.6)$$

Hierbei bezeichnet $rd\,(x)$ die mittlere Reisedauer bei x Fußgängern. Um ein Signifikanzniveau von $\alpha = 0.05$ zu erlangen, muss

$$\alpha^* = \frac{\alpha}{2} = 0.025 \qquad (9.7)$$

als Signifikanzniveau verwendet werden, da die Stichproben jeweils maximal zweimal verwendet werden. Tabelle 9.4 zeigt die Resultate der t-Tests.

Alle Hypothesen H_0^a bis H_0^d können folglich verworfen werden. Hieraus kann Gleichung 9.8 gefolgert werden.

$$rd\,(0) < rd\,(1.000) < rd\,(2.000) < rd\,(3.000) < rd\,(4.000) \qquad (9.8)$$

Fußgänger haben somit im verwendeten Szenario einen Einfluss auf die Reisedauern von Autos. Dieses Resultat legt einen grundlegenden Nutzen der Berücksichtigung von Fußgängern in urbanen Verkehrssimulationen nahe.

Es konnte in diesem Abschnitt gezeigt werden, dass das in Abschnitt 7.3 entwickelte, bimodulare Fußgängermodell den Stand der Forschung bezüglich Fußgängergeschwindigkeit und -straßenüberquerungsverhalten adäquat abbildet. Die Interaktionen von Fußgängern untereinander während der Überquerung von Straßen zeigen die beobachteten Effekte in Hinblick auf die gelaufenen Geschwindigkeiten in Relation zur Verkehrsdichte auf dem Überweg.

Anhand eines Fallbeispiels konnte gezeigt werden, dass Fußgänger einen signifikanten Einfluss auf den innerstädtischen Straßenverkehr haben. Dies ist darauf zurückzuführen, dass sie bei Straßenüberquerungen Autos behindern.

9.5 Zusammenfassung

In diesem Kapitel wurden die verschiedenen Ebenen der Modellkalibrierung besprochen. Die mikroskopischen Verkehrsmodelle wurden untersucht und es konnte gezeigt werden, dass mit Hilfe des Automodells realistische makroskopische Kenngrößen ermittelt werden können. Dies gilt sowohl für den Autobahn-, als auch für den urbanen Verkehr. Eine Plausibilitätsuntersuchung des Fahrradmodells konnte zeigen, dass Fahrräder grundlegend realistische Geschwindigkeiten fahren. Das Fußgängermodell ergibt realistische Fußgängergeschwindigkeiten und bildet Straßenüberquerungen adäquat im Vergleich zu den im Stand der Forschung diskutierten Studien ab. Ein Einfluss von Fahrrädern und Fußgängern auf den Autoverkehr in MAINSIM konnte nachgewiesen werden.

Zur Nutzung von MAINSIM als Werkzeug zur Nachbildung von real gemessenen Verkehrskenngrößen in einem konkreten Szenario müssen die beschriebenen Parameter der mikroskopischen Verkehrsmodelle auf die jeweiligen Untersuchungsraumgegebenheiten kalibriert werden. Hierfür sollten in der Zukunft Kalibrierungsmechanismen implementiert werden. Dies könnte anhand von Flussinformationen geschehen (vgl. z.B. [Rakha et al., 1998, Kesting und Treiber, 2008, Duong et al., 2010]).

Etwaige schwerwiegende Fehler im Kartenmaterial müssen ebenfalls angepasst werden. Dies könnten beispielsweise fehlerhafte Geschwindigkeitsbegrenzungen oder fehlende Ampeln sein. Diese Modellierungsschritte sind jedoch im Vergleich zur manuellen Grapherstellung mit geringem Zeitaufwand möglich.

Nachdem die mikroskopischen Verkehrsmodelle untersucht wurden, kann MAINSIM nun genutzt werden, um in den folgenden Kapitel 10 bis 15 dieser Arbeit Fallstudien durchzuführen. Die Fallstudien sind an den in Abschnitt 1.3 definierten Zielen dieser Arbeit orientiert und untersuchen die auf Seite 3 aufgelisteten Fragestellungen. Das entwickelte Konzept wird je Studie nach Bedarf erweitert, um resultierende Problemstellungen zu lösen.

10 Lernen in Verkehrsszenarien

Dieses Kapitel behandelt Fallstudien zur Anwendung Maschineller Lernverfahren (ML) in MAINSIM. Das Kapitel und die darin gezeigten Abbildungen basieren auf den Arbeiten [Lattner et al., 2011, Dallmeyer et al., 2012a] in Kooperation mit Andreas Lattner und Ingo Timm. Abschnitt 10.1 bespricht verwandte Arbeiten. Abschnitt 10.2 diskutiert die Untersuchung zweier Szenarien für Autobahnverkehr. Eine Methode zur Stauvorhersage in urbanen Bereichen wird in Abschnitt 10.3 beschrieben. Dieses Kapitel schließt in Abschnitt 10.4 mit einer Zusammenfassung und einem Ausblick.

10.1 Verwandte Arbeiten

In [Baqueiro et al., 2009] werden zwei Ansätze zur Kopplung von ML und MAS diskutiert: Einerseits kann ML in eine MAS integriert werden und andererseits können Simulationsergebnisse verwendet werden, um daraus Regeln zu lernen. Im Bereich der Adaptive Traffic Control Systems (ATCS) werden ML verwendet, um auf Repräsentationen von Verkehrssituationen - z.B. Verkehrsdichte in bestimmten Bereichen einer Autobahn - geeignet zu reagieren. In [Bull et al., 2004] werden ML genutzt, um adaptive Ampelsteuerungen zu optimieren. Einen Überblick zu ATCS liefert [Stevanovic, 2010].

In [Gehrke und Wojtusiak, 2008] wird ein Ansatz präsentiert, um online auf Einflüsse durch die Umgebung (z.B. die aktuelle Wetterlage) zu reagieren und diese Informationen zur Lkw-Routenplanung unter Berücksichtigung der Straßennässe und der Geschwindigkeitsbegrenzungen zu nutzen. Lkw werden durch Agenten modelliert, die dynamisch auf neue Ereignisse reagieren. Es wird ein Lernverfahren angewendet, um aus den Attributen Tag, Uhrzeit und Wetter fahrbare Geschwindigkeiten für Straßen zu lernen. Die gelernten Regeln werden anschließend genutzt, um Routen zu optimieren.

In [Bazzan et al., 2008] wird eine Methode zur dezentralen Ampelsteuerung unter Berücksichtigung des Routenplanungsverhaltens simulierter Autos untersucht. Autos und Ampeln werden als Agenten modelliert, die versuchen, ihre Pläne zu optimieren. Ampeln lernen, wann welche Phasenlängen zu setzen sind und Autos optimieren bei wiederholten Simulationsläufen ihre

Routen. [Bazzan, 2009] gibt einen Überblick über Reinforcement learning Methoden im Kontext der Verkehrssteuerung.

Die Bestimmung schneller Routen im Straßennetz hängt von den Reisedauern auf den jeweiligen Straßen ab. Diese wiederum sind stark vom aktuellen und zukünftigen Verkehr auf ihnen abhängig. In [Fiosins et al., 2011] wird innerhalb einer agentenbasierten Verkehrssimulation versucht, change points zu lernen, also Punkte, an denen der Betrag der Veränderung ein Level überschreitet und damit relevant für die Planung eines Agenten wird. Agenten können in diesem Fall ihre Routen ändern, um ihre Reisedauer zu reduzieren.

10.2 Verkehrsbeeinflussung in Autobahnszenarien

Dieser Abschnitt behandelt die Nutzung dynamischer Strategien zur Verkehrsbeeinflussung. Das Ziel ist, Muster in Ergebnissen der Simulation zu finden und zur Auswahl von verkehrsbeeinflussenden Aktionen während der Simulation zu nutzen. Zuerst werden Muster definiert (Unterabschnitt 10.2.1) und der Lernvorgang skizziert (Unterabschnitt 10.2.3), der anschließend angewendet wird (Unterabschnitt 10.2.3). Das Konzept wird anschließend auf zwei Szenarien angewendet (Unterabschnitte 10.2.4 und 10.2.5).

10.2.1 Repräsentation

Der gewählte Ansatz ist eine Anwendung von überwachten Lernverfahren anhand der Beispiele Entscheidungsbaumlernen und Entscheidungsregellernen. Situationen werden durch eine Menge von Attributen definiert, deren Werte für eine konkrete Situation aus dem Simulationssystem extrahiert werden. Attribute können entweder symbolisch oder nummerisch sein. Die Domänen – oder Wertebereiche – für symbolische Attribute werden durch eine Menge von symbolischen Werten definiert. Die Domäne eines symbolischen Attributes $F_{i,symb}$ wird definiert als:

$$dom(F_{i,symb}) = \{v_{i,1}, \ldots, v_{i,n}\} \qquad (10.1)$$

Domänen von nummerischen Attributen $F_{i,num}$ sind definiert als:

$$dom(F_{i,num}) = [v_{min,i}, v_{max,i}] \text{ mit } v_{min,i}, v_{max,i} \in \mathbb{R} \qquad (10.2)$$

10.2 Verkehrsbeeinflussung in Autobahnszenarien

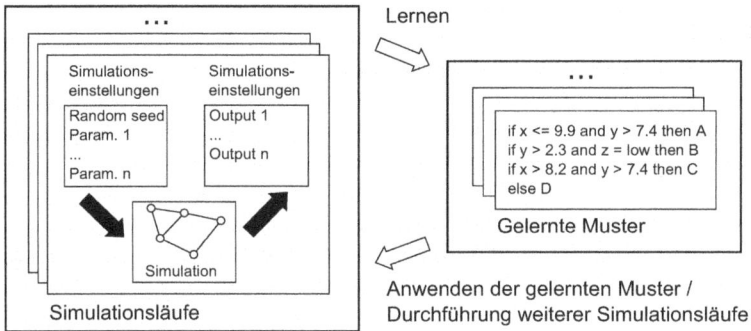

Abbildung 10.1: Ablauf des Lernvorgangs nach [Lattner et al., 2011]

Eine Liste von Attributen $(F_1, \ldots, F_n)$ wird zur Repräsentation einer Situation verwendet. Eine konkrete Situation wird nach Gleichung 10.3 definiert.

$$(f_1, \ldots, f_n) \text{ mit } f_i \in dom(F_i) \text{ für } 1 \leq i \leq n \tag{10.3}$$

Aktionen, die in spezifischen Situationen ausgeführt werden können, werden durch eine Menge von Bezeichnern beschrieben:

$$A = \{a_1, \ldots, a_m\} \tag{10.4}$$

Mögliche Aktionen sind die Anpassung der Geschwindigkeitsbegrenzungen ausgewählter Straßenabschnitte oder die Aktivierung einer Anzeigetafel.

10.2.2 Lernen von Strategien

Abbildung 10.1 skizziert den grundlegenden Lernprozess. In Abhängigkeit zum Seedwert des Zufallsmoduls innerhalb des Simulationssystems entstehen bei identischer Konfiguration der Simulation unterschiedliche Ergebnisse als Resultat probabilistischer Einflüsse innerhalb der Simulationsmodelle (vgl. Kapitel 7). Nach einer Simulationsphase, in der mehrere Simulationsläufe durchgeführt werden, folgt eine Lernphase, die eine Menge von Mustern aus den Simulationsergebnissen extrahiert. Ein gelernter Klassifikator kann anschließend genutzt werden, um adaptiv zu Situationen Aktionen durchzuführen oder um zu entscheiden, welche Parameter in zukünftigen Simulationsläufen verstärkt betrachtet werden sollten.

Das Verfahren ist nicht auf Klassifizierungsaufgaben der gegenwärtigen oder vergangenen Situation beschränkt - es könnte auch zur Vorhersage wahr-

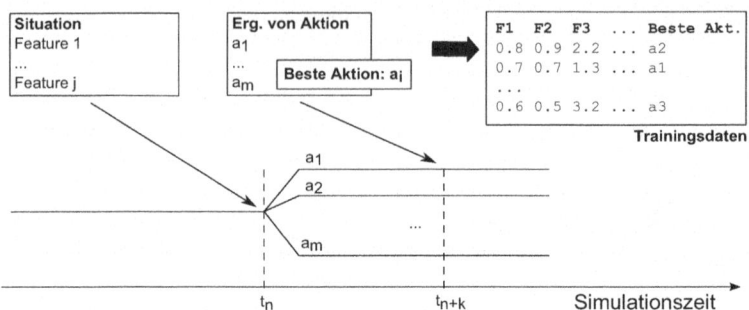

Abbildung 10.2: Generierung von Trainingsdaten nach [Lattner et al., 2011]

scheinlicher, zukünftiger Situationen genutzt werden. In diesem Abschnitt wird versucht, eine Verhaltensstrategie in Abhängigkeit zur gegenwärtigen Situation zu bestimmen. Eine *Strategie* wird nach Gleichung 10.5 definiert.

$$Strategie : dom(F_1) \times \ldots \times dom(F_n) \longrightarrow A \qquad (10.5)$$

Um herauszufinden, welche Aktion bei einer gegebenen Situation am besten abschneidet, wird der aktuelle Simulationszustand gespeichert. Von dort ausgehend werden nacheinander alle möglichen Aktionen auf Funktionalität geprüft. Abbildung 10.2 illustriert das Vorgehen.

Zum Zeitpunkt t_n wird eine Beschreibung der Simulationssituation mit j Attributen berechnet $(f_1, \ldots, f_j)$. Die verschiedenen Aktionen $a_i \in A$ mit $1 \leq i \leq m$ werden ausgeführt und die Simulation wird fortgeführt. Alle Läufe starten von der identischen Startsituation $(f_1, \ldots, f_j)$ zum Zeitpunkt t_n. Zum Zeitpunkt t_{n+k} wird die Aktion a_{best}, die zur besten Situation führte, bestimmt und das Tupel $(f_1, \ldots, f_j, a_{best})$ wird gespeichert. Eine Menge solcher Tupel werden als Trainingsdaten für den Lernvorgang eines Klassifikators genutzt.

10.2.3 Anwendung der gelernten Strategien

Die Anwendung einer gelernten Strategie geschieht analog zu Abbildung 10.2. Die Simulation wird bis zu einem Zeitpunkt t_n durchgeführt. Die Situationsbeschreibung $(f_1, \ldots, f_j)$ wird generiert und genutzt, um die Aktion $a \in A$ zu bestimmen, die durch die trainierte *strategie* vorgeschlagen wird.

Es ist zu beachten, dass eine wiederholte Anwendung dieser Strategie zu negativen Resultaten führen kann, da eine Einschwingdauer auf die neue

10.2 Verkehrsbeeinflussung in Autobahnszenarien

Aktion benötigt werden kann. Dies hängt jedoch vom Experimentaufbau ab. Ein zu häufiges Umplanen einer bestimmten Route von einer Startposition zu einer Zielposition innerhalb eines Straßengraphen kann dazu führen, dass sich die Reisedauer erhöht, auch wenn jede einzelne Umplanaktion vorteilhaft war. Oszillierendes Verhalten soll daher vermieden werden. Für ein erstes Experiment wird die zu wählende Aktion alle 60 s Simulationszeit erneut bestimmt und angewendet, falls eine mehrfache Anwendung vorgesehen ist.

Die Evaluierung des Konzepts findet auf synthetischen Autobahnszenarien t. Ein Server bestimmt die zu simulierenden Parameter und sendet sie an Clients, die per TCP/IP verbunden sind. Die Clients führen Simulationsläufe durch und geben Resultate an den Server zurück (vgl. Kapitel 8.3).

10.2.4 Statisches Szenario: Setzen einer Maximalgeschwindigkeit

Der Straßengraph ist eine Kreisautobahn mit 24 km Länge und zwei Spuren. Eine gängige Lehrmeinung der Verkehrsforschung schlägt Geschwindigkeitsbegrenzungen vor, um den Verkehr zu homogenisieren und ihn somit insgesamt schneller fließen zu lassen (vgl. [Treiber und Kesting, 2010, Kap. 20]), da Störungen unterdrückt werden, die zu Staus führen können. Bei geringen Verkehrsdichten sind Geschwindigkeitsbegrenzungen nachteilig. Daher soll ein erstes Szenario die Verkehrsdichte bestimmen, ab der sich eine Geschwindigkeitsbegrenzung auf der simulierten Autobahn auf 130 km/h lohnt und die mittlere Geschwindigkeit aller simulierten Autos durch die Begrenzung steigt. In diesem Szenario erhalten simulierte Autos die Möglichkeit, unaufmerksam zu sein (vgl. Abschnitt 7.1.4). Die Wahrscheinlichkeit für Unfälle sinkt mit zunehmender Homogenisierung des Verkehrs. Wenn zwei Autos in einen Unfall verwickelt sind, verweilen sie stehend für 600 Iterationen auf der rechten Spur und fungieren somit als Hindernisse.

Der Simulationsserver lässt seine Clients Experimente mit 4, 6, ... , 998, 1000 Autos durchführen. Jedes Experiment wird fünfmal durchgeführt, um die Ergebnisse mitteln zu können. Bei der Erstellung eines Verkehrsteilnehmers wird sein Typ mit einer Wahrscheinlichkeit von $p_{Lkw}\%$ Lkw, ansonsten Pkw. Der Wert von $p_{Lkw}\%$ wird für jedes Experiment vom Server zwischen 0 und 10 bestimmt. Clients erstellen die gegebene Anzahl an Autos auf zufälligen Positionen auf der simulierten Autobahn und führen anschließend die Simulation nach Abbildung 10.2 durch.

Nach einer Einschwingdauer von 1.000 Iterationen werden für 1.000 Iterationen der Verkehrsfluss und die durschnittliche Geschwindigkeit aller simulierten Fahrzeuge gemittelt. Diese Daten werden zur Situationsbeschreibung des aktuellen Simulationszustandes genutzt. Die folgenden Attribute werden verwendet: Verkehrsfluss, Verkehrsdichte, mittlere Geschwindigkeit $\bar{v}$ aller Fahrzeuge, Standardabweichung von $\bar{v}$ und der Prozentsatz an Lkw. Die Verkehrsdichte und der Prozentsatz an Lkw bleiben während eines Simulationslaufes konstant und werden daher einmalig ermittelt. Der Simulationszustand wird gespeichert.

Die erste Aktion, in diesem Fall a_0 = „Keine Geschwindigkeitsbegrenzung" wird durchgeführt. Nach einer weiteren Einschwingphase von 1.000 Iterationen wird die mittlere Geschwindigkeit der simulierten Fahrzeuge für weitere 1.000 Iterationen bestimmt und als Bewertung für die Aktion verwendet. Der gespeicherte Simulationszustand wird wiederhergestellt und die zweite Aktion a_1 = „Geschwindigkeitsbegrenzung: 130 km/h" für die gesamte Autobahn wird durchgeführt. Die Bewertung wird analog durchgeführt. Der Client sendet die Zustandsbeschreibung und die Aktion mit der höchsten mittleren Geschwindigkeit an den Server.

Der Server protokolliert alle erhaltenen Ergebnisse und nutzt ein Interface zu *WEKA*[1], um die Strategie zu erlernen, wann welche Aktion anzuwenden ist. Als Lernverfahren wird von *WEKA* die J4.8 Implementierung des *C4.5* Algorithmus [Quinlan, 1993] verwendet. Das Resultat ist:

```
meanV <= 101.907816
|   flow <= 214: a0 (62.0/18.0)
|   flow > 214: a1 (1724.0/391.0)
meanV > 101.907816
|   flow <= 14
|   |   flow <= 2: a1 (5.0)
|   |   flow > 2: a0 (30.0/2.0)
|   flow > 14: a0 (660.0/66.0)
```

Die verfügbare Verkehrsdichte wurde von *C4.5* nicht genutzt. Die gelernte Strategie wird in 497 weiteren Simulationsläufen (mit $4, 6, \ldots, 1000$ Fahrzeugen) im selben Szenario gegen die konstante Nutzung von a_0 bzw. a_1 verglichen. Abbildung 10.3 zeigt den Vergleich der mittleren Geschwindigkeiten. Die Mittelwerte dieser Ergebnisse sind bei „Konstant a_0": $82,71$ km/h, „Konstant a_1": $82,83$ km/h, *strategie*: $85,85$ km/h. Ein einseitiger t-Test mit Signifikanzniveau $\alpha = 0.05$ bezeugt höhere mittlere Geschwindigkeiten bei Anwendung der gelernten *strategie* im Vergleich sowohl zur konstanten Nutzung von a_0, als auch a_1 ($p < 2.2e-16$ in beiden Fällen). Identische Stichproben wurden mehrfach verwendet, weshalb die Methode von Bonferroni angewendet wurde [Abdi, 2007]. Die Resultate bleiben jedoch signifikant.

---

[1] http://www.cs.waikato.ac.nz/ml/weka/, [Hall et al., 2009, Bouckaert et al., 2010].

10.2 Verkehrsbeeinflussung in Autobahnszenarien

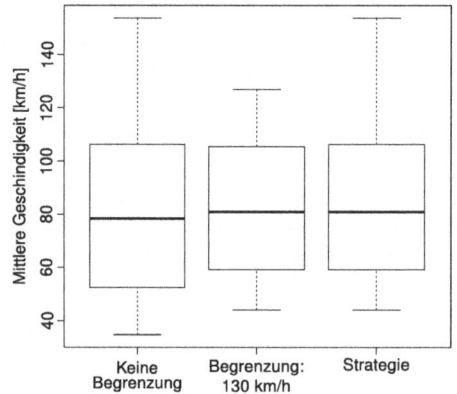

Abbildung 10.3: Ergebnisse: Statisches Szenario

Tabelle 10.1: Statisches Szenario: Wahrheitsmatrix der gelernten Strategie

vorgeschlagene Aktion → beste Aktion ↓	a_0	a_1	$\sum$
a_0	705	352	1057 (42,60%)
a_1	158	1266	1424 (57,40%)

Korrekt klassifiziert: 1971/2481 (79,44%)

Tabelle 10.1 zeigt die Wahrheitsmatrix, die mit der gelernten Strategie mittels Kreuzvalidierung auf den Trainingsdaten ermittelt wurde. Die *strategie* liefert mehr korrekt klassifizierte Aktionen, als die konstante Anwendung einer Methode oder ein einfaches Münzwerfen der zu wählenden Aktion.

Die bisherigen Ergebnisse wurden stark zusammengefasst. Abbildung 10.4 zeigt die mittleren Geschwindigkeiten bei steigender Verkehrsdichte. Die *strategie* nutzt Aktion $a_0 =$ „Keine Geschwindigkeitsbegrenzung" bei geringen Verkehrsdichten und schaltet bei steigender Verkehrsdichte auf $a_1 =$ „Geschwindigkeitsbegrenzung: 130 km/h" um. Die *strategie* wendet in Relation zur Verkehrsdichte die bessere Aktion an, obwohl diese in den gelernten Regeln nur implizit über die mittlere Geschwindigkeit und den Verkehrsfluss modelliert wurde (vgl. Gleichung 2.1 auf Seite 12).

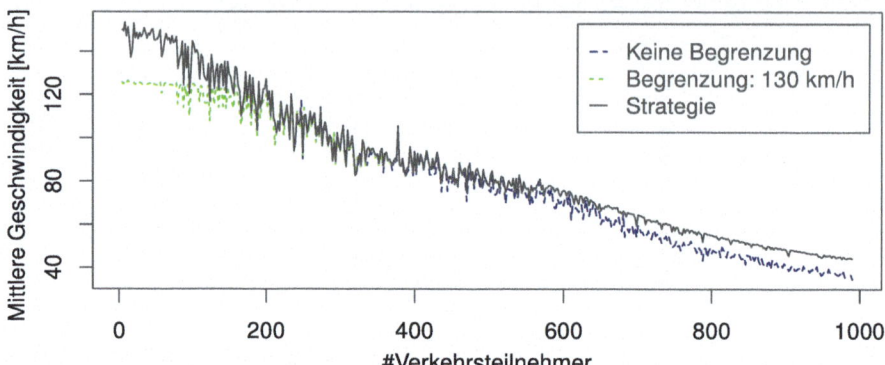

Abbildung 10.4: Vergleich: Gelernte Strategie vs. konstant a_0, bzw. a_1

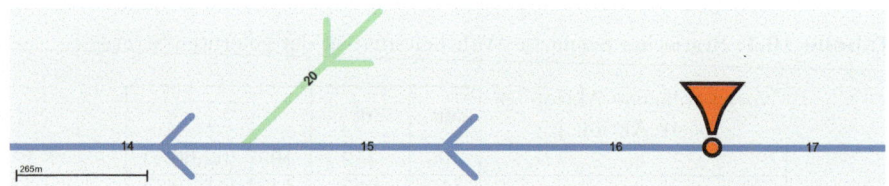

Abbildung 10.5: Kartenausschnitt im Bereich der Einmündung der Zubringerstraße (grün) auf die Autobahn (blau). Die markierte Stelle enthält die Anzeigetafel.

10.2.5 Dynamisches Szenario: Einführung eines Linksfahrgebots

Das zweite Szenario simuliert einen zweispurigen Autobahnausschnitt mit einer Auffahrt. Die Autobahn besteht aus 20 Segmenten $EI_0 \cdots EI_{19}$ mit jeweils 500 m Länge. Der Verbindungsknoten zwischen EI_{14} und EI_{15} ist zusätzlich zu der Zuflussstraße EI_{20} verbunden, vgl. Abbildung 10.5.

Einen Kilometer vor der Auffahrt befindet sich eine Anzeigetafel, die in der Abbildung mit einem Ausrufezeichen markiert ist. Die Anzeigetafel kann genutzt werden, um Fahrzeugen die Anweisung zu erteilen, sich links einzuordnen, um dem zufließenden Verkehr den Wechsel auf die Autobahn zu erleichtern. Wenn die Anzeigetafel aktiviert ist, versuchen alle Fahrzeuge auf den Straßen EI_{15} und EI_{16} auf die linke Spur zu wechseln, sofern die notwendigen Abstände dies zulassen. Das Linksfahrgebot gilt bis zur Einmündungsstelle.

10.2 Verkehrsbeeinflussung in Autobahnszenarien

Eine Strategie wird gelernt. Die verwendeten Attribute sind die Verkehrsdichten $\rho\,(\text{EI}_{15,16})$, $\rho\,(\text{EI}_{17,18})$ und $\rho\,(\text{EI}_{20})$. Die möglichen Aktionen $a_0 = $ „Linksfahrgebot" und $a_1 = $ „kein Linksfahrgebot" werden verglichen. Während der Simulation werden die Mengen an Fahrzeugen, die auf den zwei Zuflussstraßen (Beginn der Autobahn und der Zubringerstraße) erscheinen, variiert. Die Simulationsdauer wird in 60 s-Abschnitte unterteilt. Am Beginn jedes Abschnitts wird analog zu Abbildung 10.2 der aktuelle Simulationszustand gespeichert und beide Aktionen werden separat getestet. Als Bewertung gilt die mittlere Geschwindigkeit aller simulierten Fahrzeuge nach Ablauf der 60 s. Die Clients simulieren, bis der Server 10.000 Trainingsdaten erhalten hat. Ein Auszug aus der gelernten Strategie ist:

```
ρ(EI_20) <= 0.019705
|   ρ(EI_20) <= 0.01273: a0 (13773.0/4413.0)
:
|   |   |   ρ(EI_17,18) > 0.004072: a1 (1311.0/526.0)
|   |   ρ(EI_17,18) > 0.011574: a1 (3771.0/1061.0)
|   ρ(EI_20) > 0.02811: a1 (3818.0/433.0)
```

Auf der obersten Entscheidungsebene wird die Verkehrsdichte auf der Zuflussstraße EI_{20} geprüft. Wenn sie einen Grenzwert übersteigt, ist ein Linksfahrgebot günstig.

Die gelernte Strategie wird im identischen Szenario für 172.800 Iterationen (48 Stunden Realzeit) getestet. Die Verkehrsmengen auf den Zuflussstraßen werden während der Simulationsdauer variiert. Nach jeweils 60 Iterationen wird die aktuelle Situationsbeschreibung von der gelernten Strategie bewertet und die vorgeschlagene Aktion ausgeführt. Als Ergebnis werden die mittleren Geschwindigkeiten und Reisedauern aller Verkehrsteilnehmer über die gesamte Simulationsdauer erhoben. Identische Simulationsläufe werden unter konstanter Nutzung von a_0, bwz. a_1 durchgeführt. Abbildung 10.6 vergleicht die genannten Methoden.

Es ist ersichtlich, dass die Anwendung der gelernten Strategie zu einer Erhöhung der mittleren Geschwindigkeiten führt. Die konstante Anwendung von a_0 führt zu einer mittleren Geschwindigkeit von $125,12$ km/h, a_1 zu $125,44$ km/h und die gelernte *strategie* zu $126,41$ km/h. Die Unterschiede konnten durch t-Tests mit jeweils $p < 2.2e-16$ bestärkt werden. Die mittleren Reisedauern sind a_0: $289,53$ s; a_1: $282,15$ s und *strategie*: $279,89$ s. Wenn dieses Resultat auf die Simulationsdauer von 48 Stunden bei durchschnittlich 43148,09 simulierten Fahrzeugen skaliert wird, ergibt sich unter Nutzung der Strategie über 24 Stunden auf dem simulierten Streckenabschnitt eine Gesamtersparnis an Reisedauer von ca. 58 Stunden im Vergleich zur konstanten Nutzung von a_0 bzw. ca. 14 Stunden zu a_1.

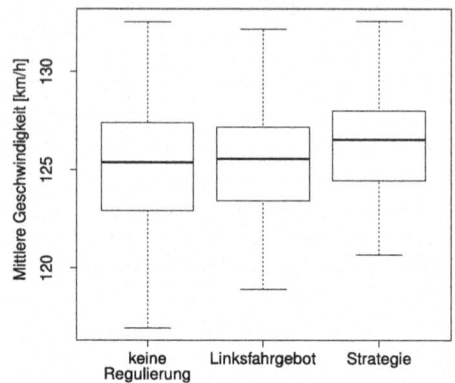

Abbildung 10.6: Ergebnisse: Dynamisches Szenario

Tabelle 10.2: Dynamisches Szenario: Wahrheitsmatrix der gelernten Strategie

vorgeschlagene Aktion → beste Aktion ↓	a_0	a_1	$\sum$
a_0	12.185	3.049	15.234 (50,78%)
a_1	6.709	8.057	14.766 (49,22%)

Korrekt klassifiziert: 20242/30000 (67,47%)

Tabelle 10.2 zeigt die Wahrheitsmatrix der gelernten Strategie, die per Kreuzvalidierung auf den Trainingsdaten gewonnen wurde. Auch im dynamischen Szenario ist die Wahl des Klassifikators besser als die konstante Nutzung einer Aktion.

10.3 Stauprognose in urbanen Szenarien

In Abschnitt 10.2 wurden gelernte Klassifikatoren oder Strategien verwendet, um regelnd in den Verkehrsverlauf auf Autobahnen einzugreifen. MAINSIM eignet sich hingegen ebenso für die Simulation urbaner Szenarien. In diesem Abschnitt wird ein Simulationsszenario mit einem Kartenausschnitt aus dem Osten Frankfurt am Mains[2] verwendet. Im Berufsverkehr strömen von der A66 große Mengen an Autos in die Stadt. Dies führt - begünstigt durch eine Folge von Ampeln - zu regelmäßigen Staus im Bereich „Borsigallee" und „Am Erlenbruch". Abbildung 10.7 zeigt den Kartenausschnitt.

---

[2]Grenzen in WGS84: [8.55 : 8.96, 50.08 : 50.21]

10.3 Stauprognose in urbanen Szenarien

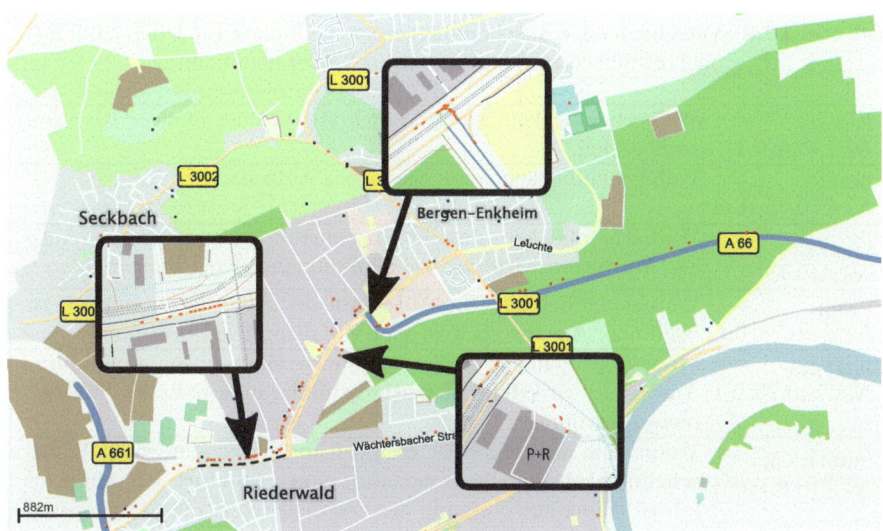

Abbildung 10.7: Kartenausschnitt im Osten Frankfurts

Ein Teil der Autos parkt im P+R Parkhaus an der „Kruppstraße". Diese Fallstudie untersucht die Möglichkeit, mit einfachen Mitteln abzuschätzen, wann im Messbereich „Am Erlenbruch" (markiert durch eine gestrichelte Linie) Staus entstehen. Es wird angenommen, dass die Anzahl an Autos pro Stadtgebiet zählbar sei. Dies könnte durch Hochrechnungen von Mobilfunkinformationen oder Kontaktschwelldaten geschehen. Eine Zählung von Fahrrädern und Fußgängern wird nicht vorgenommen, da davon auszugehen ist, dass deren Zählung mit herkömmlichen Mitteln schwieriger zu ermöglichen wäre. Die Stadtgebiete „Bergen-Enkheim", „Seckbach" und „Riederwald" werden unabhängig voneinander betrachtet. Zusätzlich wird die Anzahl an Autos auf der A66 in Richtung Frankfurt gezählt.

Die Attribute zur Bestimmung eines Klassifikators sind ($\#Riederwald$, $\#Bergen - Enkheim$, $\#A66$, $\#Seckbach$, $\sum$), wobei $\sum$ die Summe der Zählungen darstellt und die Gesamtverkehrsmenge angibt. Die gestrichelte Straße aus Abbildung 10.7 ist nicht Teil der zur Attributbestimmung verwendeten Stadtteile. In Verkehrsszenarien ist die Zeit ein wichtiger Faktor. Ein Simulationslauf beginnt mit einer Einschwingphase von 2.000 Iterationen, gefolgt von der Messung der Verkehrsmengen. Wenn in den Messbereichen ein Schnappschuss zum Zeitpunkt t ermittelt wird, wirkt sich diese Situation erst zum Zeitpunkt $t+\Delta$ auf die zu klassifizierende Straße aus. Es wird $\Delta = 300$ s

Tabelle 10.3: Verschiedene Wahscheinlichkeitsverteilungen für jeden Simulationslauf führen zu Variationen im Verkehrsaufkommen.

p_{create} $\mathcal{N}_{0.3}^{0.7}(0.5, 0.1)$	= Wahrscheinlichkeit, einen Verkehrsteilnehmer in einer Iteration zu erstellen.
p_{car} $\mathcal{N}_{0.5}^{0.8}(0.75, 0.1)$	= Wahrscheinlichkeit, dass dieser ein Auto ist.
$p_{bicycle}$ $\mathcal{N}_{0.5}^{0.9}(0.75, 0.1)$	= Wahrscheinlichkeit, dass er ein Fahrrad ist, wenn er kein Auto ist. Ansonsten wird der Verkehrsteilnehmer ein Fußgänger.
p_{A66} $\mathcal{N}_{0.67}^{0.9}(0.75, 0.1)$	= Wahrscheinlichkeit, für Autos auf der A66 die Simulation zu beginnen. Ansonsten wird eine Zufallsposition bestimmt.
$p_{fixDest}$ $\mathcal{N}_{0.67}^{0.88}(0.75, 0.1)$	= Wahrscheinlichkeit, eine vordefinierte Zielposition anzufahren. Ansonsten wird die Zielposition zufällig innerhalb des Stadtgebietes bestimmt.
$p_{destInCity}$ $\mathcal{N}_{0.7}^{0.9}(0.8, 0.05)$	= Wenn eine vordefinierte Zielposition verwendet wird: Wahrscheinlichkeit, in die Innenstadt von Frankfurt am Main zu fahren (führt zur Nutzung der gestrichelten Straße). Ansonsten ist die Zielposition das P+R Parkhaus.

als geschätzte durchschnittliche Dauer der Fahrt aus den gewählten Gebieten bis zu „Am Erlenbruch" gewählt. Dieser Wert ist ein Erfahrungswert und könnte weiter optimiert werden. Nach Δ wird die mittlere Geschwindigkeit $\overline{v}$ aller Autos innerhalb der gestrichelten Straße nach Gleichung 10.6 ermittelt. Es wird hierbei das zeitliche Mittel über 60 s verwendet.

$$Klasse = \begin{cases} \text{Stau} & \text{wenn } \overline{v} < 3.6 \text{ m/s} \\ \text{Frei} & \text{sonst} \end{cases} \quad (10.6)$$

Fußgänger und Fahrräder werden durch die Messungen nicht erfasst. Sie beeinflussen dennoch die Simulationsergebnisse und wirken als Unsicherheitsfaktoren. Es werden 20.000 Simulationsläufe durchgeführt. Abbildung 10.8 fasst den grundlegenden Ablauf zusammen.

Jeder Simulationslauf wird mit anderen Wahrscheinlichkeitsverteilungen für die Arten der Verkehrsteilnehmer und deren Quelle-Ziel-Relationen durchgeführt. Tabelle 10.3 fasst die verwendeten Einstellungen zusammen. Abbildung 10.9 zeigt die Verteilung der Trainingsdaten.

Zum Training des Klassifikators wird abermals *WEKA* genutzt. Zusätzlich zu C4.5 wird die JRIP-Implementierung des Algorithmus RIPPER [Cohen, 1995] verwendet. Das Ziel sind einfach verständliche Regeln. Die Resultate von RIPPER und C4.5 unterscheiden sich. RIPPER gibt eine logische Formel zurück, die in Gleichung 10.7 zusammengefasst wird.

10.3 Stauprognose in urbanen Szenarien

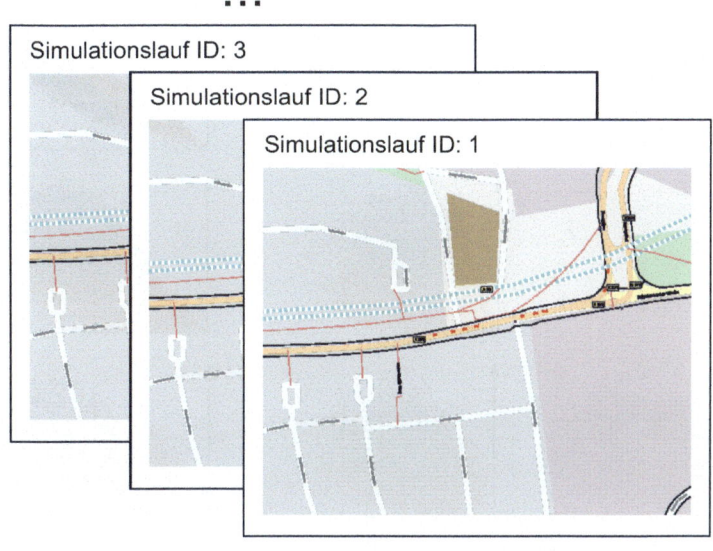

Abbildung 10.8: Lernprozess

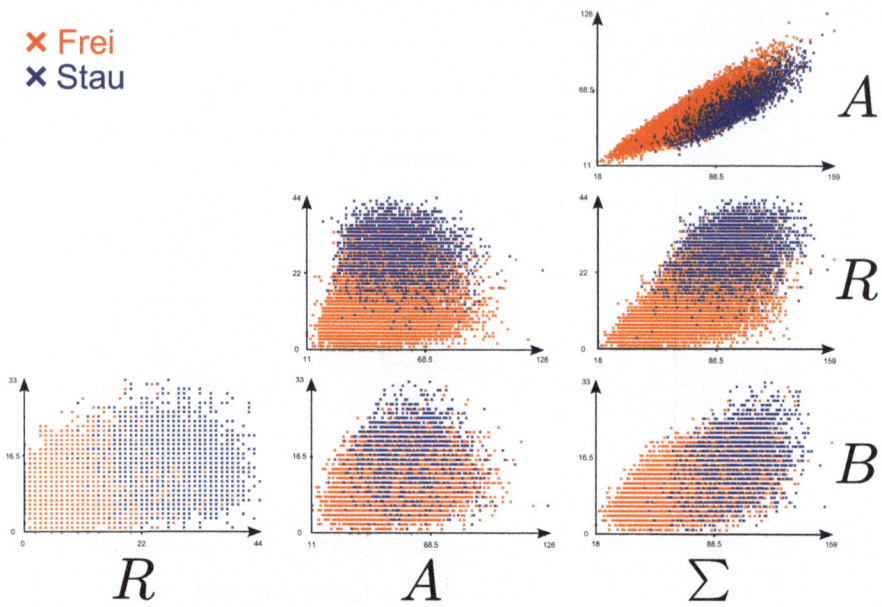

Abbildung 10.9: Verteilung der Trainingsdaten

$$
\begin{aligned}
\text{Stau} \;=\;& (R \geq 22) & (10.7)\\
\vee\;& (R \geq 19) \wedge (B \geq 10)\\
\vee\;& (R \geq 17) \wedge (B \geq 15)\\
\vee\;& (R \geq 21) \wedge (B \geq 6) \wedge (43 \leq A \leq 51)\\
\vee\;& (R \geq 20) \wedge (B \geq 7) \wedge (58 \leq A \leq 64) \wedge (\Sigma \geq 72)\\
\vee\;& (R \geq 16) \wedge (B \geq 8) \wedge (42 \leq A \leq 50) \wedge (S \leq 0) \wedge (72 \leq \Sigma \leq 75)\\
\vee\;& (R \geq 14) \wedge (B \geq 12) \wedge (A \leq 62) \wedge (S \geq 1) \wedge (\Sigma \geq 91)\\
\vee\;& (14 \leq R \leq 16) \wedge (11 \leq B \leq 17) \wedge (A \leq 50) \wedge (S \leq 1) \wedge (\Sigma \geq 78)
\end{aligned}
$$

mit $R \;= \#Riederwald$
$B \;= \#Bergen - Enkheim$
$A \;= \#A66$
$S \;= \#Seckbach$
$\Sigma \;= B + R + S + A$

10.3 Stauprognose in urbanen Szenarien

Tabelle 10.4: Wahrheitsmatrizen berechneter Klassifikatoren auf Testset.

RIPPER

klassifiziert → korrekt ↓	Stau	Frei
Stau	1768	313
Frei	504	2415

Korrekt klassifiziert: 4183 (83.66 %)

C4.5

klassifiziert → korrekt ↓	Stau	Frei
Stau	1731	350
Frei	476	2443

Korrekt klassifiziert: 4174 (83.48 %)

C4.5 berechnet einen Entscheidungsbaum. Der Wertebereich der einzelnen Parameter wird hierbei Ebene für Ebene feiner eingegrenzt. Im Folgenden wird ein Ausschnit der Rückgabe gezeigt:

```
Riederwald <= 16: Frei
Riederwald > 16
|   Riederwald <= 22
|   |   Bergen-Enkheim <= 14
|   |   |   Riederwald <= 19
|   |   |   |   Bergen-Enkheim <= 9: Frei
|   |   |   |   Bergen-Enkheim > 9
|   |   |   |   |   Seckbach <= 1
|   |   |   |   |   |   Riederwald <= 18: Frei
|   |   |   |   |   |   Riederwald > 18
|   |   |   |   |   |   |   Bergen-Enkheim <= 13: Frei
|   |   |   |   |   |   |   Bergen-Enkheim > 13: Stau
|   |   |   |   |   Seckbach > 1
|   |   |   |   |   |   Riederwald <= 18
|   |   |   |   |   |   |   A66 <= 50
|   |   |   |   |   |   |   sum <= 74
...
```

Beide Klassifikatoren funktionieren auf ungesehenen Daten. Tabelle 10.4 zeigt die korrespondierenden Wahrheitstabellen, die auf Testsets mit 5.000 Simulationsläufen generiert wurden. RIPPER erzielt eine Genauigkeit von $83,66\,\%$, C4.5 $83,48\,\%$. Beide Klassifikatoren liefern höhere Trefferquoten, als die konstante Nutzung der wahrscheinlichsten Klasse „Frei" ($58,38\,\%$).

Das gezeigte Beispiel beweist, dass mit Hilfe von Data Mining Technologien Vorhersagen über die Stauentwicklung im Messbereich getroffen werden können. Ein nächster Schritt könnte nun sein, den Zufluss auf die gestauten Gebiete frühzeitig zu minimieren. Dies könnte durch verkehrsadaptive Änderungen an den bestehenden Ampelschaltungen geschehen. Ein anderer Ansatz wäre die Abschätzung der Reisedauer durch den gestauten Bereich und der Vorschlag, das P+R Parkhaus zu nutzen, wenn diese Dauer einen Grenzwert übersteigen wird. Letztendlich könnte auch der triviale Ansatz, Umleitungsempfehlungen auszusprechen, eine Verbesserung der Situation bewirken.

10.4 Zusammenfassung und Ausblick

Dieses Kapitel hat anhand dreier Simulationsstudien die Möglichkeit einer Kopplung eines Verkehrssimulationssystems an Maschinelle Lernverfahren demonstriert und beispielhaft Anwendungsszenarien skizziert. Es konnte gezeigt werden, dass aus einfachen Simulationsdaten Klassifikatoren erstellt werden können, die einerseits verständlich für den Anwender sind und andererseits ausreichende Klassifikationsgüten aufweisen.

Die Lesbarkeit gelernter Regeln ist wichtig, wenn diese nicht als Blackbox angesehen, sondern praktisch umgesetzt werden können müssen. Zudem ermöglichen nur lesbare Regeln einen Verständnisgewinn über kausale Zusammenhänge im Straßenverkehr. Daher wurden Entscheidungsregeln und Entscheidungsbäume gelernt und andere Verfahren außen vorgelassen.

Ein weiteres Anwendungsgebiet maschineller Lernverfahren ist die Erkennung von Sequenzmustern. Es wird hierbei automatisiert versucht, häufig aufeinanderfolgende Situationen zu identifizieren. Ziel des Experimentes ist die Vorhersage von zukünftigen Situationen - z.B. Staus - anhand aktueller Daten. In der Folge könnten gezielte Aktionen zur Verkehrsbeeinflussung durchgeführt werden. Erste Experimente wurden in Zusammenarbeit mit Andreas Lattner durchgeführt und in [Lattner, 2012] diskutiert. Im Straßengraph der Stadt Erlensee (vgl. Abbildung 13.1 auf Seite 184) wurden hierbei an verschiedenen Positionen die Verkehrsdichte und der Verkehrsfluss gemessen. Durch wiederholte Messungen konnten zeitliche Verläufe ermittelt werden. Hierfür wurde eine Implementierung[3] des *PrefixSpan*-Algorithmus [Pei et al., 2001] verwendet. Als Resultat wurden zahlreiche Muster ermittelt, deren Interpretation derzeit manuelle Bewertungen der Nützlichkeit voraussetzen. In der Zukunft müssen Wege gefunden werden, weniger Muster mit höherer Aussagekraft zu ermitteln. Ein weiteres Problem ist die Komplexität der gelernten Muster. Auch in einfachen Verkehrsszenarien können komplexe Regeln entstehen. Zukünftig sollte nach Möglichkeiten gesucht werden, wenige, einfache Muster zu ermitteln, die bei der Verkehrssteuerung berücksichtigt werden können.

---

[3]Es wurde *SPMF v0.72* von Philippe Fournier-Viger genutzt: http://www.philippe-fournier-viger.com/spmf/, abgerufen am 07.08.2011.

11 Approximation von Fußgängereffekten

In dieser Studie wird versucht, die Effekte nachzubilden, die Fußgänger auf den Straßenverkehr haben. Dies hat zwei Ziele: Zum einen kann Simulationszeit eingespart werden, wenn Fußgänger nicht mehr simuliert werden müssen. Zum anderen können Verkehrssimulationsysteme, die nicht über ein Fußgängermodell verfügen, um die Effekte von Fußgängern ergänzt werden. Das Kapitel basiert auf [Lattner et al., 2012] in Kooperation mit Andreas Lattner, Dimitrios Paraskevopoulos und Ingo Timm. Abschnitt 11.1 beschreibt die Protokollierung von Fußgängereffekten zur Ableitung von Wahrscheinlichkeitsverteilungen (Abschnitt 11.2), die in Abschnitt 11.3 angewendet werden. Abschnitt 11.4 gibt eine Zusammenfassung und einen Ausblick.

11.1 Protokollierung von Fußgängereinflüssen

Um Effekte, die Fußgänger auf den Straßenverkehr haben, abzubilden, muss betrachtet werden, wann Interaktionen mit Autos und Fahrrädern auftreten. Dies geschieht ausschließlich, wenn Fußgänger Straßen überqueren: auf Zebrastreifen, an Ampeln oder bei Lücken im Verkehr (vgl. Kapitel 7.3.3).

Straßenüberquerungen geschehen auf EIs oder NIs. Wenn eine Überquerung auf einer EI geschieht, existiert eine korrespondierende Position p_{EI} auf der Straße. Jede Überquerung hat eine bestimmte Dauer d. Zwischen zwei Überquerungen auf einer EI oder NI liegt ein zeitliches Intervall i.

Wenn simulierte Fußgänger Straßen überqueren, werden Protokolleinträge für p_{EI}, d und i erstellt, die der betreffenden EI bzw. NI zugeordnet werden. In einem ersten Experiment werden alle Überquerungen von Fußgängern protokolliert. In einem zweiten Experiment werden nur die Überquerungen berücksichtigt, bei denen Interaktionen mit Autos stattfanden. Dies geschieht, wenn ein Auto wegen eines Fußgängers bremsen musste.

11.2 Lernen von Wahrscheinlichkeitsverteilungen

Die protokollierten Zahlen werden anschließend verwendet, um dahinterliegende Wahrscheinlichkeitsverteilungen zu ermitteln. Abschnitt 11.2.1 beschreibt eine Methode, um aus einer Menge von Wahrscheinlichkeitsverteilungen diejenige auszuwählen, die die protokollierten Daten am besten abbildet. Abschnitt 11.2.2 beschreibt einen histogrammbasierten Ansatz, der beliebige Wahrscheinlichkeitsverteilungen abbilden kann.

11.2.1 Best-Fit Ansatz

Der verwendete Ansatz basiert auf der Nutzung der Methode *Maximum Likelihood Estimation* (MLE) (siehe, z.B. [Longford, 2007]). Hierfür wird das *MASS*-Paket der freien Statistiksoftware R Project genutzt [Venables und Ripley, 2002, Ricci, 2005, R Development Core Team, 2011]. Es wird eine Unterscheidung zwischen Normal-, Exponential- und Gleichverteilung durchgeführt. Die Approximation der Parameter für eine Gleichverteilung geschieht durch Betrachtung des Minimums und Maximums der Eingabezahlen $x = (x_1, \cdots x_l)$. Für die restlichen Verteilungen optimiert R Project die Verteilungsparameter zur möglichst genauen Nachbildung von x.

Um zu entscheiden, welche Wahrscheinlichkeitsverteilung die Eingabezahlen am besten abbildet, wird ein χ^2-Test [Steland, 2010] für alle Verteilungen durchgeführt. Die Werte von x werden analog zur Bildung von Histogrammen nach der Formel von Sturges [Sturges, 1926] in $n = \lceil \log_2 l + 1 \rceil$ Klassen aufgeteilt. Diese Klassen werden zum Ähnlichkeitsvergleich mit den verwendeten Verteilungen genutzt. Es wird die Nullhypothese

$$H_0\text{: Die Merkmale } x \text{ und } y \text{ sind stochastisch unabhängig.} \quad (11.1)$$

aufgestellt. y ist die verwendete Wahrscheinlichkeitsverteilung, mit der verglichen wird. Das Resultat des χ^2-Tests ist die Wahrscheinlichkeit p, dass H_0 verworfen werden kann. Unter den betrachteten Wahrscheinlichkeitsverteilungen wird diejenige mit maximalem p-Wert verwendet.

Abbildung 11.1 zeigt die Histogramme verschiedener synthetischer Eingabedaten x und die von R Project optimierten Wahrscheinlichkeitsverteilungen. Es ist ersichtlich, dass die verwendeten Verfahren Wahrscheinlichkeitsverteilungen nachbilden können. Dies funktioniert jedoch nur, wenn die Verteilung, die x zu Grunde liegt, eine der verwendeten Verteilungen ist.

11.2 Lernen von Wahrscheinlichkeitsverteilungen

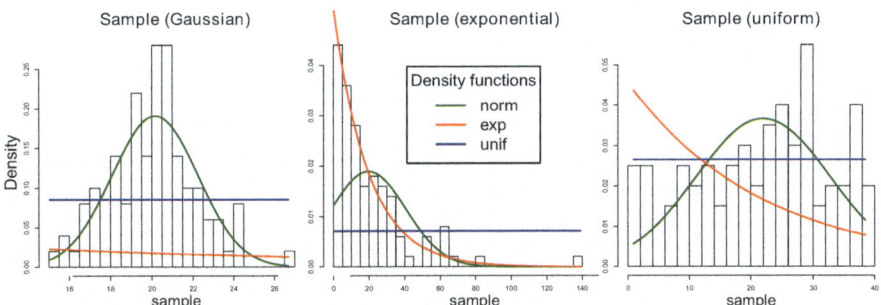

Abbildung 11.1: Verteilungsapproximation nach [Lattner et al., 2012]

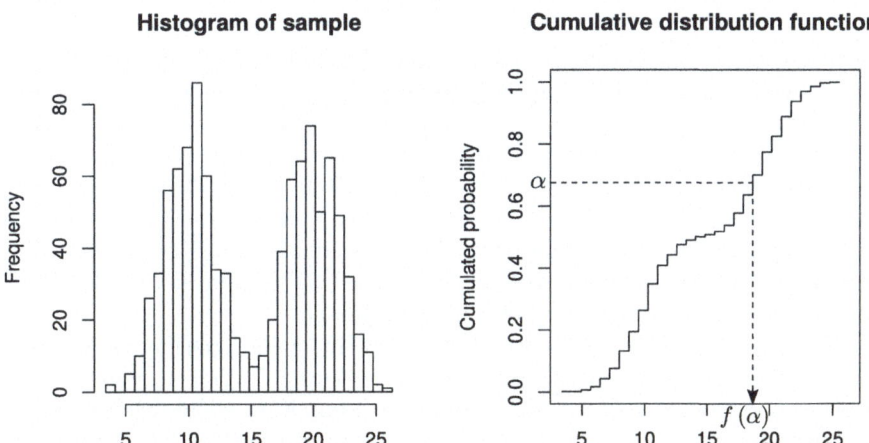

Abbildung 11.2: Histogrammbasierte Verteilungsapproximation durch Bildung eines kumulierten Histogramms nach [Lattner et al., 2012].

11.2.2 Histogrammbasierter Ansatz

Dieser Abschnitt skizziert eine Methode, beliebige Verteilungen nachzubilden. Die Werte von x werden in $n = \max(10, round(10 \times log_{10}(l)))$ Klassen separiert. Das entstehende Histogramm wird normalisiert. Jede Klasse hat nun eine relative Auftrittshäufigkeit. Hieraus wird ein kumuliertes Histogramm berechnet. Abbildung 11.2 verdeutlicht die Vorgehensweise.

Eine gleichverteilte Zufallszahl α im Intervall $[0,1]$ kann nun genutzt werden, um die Position auf der y-Achse zu bestimmen. Der korrespondierende x-Wert $f(\alpha)$ ist der Funktionswert der Verteilung.

11.3 Anwendung

Die beschriebene Methode wird in einer Simulation des in Abbildung 9.9 auf Seite 135 gezeigten Kartenausschnitts der Stadt Hanau angewendet. Nach einer Einschwingphase von 1.000 Iterationen folgt eine Messphase von 50.000 Iterationen. Die Anzahl an Verkehrsteilnehmern wird konstant auf 2.500 gehalten (immer wenn ein Verkehrsteilnehmer seine Zielposition erreicht hat, wird ein neuer Verkehrsteilnehmer erstellt). Die Verteilung der Verkehrsteilnehmertypen ist: 33 % Autos, 7 % Fahrräder und 60 % Fußgänger.

Während der Messphase werden die in Abschnitt 11.1 beschriebenen Kenngrößen Position der Überquerung, Dauer der Überquerung und zeitlicher Abstand seit letzter Überquerung für alle Straßenüberquerungsvorgänge von Fußgängern protokolliert. Die dahinterliegenden Wahrscheinlichkeitsverteilungen werden mit beiden in Abschnitt 11.2 beschriebenen Verfahren approximiert.

In einem zweiten Simulationslauf werden identische Kopien der Autos und Fahrräder des Messlaufes verwendet. Anstelle der Fußgänger werden nun Dummies platziert, die auf der Straße nach den gelernten Verteilungen erscheinen und Straßennutzer zum Abbremsen zwingen. Es werden die Reisedauern der simulierten Autos verglichen. Das Verfahren wird 100 mal durchgeführt. Abbildung 11.3 zeigt die Ergebnisse.

Fall (a) zeigt die Ergebnisse, wenn für jede Straßenüberquerung eines simulierten Fußgängers ein Protokolleintrag erstellt wurde. In Fall (b) wurden nur die Überquerungen berücksichtigt, bei denen ein Auto abbremsen musste, um entweder einen Unfall bei zu geringer Lücke im Verkehr zu vermeiden oder die Vorfahrt des Fußgängers zu berücksichtigen. Fall (a) führt zu einer Übersteuerung des Dummyeinflusses, da nicht alle Straßenüberquerungen mit direkten Wechselwirkungen mit dem Straßenverkehr verbunden sind. Zu Vergleichszwecken wurde auch ohne Fußgänger und Dummies simuliert. Die in Abbildung 11.3 gezeigten Reisedauern verdeutlichen, dass die Simulationsergebnisse in Fall (b) näher an den Ergebnissen unter Berücksichtigung des Fußgängermodells liegen, als wenn Fußgänger einfach missachtet werden. Aus der Abbildung ist kein Unterschied zwischen dem Best-fit und dem Histogrammbasierten Ansatz zu erkennen. Tabelle 11.1 vergleicht die mittleren Ergebnisse.

Die mittleren Differenzen von $\bar{t}_{\text{finished}}$ sind für (b) 2,06 s (Best-fit) und 2,21 s (Histogramm basiert). Dieses Ergebnis überrascht, denn die Stärke des Histogramm basierten Ansatzes, beliebige Wahrscheinlichkeitsverteilungen modellieren zu können, kann in diesem Fall nicht ausgespielt werden.

11.4 Diskussion und Ausblick

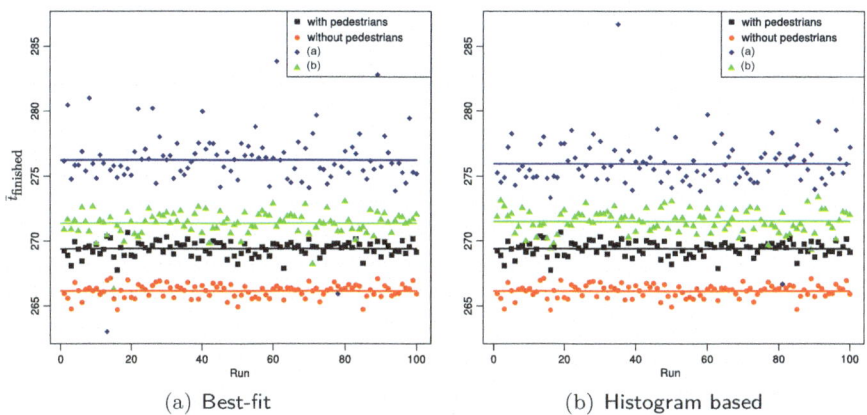

(a) Best-fit (b) Histogram based

Abbildung 11.3: Vergleich der Reisedauern von Autos $\bar{t}_{\text{finished}}$ [s] bei unterschiedlicher Handhabung von Fußgängern. Linien zeigen Mittelwerte.

Tabelle 11.1: Mittlere Reisedauern für Autos und Fahrräder.

	$\bar{t}_{\text{finished}}$ [s]	
	Best-fit	Histogramm baisert
(a)	276.26	275.98
(b)	271.40	271,55
mit Fußgängern		269.34
ohne Fußgänger		266.19

Verglichen mit der Abweichung von 3,15 s für die Simulationsläufe ohne Berücksichtigung von Fußgängern, stellen die Simulationsergebnisse mit Dummies eine Verbesserung dar. Die Kernaussage von Abbildung 11.1 ist, dass die Simulationsergebnisse unter Berücksichtigung von Fußgängern zwischen den Ergebnissen ohne Fußgängern und Fall (b) liegen. Somit können diese Ergebnisse zur Eingrenzung genutzt werden.

11.4 Diskussion und Ausblick

In diesem Kapitel wurde ein Verfahren diskutiert, um die Einflüsse, die Fußgänger auf den Straßenverkehr haben, in Wahrscheinlichkeitsverteilungen zu überführen und anschließend ohne Nutzung eines Fußgängermodells ein urbanes Verkehrsszenario simulieren zu können. Unter den genannten Gegebenheiten konnte die Simulationsgeschwindigkeit etwa verdoppelt werden. Die Approximationsgüte ist höher, als in den Fällen, in denen Fußgänger schlicht ignoriert werden.

In der Zukunft ist zu prüfen, ob eine Erweiterung der Dummyfunktionen um ein Straßenüberquerungsverhalten weitere Verbesserungen der Approximationsgüte ergeben würden. Dummies sollten nicht plötzlich erscheinen, sondern den AF eines Fußgängers abbilden und sich bei Überquerungen identisch verhalten. Dies würde weiterhin zu einer Erhöhung der Simulationsgeschwindigkeit führen, da keine Routenplanungen für Fußgänger berechnet werden müssten und auch das mikroskopische Fußgängermodell bei Überquerungen an NIs eingespart werden könnte.

Ein grundlegender Nachteil des Verfahrens ist, dass keine dynamischen Änderungen der Verkehrssituation berücksichtigt werden können. Für statische Szenarien könnte das beschriebene Verfahren jedoch genutzt werden, um einerseits bei großen Simulationsszenarien Simulationszeit einzusparen und andererseits Simulationssysteme, die nicht über ein Fußgängermodell verfügen, einfach um die Effekte von Fußgängern zu ergänzen. In diesem Fall würde eine Analyse des Simulationsszenarios mittels MAINSIM genügen, um anschließend die gewonnenen Wahrscheinlichkeitsverteilungen in beliebige Dummystrukturen des Zielsimulationssystems zu überführen. Auf diese Weise könnten die individuellen Stärken anderer Systeme, z.B. ein detaillierteres Automodell, weiterhin genutzt werden und dennoch Fußgänger Berücksichtigung finden.

12 Nonkonformismus

Die Betrachtung relevanter Literatur zum nicht regelkonformen Verhalten von Verkehrsteilnehmern im Straßenverkehr (vgl. Abschnitte 3.2, 3.3.2, 3.3.3 und 3.4.2) hat gezeigt, dass Verkehrsteilnehmer sich *aggressiv* verhalten können. Häufig ist die Motivation dahinter, ihre eigene Reisedauer zu verkürzen.

In [Ehlert und Rothkrantz, 2001] wird ein mikroskopisches Verkehrsmodell für Autos besprochen, welches reaktive Agenten einsetzt. Das Ziel der Arbeit ist die Modellierung menschlichen Fahrverhaltens. Die Agenten können Regeln missachten. Beispiele sind die Ignorierung von Geschwindigkeitsbegrenzungen, Einbahnstraßen und dem Rechtsfahrgebot. Fahrer, die höhere Geschwindigkeiten bevorzugen, werden mit höheren Wahrscheinlichkeiten modelliert, langsamere Autos zu überholen. Das verwendete Verkehrsmodell wurde in der Arbeit jedoch weder beschrieben, noch evaluiert. Dennoch sind die grundlegenden Regelbruchaktionen interessante Studienfelder.

In [Yuhara und Tajima, 2006] wird die Notwendigkeit der Nutzung von agentenbasierten Verkehrssimulationssystemen im Hinblick auf Verkehrssicherheit im Feld der Fahrassistenzsysteme diskutiert. Die Entscheidungen der Agenten berücksichtigen hierbei individuelle Einstellungen für die Spurwahl, die Lückenakzeptanz, Sicherheitsabstände und andere Werte. Die Entscheidung bei einer von grün auf gelb umspringenden Ampel zu beschleunigen oder zu bremsen, wird durch Wahrscheinlichkeitsverteilungen modelliert.

In [Baek et al., 2009] wird ein zweidimensionales Zellularautomatenmodell zur Modellierung von Fußgängerbewegungen diskutiert. Wenn zwei Fußgänger aufeinander zugehen, ist die normgerechte Handlung beider Fußgänger, ein Ausweichmanöver einzuleiten. In der Arbeit wird gezeigt, dass unter bestimmten Konstellationen ein maximaler Verkehrsfluss erzielt wird, wenn sich ein Teil der Fußgänger nicht an diese Norm hält.

In diesem Kapitel werden drei Fallstudien zur Thematik Nonkonformismus bezüglich Verkehrsregeln diskutiert. Es wird gezeigt, wie nonkonformes Verhalten mittels MAINSIM modelliert werden kann. Für jeden der drei Verkehrsteilnehmertypen Auto, Fahrrad und Fußgänger wird eine aggressive Verhaltensweise simuliert. Es wird untersucht, welchen Vorteil der aggressive Fahrer erhält und welche Nachteile die restlichen Verkehrsteilnehmer erdulden müssen.

Dieses Kapitel basiert auf der Arbeit [Dallmeyer et al., 2012c] (in Kooperation mit Andreas Lattner und Ingo Timm). In den Unterabschnitten 12.1 bis 12.4 werden die Fallstudien besprochen und deren Ergebnisse diskutiert. Abschließend wird eine Zusammenfassung und ein Ausblick auf weitere Untersuchungsmöglichkeiten gegeben (Unterabschnitt 12.5).

12.1 Überholverbot für Lkw

Das erste Experiment in diesem Kapitel findet auf einer zweispurigen Autobahn mit 20 km Länge und einer Geschwindigkeitsbegrenzung von 55 m/s statt. Die Autobahn verläuft im Kreis. Es existieren keine Auf- oder Abfahrten. Dies entspricht dem allgemeinem Aufbau zur Untersuchung von Verkehrsmodellen im Autobahnbereich (vgl. [Nagel und Schreckenberg, 1992, Emmerich und Rank, 1997, Kerner et al., 2002, Zhu et al., 2009]).

Es wird ein Überholverbot für Lkw gesetzt. Lkw dürfen somit nur die rechte Spur nutzen. Es werden 250 Verkehrsteilnehmer (85 % Pkw, 15 % Lkw) simuliert. Es werden 100 Gruppen von jeweils 250 individuellen Verkehrsteilnehmern generiert. Jeder Simulationslauf besteht aus einer Einschwingphase von 900 Iterationen und einer Messphase von 18.000 Iterationen (5 Stunden Realzeit). Die durchschnittlichen Geschwindigkeiten der Pkw, der Lkw und beider Gruppen gemeinsam werden erhoben. Als Ergebnis werden die jeweiligen Werte über alle 100 Gruppen gemittelt.

Für jede Gruppe werden 11 Simulationsexperimente durchgeführt. Im ersten Experiment ist die Menge der Lkw, die sich nicht an das Überholverbot halten 0 %. In Schritten von 10 % wird diese immer weiter erhöht. Pro Experiment werden 5 Replikationen mit identischen Einstellungen zur Mittelung der Ergebnisse durchgeführt. Es werden somit identische Verkehrsteilnehmer in identischen Experimenten simuliert und pro Einstellung ändert sich jeweils nur der Anteil an nicht regelkonform fahrenden Lkw. Auf diese Weise entstehen vergleichbare Ergebnisse. Abbildung 12.1 zeigt den Verlauf der drei Messgrößen bei steigender Anzahl an nonkonformen Lkw.

Die Lkw können zwischen 0 % und 100 % Nonkonformität ihre Geschwindigkeit um 4, 66 km/h erhöhen. Auf der anderen Seite verringert sich die Geschwindigkeit der Pkw in diesem Rahmen um 30, 85 km/h. Schon die geringe Menge von 10 % nonkomformen Lkw führt zu einer Verringerung der Pkw-Geschwindigkeit um ca. 10, 63 km/h.

Die Geschwindigkeitsverringerung der Pkw resultiert aus Überholmanövern von Lkw, die im Vergleich zu den Pkw sehr langsam fahren. Die Lkw profitieren, wenn sie sich nicht an das Überholverbot halten, da sie nicht

12.2 Aufbau der urbanen Studien

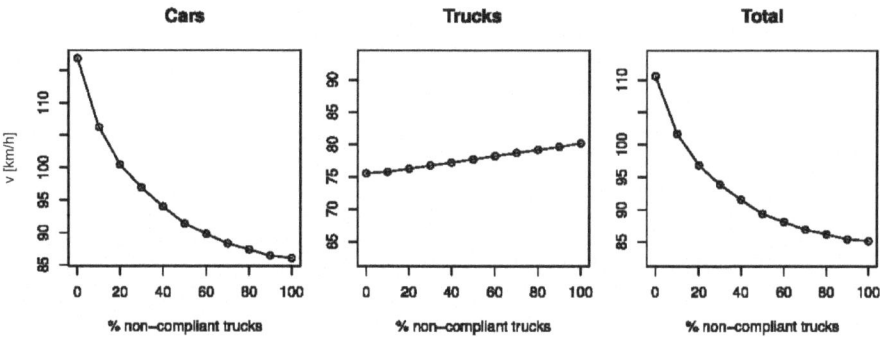

Abbildung 12.1: Simulationsergebnisse: Autobahn

mehr dauerhaft hinter langsameren Lkw bleiben müssen. Die Gesamtdurchschnittsgeschwindigkeit in diesem Beispiel zeigt jedoch deutlich, dass eine Nichteinhaltung des Überholverbots für Lkw insgesamt negative Folgen für den Autobahnverkehr hat. Die Verringerung der Geschwindigkeit ist im Maximum ca. 25,46 km/h.

12.2 Aufbau der urbanen Studien

Die Untersuchungen über Nonkonformismus von Fahrrädern und Fußgängern finden in einer urbanen Umgebung statt. Es wird der in Abbildung 12.2 gezeigte Kartenausschnitt der Stadt Trier[1] zur Simulation verwendet.

In den folgenden Unterabschnitten werden jeweils 1.000 Verkehrsteilnehmer (50 % Pkw, 25 % Fahrräder und 25 % Fußgänger) simuliert. Quell- und Zielposition werden zufällig bestimmt. 50 % der Verkehrsteilnehmer nutzen vorberechnete Routen, 50 % die probabilistische Routingmethode. Es entsteht eine Verteilung des Verkehrs in der Stadt mit hohen Verkehrsdichten an zentralen Stellen.

Der grundlegende Simulationsablauf verändert sich gegenüber dem vorangegangenem Experiment nicht. Es werden jeweils identische Verkehrsteilnehmer bei äquidistanter Erhöhung der Nonkonformitätsrate einer Verkehrsteilnehmergruppe simuliert. Als Vergleichsgröße wird die mittlere Reisedauer der verschiedenen Verkehrsteilnehmergruppen betrachtet.

---

[1] Grenzen in WGS84: [6.32 : 8.44, 49.24 : 50.47]

Abbildung 12.2: Kartenausschnitt Trier. Der Graph besteht aus 4.495 `NIs` und 5.386 `EIs` und hat eine Gesamtlänge von 485 km.

12.3 Drängelnde Fahrradfahrer

Im Stadtverkehr ist häufig zu beobachten, dass Fahrradfahrer an roten Ampeln wartende Autos überholen. Dieses Verhalten wird im Rahmen dieser Arbeit als aggressiv eingestuft. Ein nonkonformes Fahrrad drängelt an Ampeln, ein konformes hält seine Position in der Schlange der wartenden Verkehrsteilnehmer. Es ist davon auszugehen, dass drängelnde Fahrradfahrer einen zeitlichen Vorteil erzielen. Für die restlichen Verkehrsteilnehmer könnte das Verhalten jedoch negativ sein, da beispielsweise ein Auto ein Fahrrad mehrmals überholen muss und somit auch mehrfach durch das Fahrrad aufgehalten werden kann. In der Realität tritt dieser Effekt durch ein potentielles Unfallrisiko bei Überholmanövern in den Hintergrund. Abbildung 12.3 zeigt die Simulationsergebnisse.

12.3 Drängelnde Fahrradfahrer 177

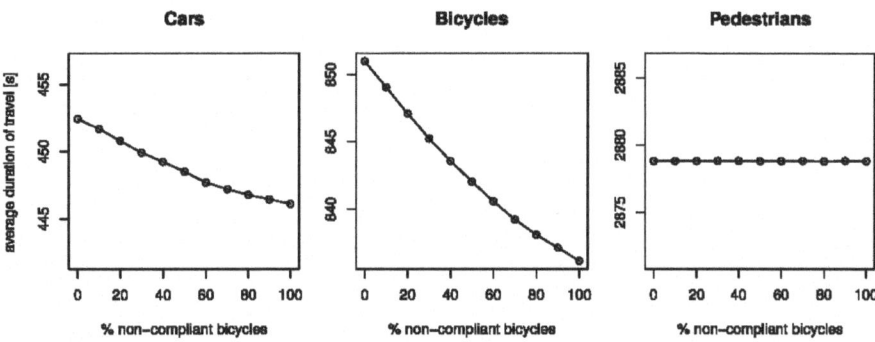

Abbildung 12.3: Simulationsergebnisse: Trier: Fahrrad

Fahrräder haben einen Vorteil, wenn sie an Ampeln drängeln. Die Reduzierung ihrer Reisedauer ist 14,85 s, wenn alle Fahrräder nonkonform sind. Insgesamt ist dies nicht viel Ersparnis im Vergleich zur Gesamtfahrtdauer ($\approx 1,75$ %), da die meiste Zeit der Fahrt nicht vor Ampeln verbracht wird. Es ist kein Einfluss auf die Reisedauern von Fußgängern ersichtlich, da der Regelbruch der Fahrräder die möglichen Interaktionen mit Fußgängern nicht beeinflusst. Das überraschende Ergebnis ist, dass Autos in diesem Szenario keine Nachteile durch drängelnde Fahrräder haben. Autos sparen sogar im Extremfall 6,33 s ($\approx 1,40$ % der Reisedauer).

Eine Erklärung für dieses Ergebnis könnte sein, dass Autos und Fahrräder unterschiedliche Routingcharakteristiken haben. Autos bewerten bei einer Kantenbewertung die geschätzte Reisedauer auf der jeweiligen EI und berücksichtigen explizit die erlaubte Höchstgeschwindigkeit. Fahrräder können Geschwindigkeiten über 30 km/h selten fahren und bewerten daher die Länge der EI. An einer Ampelkreuzung könnten daher Autos und Fahrräder häufig in unterschiedliche Richtungen abbiegen. Der Effekt, dass ein Auto ein Fahrrad mehrmals überholen muss, bliebe in diesem Fall aus. Zusätzlich verkürzt ein drängelndes Fahrrad die Warteschlange vor der Ampel. Dies kann dazu führen, dass mehr Autos die Ampel in einer Grünphase passieren können und somit insgesamt kürzere Reisedauern erreichen.

Das Gesamtergebnis ist, dass drängelnde Fahrradfahrer ihre eigenen Reisedauern reduzieren können und keine negativen Einflüsse auf andere Verkehrsteilnehmergruppen haben.

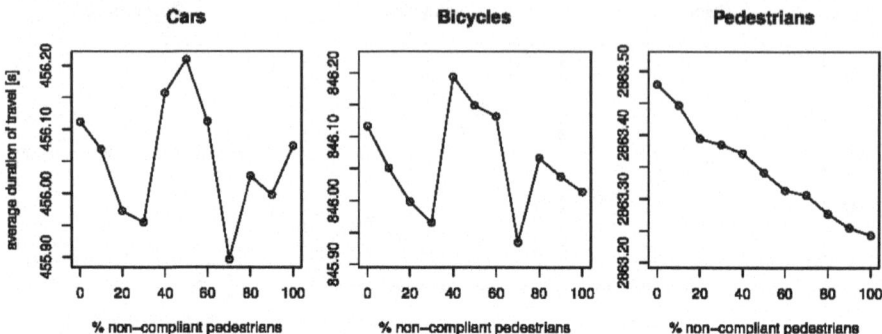

Abbildung 12.4: Simulationsergebnisse: Trier: Fußgänger

12.4 Aggressive Fußgänger

Dieses Experiment ist identisch zur vorangegangenen Studie. Anstelle der Fahrräder sind nun Fußgänger aggressiv. Wenn ein Fußgänger f aggressiv ist, wird sein $AF = -3$ s gesetzt (vgl. Abschnitt 7.3.3). Dies führt dazu, dass f eine Straße auch dann überquert, wenn die zeitliche Lücke im Verkehr 3 s zu klein ist. Straßenverkehrsteilnehmer müssen in diesem Fall bremsen, um eine Kollision zu vermeiden. Zusätzlich ignoriert f rote Ampeln und läuft an Kreuzungen einfach über die Straße. Dieser Effekt ist vergleichbar zur Wahl von AF. Die Ignorierung von Ampeln führt dazu, dass f auch keine Ampel drückt. Die Simulationsergebnisse werden in Abbildung 12.4 gezeigt.

Die größte Spannweite zwischen minimaler und maximaler Reisedauer ist 0,31 s bei der Gruppe der Autos. Dies entspricht einer Abweichung von $\approx 0,07$ %. Das Hauptergebnis dieses Experiments ist daher, dass der Einfluss von aggressiven Fußgängern gering ist. Der Verlauf der Reisedauer der Gruppe der Fußgänger zeigt einen klaren Trend zur Verringerung bei Nonkonformismus. Der Effekt ist jedoch gering, da nur sehr wenig Zeit zur Überquerung von Straßen verwendet und die meiste Zeit auf Gehwegen gelaufen wird. Zusätzlich hat aggressives Verhalten nur dann einen Einfluss, wenn zum entsprechenden Zeitpunkt ein anderer Verkehrsteilnehmer in der Nähe des Fußgängers ist. Ein Teil der aggressiven Überquerungen wäre somit ohne Aggressivität identisch verlaufen. Für die Gruppen der Autos und Fahrräder ist kein klarer Trend erkennbar.

12.5 Zusammenfassung und Ausblick

In diesem Kapitel wurden drei Untersuchungen zum Einfluss von Regel-Nonkonformismus durchgeführt. Es konnte gezeigt werden, dass MAINSIM für derartige Untersuchungen geeignet ist.

Im ersten Experiment wurde untersucht, welchen Einfluss Lkw haben, die sich auf einer Autobahn nicht an ein Lkw-Überholverbot halten. Der Einfluss war stark negativ für die simulierten Pkw, jedoch positiv für die nonkonformen Lkw.

In einem zweiten Experiment wurde ein Straßengraph der Stadt Trier genutzt, um zu untersuchen, welchen Einfluss Fahrräder haben, die sich an roten Ampeln nach vorne drängeln. Entgegen den Erwartungen wurden Pkw, auf ihre gesamte Reisedauer gesehen, dadurch nicht behindert.

Das dritte Szenario untersuchte im selben Straßengraph den Einfluss aggressiver Fußgänger, die ohne Berücksichtigung des Straßenverkehrs Straßen überqueren und somit Pkw zu starken Bremsungen zwingen, um Unfälle zu vermeiden. Für keinen der betrachteten Verkehrsteilnehmertypen änderten sich die Reisedauern merklich - auch nicht für die Fußgänger, die in der Realität ihr Leben riskiert hätten.

Für die Szenarien innerhalb der Stadt Trier wurde realistisches Kartenmaterial genutzt. Um die lokalen Verkehrsströme adäquat abbilden zu können, müssen in der Zukunft QZM für die verschiedenen Verkehrsteilnehmertypen verwendet werden. Die derzeitigen Ergebnisse können daher nicht im Hinblick auf ihre absoluten Werte betrachtet werden.

In der Zukunft sollte genauer untersucht werden, warum sich die Reisezeiten von Autos verringern, wenn Fahrräder drängeln. Es muss geprüft werden, wie häufig Pkw Fahrräder mehrfach überholen müssen, wenn diese an den Ampeln drängeln und welchen zeitlichen Verlust die Pkw dadurch erfahren. Bei der Betrachtung des Stands der Forschung wurde in Abschnitt 3.2 diskutiert, dass Fahrräder teilweise rote Ampeln gänzlich missachten. Diese Form der Aggressivität wurde innerhalb von MAINSIM bisher nicht modelliert. Eine Untersuchung dieses Verhaltens sollte in einer Folgestudie durchgeführt werden.

Das modellierte aggressive Verhalten der Fußgänger soll einen Extremfall aufzeigen. Es erscheint jedoch unrealistisch, dass Fußgänger den Straßenverkehr ignorieren, da die damit verbundenen Gefahren zu groß erscheinen. Zur exakteren Untersuchung würden jedoch weitere Daten von Feldstudien benötigt. Die gewählte Modellierung ermöglichte die Untersuchung, ob tendenziell ein Einfluss dieses Verhaltens auf den Straßenverkehr zu vermuten ist. Nach der durchgeführten Studie ist dies zu verneinen.

Dieses Kapitel schließt mit einer Auflistung weiterer Fragestellungen, die in der Zukunft untersucht werden könnten:

- In Abschnitt 10.2.5 wurde eine Anzeigetafel verwendet, die ein Linksfahrgebot setzte, um Autos von einer Zubringerstraße den Eintritt auf eine Autobahn zu vereinfachen. Wie robust ist dieses System bezüglich Autos, die das Linksfahrgebot ignorieren?

- Geschwindigkeitsbegrenzungen im urbanen Bereich können zu mehr Verkehrssicherheit und einer Verkürzung von Reisedauern führen. Auf Autobahnen wird auf diese Weise der Verkehr homogenisiert. Werden die Vorteile von Geschwindigkeitsbegrenzungen weiterhin erzielt, wenn sich nur noch ein bestimmter Anteil der Verkehrsteilnehmer daran hält?

- Verschiedene Fahrer halten unterschiedliche Sicherheitsabstände. Sehr aggressive Fahrer können Unfälle haben; sehr vorsichtige können Staus hinter sich hervorrufen. Welche Intensität an Aggressivität ist effizient für ein Auto und für den restlichen Verkehr?

- Welchen Einfluss hat aggressives Verhalten auf Unfälle im Straßenverkehr?

- Wunschgeschwindigkeiten variieren von Fahrer zu Fahrer. Auf einer Autobahn seien drei Spuren vorhanden. Die rechte Spur wird hauptsächlich von Lkw genutzt. Auf der mittleren Spur fahren vordergründig langsame Pkw, die schneller als die Lkw auf der rechten Spur sind. Je mehr langsame Pkw aber auf der Straße vorhanden sind, desto mehr Autos wechseln auf die linke Spur, sodass auch dort das Tempo sinkt. Es stellt sich folgende Frage: Wie viele langsame Pkw verträgt der Straßenverkehr?

13 Ameisen-inspirierte Routingmethode

Dieses Kapitel untersucht eine Ameisen-inspirierte Routingmethode, die zu einer effizienteren Nutzung der Verkehrsinfrastruktur beitragen kann. Es basiert auf der Arbeit [Dallmeyer et al., 2012d], die in Kooperation mit René Schumann, Andreas Lattner und Ingo Timm entstanden ist. Die gezeigten Ergebnisse basieren jedoch auf einer neueren Version von MAINSIM, bei der die Analyse des Straßengraphen weiter verfeinert wurde. Das beschriebene Routingverfahren wurde als zusätzliche Erweiterung um die Möglichkeit des Umplanens ergänzt.

Der folgende Abschnitt 13.1 gibt einen Überblick über den relevanten Kontext und die Einordnung dieses Kapitels darin. In Abschnitt 13.2 wird eine Erweiterung einer bestehenden Routingmethode besprochen, um sie durch Ameisen-inspirierte Verhaltensweisen zu ergänzen. Die dabei entstehenden Parameter müssen optimiert werden. Die Vorgehensweise hierfür wird in Abschnitt 13.3 skizziert. Abschnitt 13.4 vergleicht den neuen Routingansatz mit einer Auswahl an bestehenden Verfahren in unterschiedlichen Szenarien. Dieses Kapitel schließt mit einer Diskussion und einem kurzen Ausblick in Abschnitt 13.5.

13.1 Kontextuelle Einordnung

Ein wichtiger Grundbestandteil bei der Stauentwicklung ist eine Verkehrsdichte, die einen Schwellwert überschreitet, der von Straße zu Straße variieren kann. Einen Überblick über die Stauentstehung geben [Kerner und Rehborn, 1997] und [Kerner, 2009]. Wenn es möglich wäre, Autos frühzeitig umzuleiten, um den Verkehr effizienter im Straßennetz zu verteilen, könnte die Staugefahr gesenkt werden. Fahrzeug-Fahrzeug-Kommunikation (V2V) und Fahrzeug-Infrastruktur-Kommunikation (V2I) bilden gemeinsam den Komplex V2X. Die Grundidee ist hierbei, dass Autos miteinander und mit der Infrastruktur mittels Funksignalen kommunizieren können und Informationen über die aktuelle Verkehrslage senden und empfangen können. Unter Annahme dieser Fähigkeiten lassen sich neuartige Routingmethoden entwickeln.

Ameisenalgorithmen wurden entwickelt, um heuristische Lösungen für komplexe Optimierungsprobleme zu ermitteln [Dorigo und Blum, 2005]. In [Alves et al., 2010] wird ein Ant Colony Optimization (ACO) Algorithmus verwendet, um in einer zentralen Verkehrsplanungsstation Reisedauern auf simulierten Straßen zu verarbeiten und Routenvorschläge für simulierte Autos zu bestimmen. Autos werden hierbei zentral gerouted und haben keine individuellen Planungsmöglichkeiten.

In [Narzt et al., 2010] wird die Notwendigkeit dezentraler Steuerungsmechanismen thematisiert. Autos werden zu intelligenten Einheiten, die miteinander und mit der Umgebung kommunizieren können. Autos verhalten sich analog zu Ameisen: Sie hinterlassen Pheromonspuren auf ihrem Weg. Die Pheromonintensität wird ähnlich zum Verhalten von Ameisen genutzt, um Routen zu planen. Hohe Pheromonkonzentrationen deuten auf hohe Verkehrsdichten und somit lange Durchfahrtdauern auf der betreffenden Straße hin. Diese Informationen können bei der Routenplanung, z.B. mittels A* berücksichtigt werden. Der beschriebene Ansatz nutzt häufige Umplanungsschritte, damit simulierte Autos sich wechselnden Pheromonkonzentrationen anpassen können. Dieser Schritt ist für große Szenarien mit mehreren Tausend Autos und Graphen mit mehreren Zehntausend Knoten nicht mehr umsetzbar.

13.2 Erweiterte Routingmethode

Um Pheromonkonzentrationen bei der Routenplanung zu berücksichtigen, wird der A*-Algorithmus erweitert. Die Distanzfunktion zwischen zwei Knoten NI_a und NI_b über die Kante EI wird definiert als:

$$d(NI_a, NI_b) = \frac{length(\text{EI})}{v^*} \quad (13.1)$$

$$v^* = \left(1 - \text{EI}_{si}^{dir}\right) \cdot \text{EI}_{vMax}$$

Die Schätzung der fahrbaren Geschwindigkeit auf EI wird durch die erlaubte Geschwindigkeit EI_{vMax} und die Pheromonstärke (smell intensity si) EI_{si}^{dir} in Fahrtrichtung dir beeinflusst. Der Wertebereich von EI_{si} ist $[0 \cdots 1]$. Der Wertebereich von v^* ist somit $[0 \cdots \text{EI}_{vMax}]$. Die Pheromonkonzentration wird in jedem Simulationsschritt für jede EI nach Gleichung 13.2 angepasst.

$$\text{EI}_{si}^{dir} = \min\left(\max\left(\text{EI}_{si}^{dir} - \kappa + \vartheta \cdot dens\left(\text{EI}^{dir}\right), 0\right), 1\right) \quad (13.2)$$

Es findet eine Absorption um den Subtrahenden κ statt. Die aktuelle Verkehrsdichte $[0 \cdots 1]$ auf der korrespondierenden EI erhöht den Wert von EI_{si} und wird dabei durch ϑ gewichtet. Eine Straße mit hoher Verkehrsdichte wird somit hohe Werte von EI_{si} erhalten und umgekehrt. Gleichung 13.1 führt zu einer vermehrten Nutzung von Straßen, die geringe Werte von EI_{si} aufweisen. Dieser Effekt sollte eine bessere Ausnutzung des vorhandenen Straßennetzes ermöglichen. Der Zufluss auf einen Stau wird dadurch abgemildert werden. Dies führt zu einer schnelleren Auflösung des Staus (vgl. [Lee und Kim, 2011]). Das beschriebene Verfahren ist ein Ameiseninspiriertes Routingverfahren (AIR).

13.3 Parameterbestimmung

Die beiden Parameter des Verfahrens, κ und ϑ werden mittels Simulated Annealing (vgl. z.B. [Lee und El-Sharkawi, 2005]) optimiert. Simulated Annealing wird verwendet, da es sich für komplexe Probleme mit möglichen lokalen Optima eignet. Zur Optimierung werden Simulationsläufe in dem in Abbildung 13.1 dargestellten Kartenausschnitt der Stadt Erlensee[1] durchgeführt.

Es werden ausschließlich Autos simuliert. Die Anzahl der Autos wird über die Simulationsdauer konstant auf 400 gehalten. Jedes Auto erhält einen zufälligen Start- und Zielpunkt und berechnet die Route zwischen diesen mit Hilfe des erweiterten A*-Algorithmus. Nach einer Einschwingphase von 900 Iterationen folgt eine Messphase von 3.600 Iterationen. Mit identischen Autos, aber unterschiedlichen Seedwerten des Zufallsgenerators, werden 5 Replikationen durchgeführt. Die Fitness fit_r einer Replikation ist die Anzahl der Autos, die in Replikation r ihre Zielposition erreicht haben. Die Fitness eines Simulationslaufs ist die mittlere negierte Fitness seiner Replikationen $fit = -\frac{1}{5}\sum_{r=1}^{5} fit_r$. Es entsteht somit ein Minimierungsproblem, welches mittels Simulated Annealing bearbeitet werden kann. Je geringer fit, desto mehr Autos haben ihre Zielposition innerhalb der Messphase erreicht und desto effizienter war somit die Parameterwahl von κ und ϑ. Die beste Parameterkonfiguration erzielte $fit = -4317,6$ mit der in Gleichung 13.3 und 13.4 gezeigten Konfiguration.

$$\kappa = 0,2287046902172737 \quad (13.3)$$
$$\vartheta = 0,63524721217982 \quad (13.4)$$

---
[1]Grenzen in WGS84: $[8.92 : 9.08, 50.13 : 50.19]$

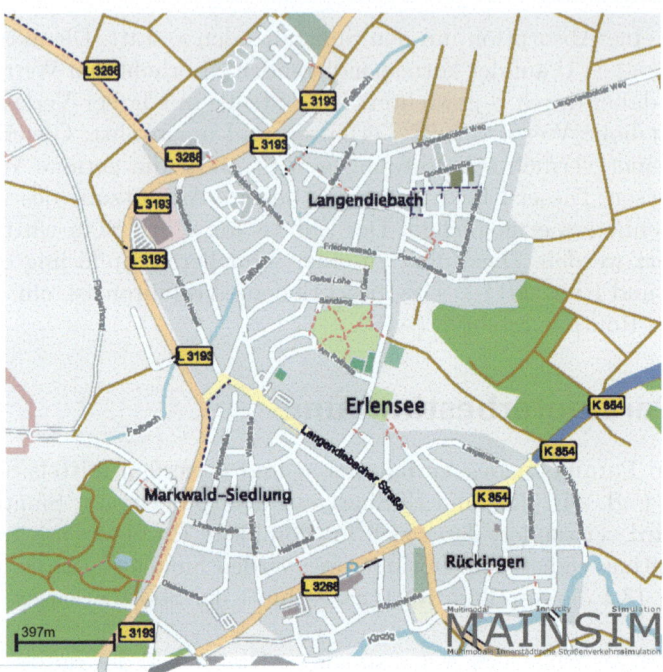

Abbildung 13.1: Stadt Erlensee: ges. Straßenlänge 142 km, 937 `EIs`, 714 `NIs`.

13.4 Vergleich mit anderen Verfahren

Das Ameisen-inspirierte Routingverfahren wird mit dem Verfahren der statischen Nutzung (Stat) vorberechneter Routen ohne Anpassung der Kantengewichte und einem iterativen Verfahren verglichen. Das iterative Verfahren berechnet Simulationsläufe mit identischen Einstellungen wiederholt. Nach jedem Lauf werden zufällig 10 % der simulierten Autos ausgewählt und berechnen ihre Route auf Basis der erfahrenen Fahrtdauern auf den `EIs` des Graphen erneut. Die Methode führt zu einem dynamischen Gleichgewicht [Gawron, 1998, Raney und Nagel, 2002]. Im Rahmen dieser Arbeit werden 50 Trainingsläufe durchgeführt, um das Verfahren zu kalibrieren. Simulierte Auto-Agenten erhalten im Laufe des Verfahrens Erfahrung über die Verkehrszustände auf den Straßen und optimieren ihre Routen.

13.4 Vergleich mit anderen Verfahren

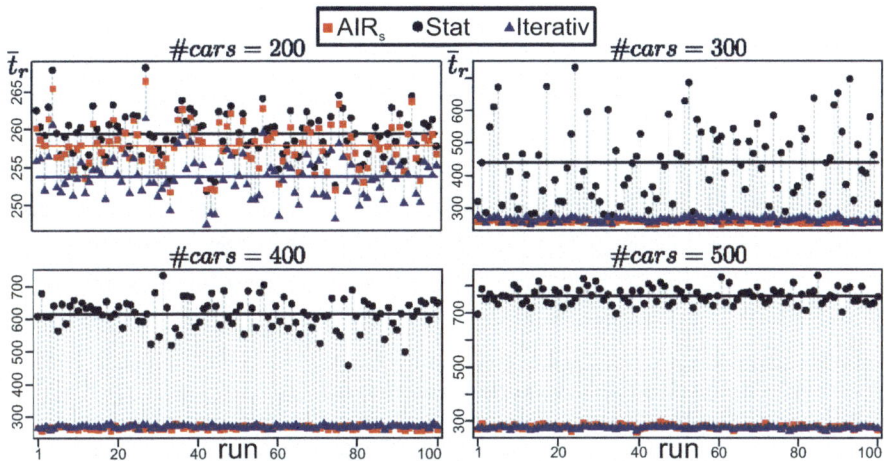

Abbildung 13.2: Vergleich der Routingmethoden: Erlensee

Das Routingverfahren AIR wird in AIR_S und AIR_d unterschieden. Beim statischen Verfahren AIR_S berechnen Autos einmalig eine Route und fahren diese anschließend. Das dynamische Verfahren AIR_S ermöglicht die Anpassung der Routen. Immer wenn ein simuliertes Auto eine EI verlässt, wird die Reisedauer geschätzt, die unter der aktuellen Kantenbewertungen für die Route des Autos zu erwarten ist. Wenn eine Verdoppelung der Reisedauer im Vergleich zur initial geschätzten Dauer zu erwarten ist, wird eine neue Route geplant. Bei Reisedauern von unter zwei Minuten muss die geschätzte Dauer mindestens fünfmal so lange wie die erste Schätzung sein. Dieses Verfahren soll bei entstehenden Staus ein schnelles Umplanen ermöglichen.

In einem ersten Experiment wird der Straßengraph aus Abbildung 13.1 genutzt, der bereits zur Kalibrierung des Ameisen-inspirierten Verfahrens genutzt wurde. Es werden je 100 Simulationsläufe mit jeweils 10 Replikationen zur Mittelung der Ergebnisse verwendet. Das Experiment wird mit unterschiedlichen Mengen an Autos zwischen 200 und 500 wiederholt. Die Simulationsdauer beträgt 900 (Einschwingphase) plus 3.600 (Messphase) Iterationen und wird verlängert, bis das letzte Auto seine Zielposition erreicht hat. Nach Iteration 4.500 werden keine weiteren Autos mehr hinzugefügt.

Abbildung 13.2 vergleicht die mittleren Reisedauern. In der Abbildung werden stellvertretend für AIR die Ergebnisse von AIR_S dargestellt. Es ist ersichtlich, dass sowohl das Ameisen-inspirierte, als auch das iterative Routingverfahren zu Verringerungen der Reisedauern im Vergleich zur stati-

#Autos	#Läufe	Stat	AIR$_s$	AIR$_d$	Iterativ
200	100	$\bar{t} = 259,47$ $\sigma = 3,05$	$\bar{t} = 257,97$ $\sigma = 2,91$	$\bar{t} = 257,90$ $\sigma = 2,94$	$\bar{t} = 253,76$ $\sigma = 2,74$
300	100	$\bar{t} = 439,67$ $\sigma = 115,82$	$\bar{t} = 266,32$ $\sigma = 5,52$	$\bar{t} = 266,12$ $\sigma = 5,47$	$\bar{t} = 265,23$ $\sigma = 7,40$
400	100	$\bar{t} = 615,91$ $\sigma = 47,05$	$\bar{t} = 262,96$ $\sigma = 4,54$	$\bar{t} = 263,03$ $\sigma = 4,89$	$\bar{t} = 263,03$ $\sigma = 4,55$
500	100	$\bar{t} = 763,14$ $\sigma = 30,90$	$\bar{t} = 279,67$ $\sigma = 7,04$	$\bar{t} = 279,94$ $\sigma = 7,07$	$\bar{t} = 274,85$ $\sigma = 4,10$

Tabelle 13.1: Vergleich: Mittlere Reisedauer $\bar{t}$ und Standardabweichung σ im Straßengraphen von Erlensee.

schen Methode führen. Beide Verfahren reduzieren die Stauintensitäten bei hohen Verkehrsdichten. Das iterative Verfahren führt - abgesehen von den Simulationsläufen mit 400 Autos - zu den geringsten Reisedauern in diesem Szenario. Tabelle 13.1 fasst die Ergebnisse zusammen. Zu beachten ist, dass die Streuungen der Reisedauern bei AIR und Iterativ geringer ausfallen.

Die Performanz von AIR$_s$ ist auf einem Niveau mit AIR$_d$. Im verwendeten Straßengraphen existieren nur zwei Ampeln, die für unvorhergesehene Verzögerungen sorgen können und die geringe Gesamtlänge der Straßen führt zu geringen Planungshorizonten. Nachdem ein Auto seine Route geplant hat, ändert sich somit im Normalfall die Bewertung der Route während der Fahrt nur geringfügig und ein Umplanen findet selten statt. Beachtlich ist, dass AIR und Iterativ bei 400 simulierten Autos geringere Reisedauern zulassen, als bei 300 Autos. AIR wurde im Gegensatz zu Iterativ bei 400 Autos optimiert. Das iterative Verfahren scheint dennoch bei dieser Verkehrsmenge besonders geringe Fahrtdauern zu ergeben.

Um den Effekt der breiten Nutzung des Straßennetzes zu verdeutlichen, vergleicht Abbildung 13.3 die Staßennutzungsverhältnisse. In der ersten Zeile (Teil (a) bis (c)) wird die absolute Spannweite der Kantennutzungswerte unter Betrachtung aller Methoden zur Skalierung der Graustufen genutzt. In der zweiten Zeile (Teil (d) bis (f)) wird für jedes Verfahren eine Skalierung nach den Minimum- und Maximumwerten der jeweiligen Verfahren durchgeführt.

Die erste Zeile von Abbildung 13.3 zeigt, dass das Maximum der Kantennutzung des statischen Verfahrens dominiert wird und die verbleibenden Verfahren zu geringeren Verkehrsdichten in diesen Bereichen führen. Die zweite Zeile verdeutlicht, dass die Ameisen-inspirierte und die iterative Rou-

13.4 Vergleich mit anderen Verfahren

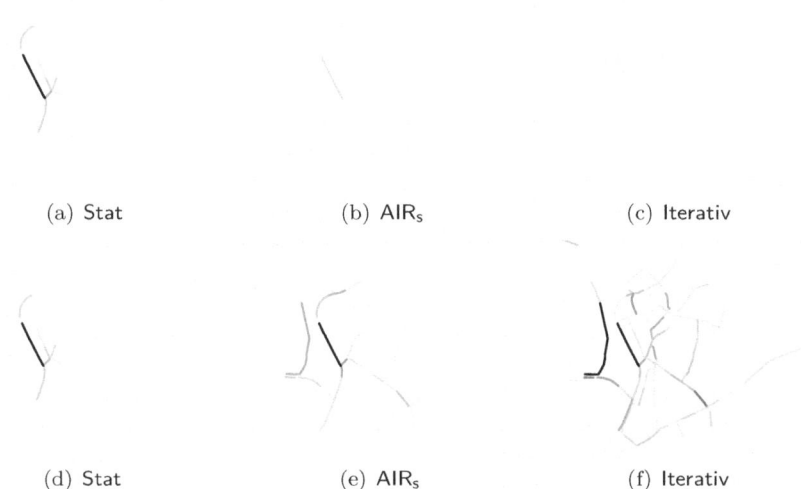

(a) Stat   (b) AIR$_s$ (c) Iterativ

(d) Stat   (e) AIR$_s$ (f) Iterativ

Abbildung 13.3: Vergleich der Straßennutzungshäufigkeiten bei 400 Autos (weiß: geringe Nutzung; schwarz: häufige Nutzung). Erste Zeile: gleiche Skalierung für alle Methoden; zweite Zeile: individuelle Farbskalierung für jede Methode.

tingmethode zu einer deutlicheren Verteilung des Verkehrs führen. Dies bestätigt die Grundannahme, dass das Straßennetz besser genutzt wird.

In einem weiteren Experiment wird der Straßengraph der Stadt Hanau aus Abbildung 9.9 verwendet auf Seite 135. Die Ergebnisse werden in Tabelle 13.2 gezeigt. Bei geringen Verkehrsdichten zwischen 500 und 750 Autos sind die mittleren Reisedauern unter Nutzung von AIR$_S$ länger als unter Nutzung von Stat. Bei steigender Verkehrsdichte ist die Performanz von AIR$_S$ klar besser als die restlichen zum Vergleich genutzten Verfahren. Die Möglichkeit, umzuplanen, bringt in diesem Szenario keinen Vorteil. Die Resultate von AIR$_d$ sind über alle betrachteten Verkehrsdichten geringfügig schlechter als AIR$_S$. Der Iterative Ansatz kann im Vergleich zu AIR in diesem Szenario nicht überzeugen. Erst bei den Simulationsläufen mit 1500 Autos zahlt sich die Anpassung der Agenten über die 50 Kalibrierungsläufe aus. Unter Nutzung von AIR entstehen jedoch Reisedauern, die über zwei Minuten unter denen des iterativen Ansatzes liegen.

Ein letztes Experiment wird in einem synthetischen Szenario durchgeführt. Abbildung 13.4 zeigt den Straßengraphen. An jeder mit einem Kreis

Tabelle 13.2: Vergleich: Mittlere Reisedauer $\bar{t}$ und Standardabweichung σ im Straßengraphen von Hanau.

#Autos	#Läufe	Stat	AIR_S	AIR_d	Iterativ
500	50	$\bar{t} = 491,45$ $\sigma = 3,83$	$\bar{t} = 500,47$ $\sigma = 3,90$	$\bar{t} = 500,78$ $\sigma = 3,89$	$\bar{t} = 516,43$ $\sigma = 4,06$
750	50	$\bar{t} = 519,08$ $\sigma = 3,79$	$\bar{t} = 524,93$ $\sigma = 3,67$	$\bar{t} = 525,44$ $\sigma = 3,49$	$\bar{t} = 539,82$ $\sigma = 4,50$
1000	50	$\bar{t} = 586,00$ $\sigma = 9,00$	$\bar{t} = 550,86$ $\sigma = 3,74$	$\bar{t} = 552,01$ $\sigma = 3,59$	$\bar{t} = 594,04$ $\sigma = 10,05$
1500	50	$\bar{t} = 808,09$ $\sigma = 11,77$	$\bar{t} = 635,64$ $\sigma = 18,88$	$\bar{t} = 649,67$ $\sigma = 21,20$	$\bar{t} = 765,43$ $\sigma = 24,95$

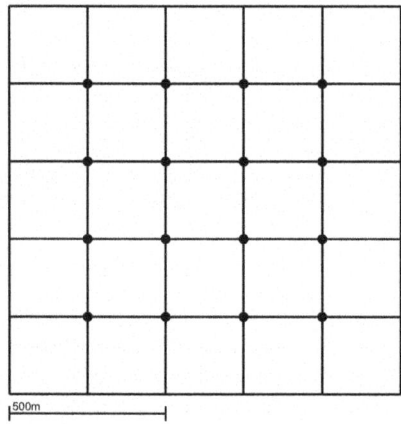

Abbildung 13.4: Synthetischer Straßengraph

markierten Kreuzung befindet sich eine Ampel. Die maximal erlaubte Geschwindigkeit ist $\text{EI}_{vMax} = 50$ km/h für alle Kanten im Graphen.

In diesem Szenario liefert AIR über alle Verkehrsdichten die besten Ergebnisse. AIR_S und AIR_d sind vergleichbar. Der iterative Ansatz funktioniert in diesem Szenario besser, als in den vorangegangenen. Bei 200 und 300 Autos sind seine Ergebnisse leicht schlechter als Stat. Ab 400 Autos hilft die durch die Agentenerfahrung erzielte Verteilung der Verkehrsteilnehmer im Straßengraphen zur Reduzierung der Reisedauern. AIR kann jedoch mit

Tabelle 13.3: Vergleich: Mittlere Reisedauer $\bar{t}$ und Standardabweichung σ im synthetischen Graph.

#Autos	#Läufe	Stat	AIR$_s$	AIR$_d$	Iterativ
200	100	$\bar{t} = 255,37$ $\sigma = 2,95$	$\bar{t} = 209,12$ $\sigma = 2,39$	$\bar{t} = 209,11$ $\sigma = 2,43$	$\bar{t} = 258,44$ $\sigma = 3,30$
300	100	$\bar{t} = 272,91$ $\sigma = 2,80$	$\bar{t} = 215,39$ $\sigma = 2,06$	$\bar{t} = 215,43$ $\sigma = 2,09$	$\bar{t} = 275,18$ $\sigma = 3,27$
400	100	$\bar{t} = 299,54$ $\sigma = 3,25$	$\bar{t} = 220,49$ $\sigma = 1,88$	$\bar{t} = 220,53$ $\sigma = 1,86$	$\bar{t} = 290,64$ $\sigma = 2,77$
500	100	$\bar{t} = 354,93$ $\sigma = 8,63$	$\bar{t} = 224,20$ $\sigma = 1,83$	$\bar{t} = 224,24$ $\sigma = 2,35$	$\bar{t} = 301,66$ $\sigma = 3,42$

diesem sehr dynamischen Szenario besser umgehen, da Änderungen der Reisedauern auf den EIs implizit erfasst und sofort verarbeitet werden.

13.5 Diskussion und Ausblick

In diesem Kapitel wurde eine Ameisen-inspirierte Routingmethode vorgeschlagen und mit einer Auswahl bestehender Ansätze verglichen. Die Methode konnte sowohl im synthetischen Szenario, als auch auf den Straßengraphen realer Städte Vorteile gegenüber den Vergleichsverfahren aufzeigen. In der Zukunft sollte daher die Robustheit des Verfahrens in weiteren Szenarien überprüft werden. Anschließend könnte die Umsetzung mittels V2X-Technologien angedacht werden.

Zur Verteilung des Verkehrs im Straßengraphen benötigt der iterative Ansatz 50 Kalibrierungsläufe. Die Zahl 50 wurde als Daumenregel aus der Literatur entnommen. Es wäre vorteilhaft, die Kalibrierung abzubrechen, wenn sich die Agentenpläne nicht mehr ändern und somit ein Gleichgewicht gefunden wurde [Gawron, 1998, Raney und Nagel, 2002].

Bei dynamischen Szenarien mit häufig wechselnden Reisedauern auf den Straßen ist die Nutzung von Real-time Heuristiken (vgl. [Kim, 2006]) eine viel versprechende Alternative zum vorgestellten Ansatz auf Basis des A*-Algorithmus. Real-time Heuristiken planen nur einen Teil des Weges von Start- zu Zielknoten. Diese Heuristiken führen nicht zu optimalen Routen, benötigen jedoch geringere Rechenkapazitäten und können daher wiederholt angewendet werden. Ein bekannter Vertreter dieser Gattung ist der RTA*-

Algorithmus [Korf, 1990]. Variierende Pheromonkonzentrationen könnten auf diese Weise ebenfalls berücksichtigt werden. Dieser Faktor wird bei größeren Szenarien immer wichtiger, da die Güte einer einmalig geplanten Route sich während der Fahrt ändern kann.

Die dynamische Anpassung der Routen mit dem AIR_d-Verfahren führte in keinem der diskutierten Szenarien zu Verbesserungen gegenüber AIR_S. Das Kriterium, wann umgeplant werden darf, wurde im Hinblick auf die Berechnungsdauer so gewählt, dass selten umgeplant wird. In einer zukünftigen Studie sollte daher untersucht werden, ob eine Modifikation des Umplanungskriteriums zu Verbesserungen der Reisedauern führt. Ferner muss untersucht werden, ob durch Auswahl einer Teilmenge der Autos zum Umplanen geringere Reisedauern erzielt werden können.

14 Benzinverbrauch und Emissionen

Dieses Kapitel bespricht die Ergänzung von MAINSIM um ein Benzinverbrauchs- und Emissionsmodell. Die Ergebnisse dieses Kapitels sind größtenteils in Zusammenarbeit mit Carsten Taubert und Andreas Lattner entstanden. Carsten Taubert hat in diesem Kontext seine Masterarbeit [Taubert, 2012] verfasst. Teile der Ergebnisse wurden zudem in der Arbeit [Dallmeyer et al., 2012e] veröffentlicht. Es wird eine Einleitung in die Thematik (Abschnitt 14.1) und ein kurzer Literaturüberblick (Abschnitt 14.2) gegeben. Das gewählte Modell und seine Parametrisierung werden in Abschnitt 14.3 diskutiert. Es folgt ein Vergleich zu Messdaten des NEFZ in Abschnitt 14.4, sowie eine Plausibilitätsprüfung in einem Autobahnszenario (Abschnitt 14.5). In Abschnitt 14.6 wird eine urbane Fallstudie durchgeführt und eine CO_2-Landkarte erstellt. Das Kapitel schließt mit einer Zusammenenfassung und einem Ausblick (Abschnitt 14.7).

14.1 Einleitung

Verkehrssimulationssysteme können genutzt werden, um Verkehrsphänomene zu verstehen oder den Straßenverkehr in eine bestimmte Richtung zu optimieren. Es liegt nahe, den Benzinverbrauch simulierter Autos zu betrachten, da eine Verringerung des Verbrauchs Kosten einsparen kann. Zusätzlich sollten auch durch den Automobilverkehr verursachte Emissionen Beachtung finden, da diese im Ruf stehen, das Weltklima zu beeinflussen.

Das IPCC[1] betrachtet den wissenschaftlichen Stand zu diesem Thema. Es konnte eine globale Erwärmung ermittelt werden, die nicht ausschließlich auf Einflüsse der Sonne zurückzuführen sind. Hieraus wird abgeleitet, dass Treibhausgase einen Einfluss haben [WBGU, 2003]. Diese Meinung wird von der Mehrheit der Klimaforscher unterstützt [Oreskes, 2004]. Nach [Chapman, 2007] resultieren 26 % der globalen CO_2-Emissionen aus Ver-

---

[1] Intergovernmental Panel on Climate Change

kehr. In einer Studie einer Forschergruppe der WHO[2] wird eine Erhöhung des Lungenkrebsrisikos durch Dieselabgase ermittelt [Silverman et al., 2012]. Die EU sucht nach Wegen, die CO_2-Emissionen pro gefahrenem Kilometer zu reduzieren. Sowohl das Ziel als solches, als auch mögliche Wege dorthin, werden in der Wissenschaft diskutiert (vgl. z.B. [Frondel et al., 2008]).

Benzinverbrauch und Treibhausgasemissionen stellen somit ein hochbrisantes Thema dar, welches im Rahmen dieser Arbeit betrachtet werden soll. Dieses Kapitel ergänzt das in Kapitel 7.1 vorgestellte Fahrzeugmodell durch ein Benzinverbrauchs- und CO_2-Emissionsmodell.

14.2 Verkehrssimulation und Benzinverbrauch

Die Einbindung eines Kraftstoffverbrauchsmodells in eine Verkehrssimulation wurde von verschiedenen Autoren durchgeführt (vgl. [Ahn, 1998, Pelkmans et al., 2005, Cartenì et al., 2010, Karathodorou et al., 2010]). Nach unserem Wissen existiert derzeit keine Studie, die den Einfluss multimodalen Verkehrs auf den Kraftstoffverbrauch simulierter Autos untersucht. In der Literatur diskutierte Verbrauchsmodelle basieren auf den physikalischen Kräften *Beschleunigungskraft*, *Reibungskraft*, *Hangabtriebskraft* und *Luftwiderstand*. Die physikalischen Zusammenhänge zwischen den zu überwindenden Kräften und dem daraus resultierenden Kraftstoffverbrauch werden detailliert in [Treiber und Kesting, 2010] und [Heißing et al., 2011] besprochen.

In [Ross, 1997] werden mehrere simulierte Autos im Hinblick auf ihren Benzinverbrauch untersucht und Strategien zu dessen Reduzierung besprochen. Hierfür werden neue Fahrzeugdesigns vorgeschlagen und die Nutzung hybrider Motoren nahegelegt. In einer weiteren Studie werden die Benzinverbrauchswerte von vier verschiedenen simulierten Fahrzeugen mit Verbrauchswerten aus der Realität verglichen und weichen nur um ca. 1 % ab [An et al., 1997]. In [Cappiello et al., 2002] wird die Funktionsweise des Katalysators nachgebildet und im Hinblick auf toxische Substanzen untersucht, um diese Erkenntnisse für die Entwicklung eines Emissionsmodells zu nutzen.

Die relevante Literatur zeigt, dass Kraftstoffverbrauchs- und CO_2-Emissionswerte mittels einfacher physikalischer Modelle berechenbar sind.

---

[2] World Health Organization - Weltgesundheitsorganisation

14.3 Verbrauchsmodell

Das Verbrauchs- und Emissionsmodell wird als eigene Komponente entwickelt, die den simulierten Autos bei Bedarf integriert werden kann. Die Komponente erhält vom Auto Informationen über den Typ des Fahrzeugs und seine Länge l. Variable Kenngrößen sind ferner die Position auf der Landkarte, die Geschwindigkeit v, sowie die Beschleunigung $\dot{v}$ des Autos und der aktuelle Steigungswinkel α der Straße, den das Auto überwinden muss.

Das verwendete Modell wird ausführlich in der Literatur beschrieben [Treiber und Kesting, 2010] und basiert auf der physikalischen Energie P, die ein Auto pro Zeiteinheit benötigt. Sie hängt von seinem Grundleistungsbedarf P_0, seiner Momentanleistung F, sowie der Geschwindigkeit v ab. P_0 ist die Energie, die zum Betrieb des Radios, der Klimaanlage, sicherheitsrelevanter Systeme und Steuerelektronik gebraucht wird. Es gilt:

$$P = P_0 + \max{(F \cdot v, 0)} \qquad (14.1)$$

Ein Auto benötigt also stets mindestens P_0. F muss begrenzt werden, da bei einer Bremsung oder einer Fahrt bergab negative Werte für F entstehen können. Dies würde einem Energierückgewinnungssystem entsprechen, was nicht als Standard angenommen werden kann.

F setzt sich aus der Beschleunigung $m \cdot \dot{v}$, der Rollreibungskraft $m \cdot g \cdot \mu_r$, der Hangabtriebskraft $m \cdot g \cdot \sin{(\alpha)}$ und dem Luftwiderstand $\frac{1}{2} \cdot c_w \cdot \rho \cdot A \cdot v^2$ zusammen. Dies führt zu:

$$F = m \cdot \dot{v} + [\mu_r + \sin{(\alpha)}] \cdot m \cdot g + \frac{1}{2} \cdot c_w \cdot \rho \cdot A \cdot v^2 \qquad (14.2)$$

Zur Berechnung von F werden die Masse eines Fahrzeugs m, der Reibungskoeffizient μ_r, der Strömungswiderstandskoeffizient c_w, die Luftdichte ρ und die Frontfläche des Fahrzeugs A benötigt.

Zur Nachbildung des Individualverkehrs in Deutschland werden Daten des Statistischen Bundesamtes verwendet, die die Verteilung von Fahrzeugen nach Fahrzeugklassen angeben. Um die Masse m eines Fahrzeugs zu bestimmen, werden die Verhältnisse zwischen Länge und Gewicht von 54 typischen Autos untersucht. Die benötigten Daten wurden den Webseiten der jeweiligen Fahrzeughersteller entnommen und sind in Anhang D aufgelistet. Tabelle 14.1 zeigt die resultierenden Parameter.

Die Werte für μ_r und ρ stammen aus [Ross, 1997], P_0, c_w und A wurden aus [Treiber und Kesting, 2010] übernommen. Hierbei werden die Luftdichte ρ und der Reibungskoeffizient μ_r als konstant angenommen. In der Realität

Tabelle 14.1: Ermittelte Parameter für das Treibstoffverbrauchsmodell.

$\mu_r = 0,01$
$P_0^{\text{Pkw}} = 3 \text{ kW}$
$P_0^{\text{Lkw}} = 6 \text{ kW}$
$c_w^{\text{Pkw}} = 0,3$
$c_w^{\text{Lkw}} = 0,8$
$\rho = 1,2 \text{ kg/m}^2$
$m^{\text{Pkw}} = 1000 \cdot l \cdot \mathcal{N}_{0,26}^{0,49} \, (0,339 \text{ kg}, \, 0,34)$
$A^{\text{Pkw}} = \mathcal{N}_{2,3}^{2,81} \, (2,5 \text{ m}^2, \, 0,1)$
$A^{\text{Lkw}} = \mathcal{N}_{6,0}^{10,0} \, (8,0 \text{ m}^2, \, 0,25)$

Tabelle 14.2: Kraftstoffart zu Wirkungsgrad, Emissionen [Heißing et al., 2011].

Kraftstoffart	Heizwert H	Wirkungsgrad γ	Emissionen
Benzin	32842,5 kj/kg	0.35	2,68 kg/l
Diesel	35912,5 kj/kg	0.42	2,32 kg/l

variieren sie je nach Höhe über Normalnull und Lufttemperatur, respektive Straßenbelag. Die Varianz von ρ ist jedoch gering. Exakte Werte für μ_r können nicht verwendet werden, da keine Angaben bezüglich des Straßenbelages im OSM-Kartenmaterial enthalten sind. Es wird daher von Teerstraßen ausgegangen, deren μ_r zwischen $0,005$ und $0,015$ liegt [Wallentowitz, 2003].

Der Treibstoffverbrauch C kann direkt aus dem Energiebedarf nach Gleichung 14.3 ermittelt werden.

$$C = \frac{P}{H \cdot \gamma} \qquad (14.3)$$

Es besteht eine Abhängigkeit zum Heizwert des Kraftstoffs H und zum Wirkungsgrad des Motors γ. H gibt die Energiedichte pro Liter Kraftstoff an. γ zeigt, welchen Anteil der Motor aus dieser Energie in Kraft umwandeln kann. Es bestehen die in Tabelle 14.2 gezeigten Zusammenhänge. Die Menge an CO_2, die ein Fahrzeug emittiert ist direkt proportional abhängig zum Kraftstoffverbrauch. Die Heizwerte entsprechen ca. 9120,4 Wh/l für Benzin und 9971 Wh/l für Diesel.

Das beschriebene Kraftstoffverbrauchs- und Emissionsmodell kann über die von MAINSIM gegebenen Parameter v, $\dot{v}$, α und l der jeweiligen Fahrzeuge berechnet werden. Die folgenden Abschnitte 14.4 und 14.5 analysieren Verbrauchswerte aus verschiedenen Simulationsstudien.

14.4 Vergleich zu NEFZ

Die Europäische Union hat den NEFZ (Neuer Europäischer Fahrzyklus) entwickelt [AblEU, 1970], den jedes neu entwickelte Automodell durchlaufen muss. Auf einem Rollenprüfstand werden nach einem festgelegten Muster Fahrten absolviert und der Benzinverbrauch und die Emissionen des Fahrzeugs ermittelt. Fahrzeughersteller sind gezwungen, die Messdaten zu veröffentlichen. Die Daten bieten sich daher für einen ersten Plausibilitätstest an. Grundlegend können NEFZ-Daten als untere Grenze des Kraftstoffverbrauchs gesehen werden, da die Messdaten nicht auf realen Straßen im Verkehr ermittelt werden und Fahrzeughersteller Optimierungstechniken anwenden, um geringe Werte zu erzielen (z.B. Abschalten aller nicht relevanten Systeme oder Erhöhung des Reifendrucks). Im Amtsblatt der Europäischen Union [AblEU, 2008] wird daher vorgeschlagen, den Zyklus in der Zukunft zu überarbeiten.

Zum Vergleich zwischen NEFZ und Simulationsergebnissen werden simulierte Fahrten ohne Verkehr in zwei Szenarien durchgeführt. Das erste Szenario ist ein Stadtausschnitt im Bereich der Stadt Rüsselsheim[3] mit 192 km Straßenlänge; das zweite Szenario ist ein Mix-Szenario aus Stadt und Landabschnitten im Bereich Rustenfelde[4] mit 65 km Straßenlänge. Ein einzelnes simuliertes Auto fährt durch den Straßengraphen. Wenn das Auto seine Zielposition erreicht hat, wird ein neues, identisches Auto erstellt. Der Ablauf wird wiederholt, bis die Simulationsdauer von 86.400 Iterationen absolviert wurde. Die Kraftstoffverbrauchswerte werden protokolliert. Das Experiment wird für die in Tabelle 14.3 gezeigten Automodelle wiederholt. Tabelle 14.4 zeigt den Vergleich der durch die Simulation ermittelten Verbrauchswerte mit den über NEFZ angegebenen Werten. Die Simulationsergebnisse sind jeweils Mittelwerte aus 25 Simulationsläufen. Die Ergebnisse zeigen geringe Abweichungen der Simulationsergebnisse von NEFZ-Werten.

In einem zweiten Test werden nach Tabelle 14.1 parametrisierte Fahrzeuge untersucht. Es werden 500 Autos simuliert. Der mittlere NEFZ-Verbrauch nach Anhang D für urbane Szenarien liegt bei ca. 9 l/100 km. Der durchschnittliche durch Simulation ermittelte Verbrauch ist hingegen ca. 11,2 l/100 km. Im Mix-Straßennetz beträgt der NEFZ-Verbrauch

---

[3] Grenzen in WGS84: [8.29 : 8.58, 49.91 : 50.06]. Graph mit 1.983 EIs und 1.430 NIs.
[4] Grenzen in WGS84: [9.96 : 10.06, 51.38 : 51.42]. Graph mit 261 EIs und 236 NIs.

Tabelle 14.3: Vergleich mit NEFZ: Verwendete Fahrzeuge. Angegebene Wirkungsgrade sind geschätzt, da diese nicht veröffentlicht werden [Taubert, 2012].

Fahrzeug	m [kg]	c_w	A [m^2]	H [Wh / l]	γ
Smart ForTwo	750	0,37	1,947	9120,4	0,35
Audi A4	1645	0,27	2,2	9120,4	0,35
Porsche 987	1405	0,29	1,98	9120,4	0,22
Mercedes C180	1565	0,26	2,17	9971	0,45

Tabelle 14.4: Vergleich mit NEFZ: Simulationsergebnisse. Alle Angaben in l/100 km. [Dallmeyer et al., 2012e]

Fahrzeug	NEFZ Stadt	SIM Stadt	NEFZ Mix	SIM Mix
Smart ForTwo	4,6	5,2	4,3	4,3
Audi A4	8,8	9,5	7,0	7,0
Porsche 987	13,8	13,5	9,4	9,8
Mercedes C180	6,3	6,5	4,7	4,7

6, 7 l/100 km gegenüber 8, 1 l/100 km in der Simulation. Die Resultate erscheinen plausibel, da der NEFZ keine Interaktionen zwischen Verkehrsteilnehmern berücksichtigt.

14.5 Autobahn-Plausibilitätsstudie

In den Arbeiten [Yang et al., 2009] und [Madani und Moussa, 2012] wurden Untersuchungen bezüglich Kraftstoffverbrauch mit Hilfe des NSM durchgeführt. Sie bieten sich daher als Vergleichswerte an. Dieser Abschnitt untersucht den Kraftstoffverbrauch auf einer synthetischen zweispurigen Autobahn mit 6 km Länge und periodischen Grenzbedingungen. Jedes Experiment wird drei mal wiederholt, um Durchschnittswerte ermitteln zu können. Die Anzahl der Autos ist im ersten Experiment 5 und wird pro Experiment um 5 erhöht, bis zu einer Maximalzahl von 1.550. Jedes Experiment hat eine Einschwingphase von 2.000 Iterationen und eine Messphase von 20.000 Iterationen. Als Ergebnis wird der mittlere Kraftstoffverbrauch in l/100 km angegeben.

Abbildung 14.1 zeigt die Simulationsergebnisse. Zusätzlich zum Kraftstoffverbrauch wird die mittlere Geschwindigkeit der simulierten Fahrzeuge

14.5 Autobahn-Plausibilitätsstudie

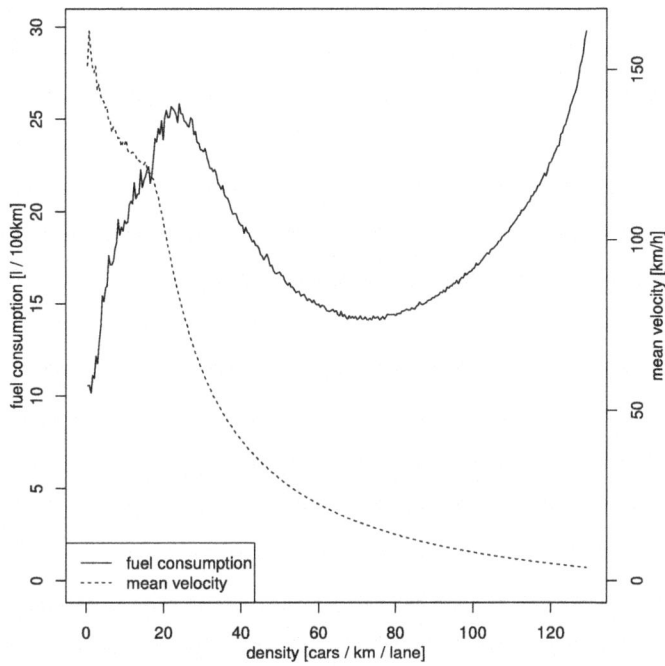

Abbildung 14.1: Kraftstoffverbrauch auf Autobahn bei steigender Verkehrsdichte.

dargestellt. Bei geringen Verkehrsdichten ist der Kraftstoffverbrauch gering, da wenig Interaktionen zwischen den simulierten Autos stattfinden. Bei steigender Verkehrsdichte steigt auch der Kraftstoffverbrauch, da durch die Natur des NSM und daher auch des in Abschnitt 7.1 beschriebenen mikroskopischen Verkehrsmodells, häufige Geschwindigkeitsänderungen mit abrupten Beschleunigungen zu unrealistisch hohen Verbrauchswerten führen.

Bei weiterer Steigerung der Verkehrsdichte sinkt der Verbrauch nochmals. Dieses Phänomen kann durch die mittleren gefahrenen Geschwindigkeiten erklärt werden: Die simulierten Autos fahren mit effizienten Geschwindigkeiten. Gleichung 14.1 hat durch die Gegenläufigkeit von P_0 und F ein Minimum. Wenn ein Auto mit $v = 0$ km/h steht, ist sein Verbrauch ∞ l/100 km. Bei schneller Fahrt hingegen dominieren die von v abhängigen Parameter aus Gleichung 14.2. Für den in Tabelle 14.3 gezeigten Audi A4 liegt die rechnerisch verbrauchsoptimale Geschwindigkeit bei ca. 52 km/h. Bei weiterer Steigerung der Verkehrsdichte steigt auch der Kraftstoffverbrauch

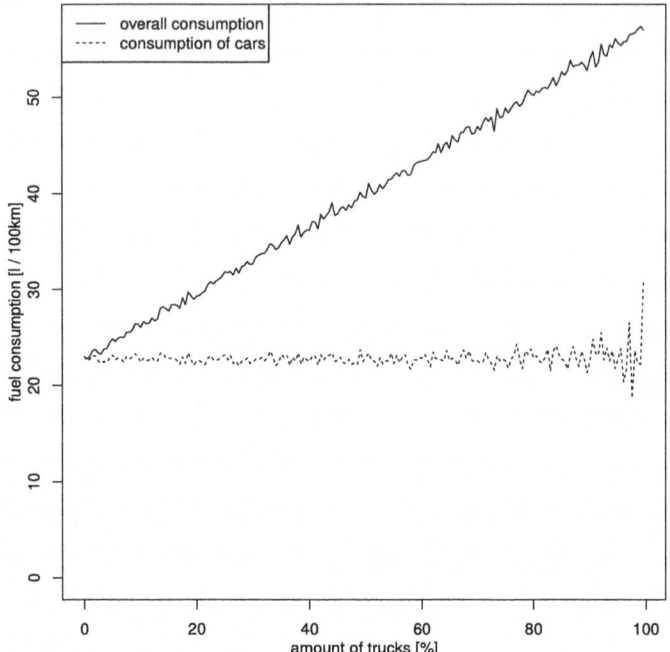

Abbildung 14.2: Kraftstoffverbrauch auf Autobahn: Einfluss von Lkw.

wieder, da die gefahrenen Geschwindigkeiten sich dem Nullpunkt nähern und Interaktionen zwischen den Autos weiter zunehmen.

Die gezeigten Ergebnisse sind in ihrem Verlauf plausibel. Die absoluten Werte erscheinen hingegen zu hoch. Im Vergleich zu den in der Literatur diskutierten Werten zwischen 80 [Yang et al., 2009] und 30 l/100 km [Madani und Moussa, 2012] sind die ermittelten Verbrauchswerte hingegen gering. In der Studie [Jiang et al., 2007] wird ebenfalls das NSM um ein Verbrauchsmodell erweitert. Die Ergebnisse liegen auf einer Autobahn mit Geschwindigkeitsbegrenzung von 135 km/h bei ca. $23,5$ l/100 km, obwohl der Grundleistungsbedarf und der Luftwiderstand im vorgeschlagenen Modell nicht beachtet wurden und jedes Auto nur 1000 kg wiegt.

Bei identischem Versuchsaufbau werden 200 Fahrzeuge ($16,\overline{6}$ Autos/km/Spur) simuliert und der Anteil an Lkw von 0 % bis 99 % mit einer Schrittweite von 1 % erhöht. Abbildung 14.2 zeigt die ermittelten Verbauchswerte. Der Kraftstoffverbrauch der Gruppe der Pkw erhöht sich nicht bei steigendem Anteil an Lkw, da die Interaktionen zwischen den simulierten

Autos bei der angegeben Verkehrsdichte bereits stark ausfallen, wenn noch keine Lkw vorhanden sind. Der Gesamtverbrauch wird bei steigender Anzahl an Lkw durch diese dominiert. Die Verbrauchswerte sind an dieser Stelle zu hoch. Bei Lkw dominiert die Ladung den Verbrauch. Werte von 40 l/100 km können erreicht werden. Die vorhandene Übersteuerung deckt sich mit dem überhöhten Kraftstoffverbrauch der Pkw im Autobahnszenario.

14.6 Fallstudie im urbanen Verkehr

Urbane Experimente werden im Kartenausschnitt der Stadt Hanau durchgeführt, der in Abbildung 9.9 dargestellt wurde. Jeder Durchlauf besteht aus drei Experimenten. Im ersten Experiment wird die Anzahl an simulierten Pkw auf 750 festgelegt und über die gesamte Simulationsdauer von 5.000 Iterationen Einschwingphase und 50.000 Iterationen Messphase gehalten. Es werden nur die Verbrauchs- und Emissionswerte in urbanen Bereichen erfasst. Quelle-Ziel-Relationen sind zufällig.

Im zweiten Experiment werden identische Kopien der Pkw verwendet und durch 1.750 Fahrräder und Fußgänger ergänzt (35 % Fahrräder und 65 % Fußgänger). Es wird eine Erhöhung des Kraftstoffverbrauchs durch Interaktionen erwartet.

Das dritte Experiment ist identisch zum zweiten Experiment, verwendet jedoch zusätzlich ein digitales Geländemodell, um Höheninformationen und somit α bestimmen zu können. Abbildung 14.3 zeigt einen Ausschnitt des Simulationsbereiches. Es wird abermals eine Erhöhung der Verbrauchswerte erwartet, da bei Bergabfahrten keine Energie zurückgewonnen werden kann und somit Steigungen ab einem bestimmten Winkel einen verbrauchserhöhenden Einfluss haben.

Abbildung 14.4 zeigt die Simulationsergebnisse. Offensichtlich ist der Verbrauch am geringsten, wenn ausschließlich Autos simuliert werden. Multimodalität erhöht den Verbrauch in diesem Szenario um $0,16$ l/100 km. Die Hinzunahme des DGM führt zu einer weiteren Erhöhung des Verbrauchs um $0,08$ l/100 km. Wenn Multimodalität und DGM berücksichtigt werden, steigt der Verbrauch insgesamt um $0,24$ l/100 km. Statistische Signifikanztests (t-Test mit $\alpha = 0,05$) bestätigen diese Aussagen mit hoch signifikanten Ergebnissen unter Berücksichtigung von Multiplen Testen.

In Abbildung 14.4 ist im Simulationslauf 75 ein Ausreißer des Kraftstoffverbrauchs im Experiment mit ausschließlich Autos zu erkennen. Die Experimente unter Berücksichtigung multimodalen Verkehrs zeigen diesen Ausreißer nicht. Eine Erklärung hierfür ist ein Stau, der sich bildete und zu

Abbildung 14.3: Kartenausschnitt der Stadt Hanau: Digitales Geländemodell

hohen Verbrauchswerten führte. Dieser Stau scheint durch Fahrräder und Fußgänger abgeschwächt worden zu sein. Damit ein Stau entsteht, werden im Normalfall je nach Areal im Straßennetz bestimmte Verkehrsdichten benötigt. In diesem Simulationsexperiment scheinen Fahrräder und Fußgänger diejenigen Autos, die auf dem Weg zum Stau waren, behindert zu haben. Ein Stau kann auf diese Weise abgeschwächt oder gar verhindert werden.

Abschließend wird das Simulationsgebiet in 333 Reihen und 333 Spalten geteilt (110.889 Zellen). Jede Zelle protokolliert die CO_2-Emissionen, die in ihr stattfinden. Abbildung 14.5 zeigt die mittleren, logarithmierten Emissionen aus allen 100 Simulationsexperimenten, die Multimodalität und das DGM berücksichtigt haben.

Abbildung 14.5 zeigt, dass nur an Straßen Emissionen protokolliert wurden. Häufungen sind an Hauptverkehrsstraßen zu sehen. Es sind zwei Ausschnitte vergrößert dargestellt. Im Norden des Kartenausschnitts ist die *Wilhelmbrücke* über die Kinzig zu sehen. Beide angrenzenden Kreuzungen haben eine Ampel. Nach Osten fällt das Gelände stark ab. Dadurch, dass Autos, die von Osten kommen, an einer Ampel stehen bleiben müssen und anschlie-

14.7 Zusammenfassung und Ausblick

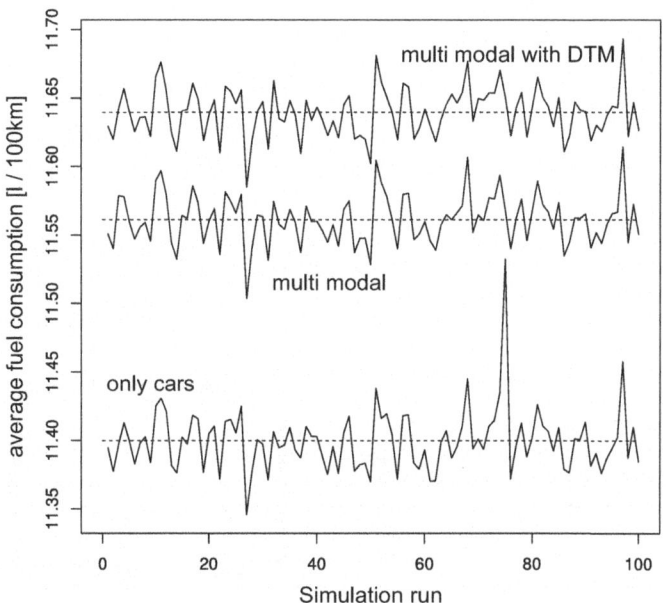

Abbildung 14.4: Vergleich: Kraftstoffverbrauch urban in verschiedenen Experimenten. Gestrichelte Linien zeigen Mittelwerte.

ßend bergauf beschleunigen müssen, wenn die Ampel grün wird, ist hier ein Hotspot zu sehen. Auf der westlichen Seite der Brücke treffen zwei Straßen mit hohem Verkehrsaufkommen zusammen.

Der andere vergrößerte Ausschnitt zeigt die zweispurige Straße *Am Steinheimer Tor*. Die Abschnitte mit Hotspots werden jeweils durch Ampelschaltungen gesteuert. Der Bereich zwischen den Kreuzungen hat deutlich geringere Belastungen. Ein Indiz, dass freier Verkehrsfluss einen positiven Effekt auf CO_2-Emissionen hat.

14.7 Zusammenfassung und Ausblick

In diesem Kapitel wurde gezeigt, wie ein physikalisches Kraftstoffverbauchsmodell in das mikroskopische Autoverkehrsmodell von MAINSIM integriert werden kann. Der Vergleich der ermittelten Verbrauchswerte mit Daten aus NEFZ-Messfahrten zeigte realistische Ergebnisse. Auf Autobahnen werden die grundlegenden Effekte korrekt abgebildet, der Verbrauch wird jedoch zu hoch

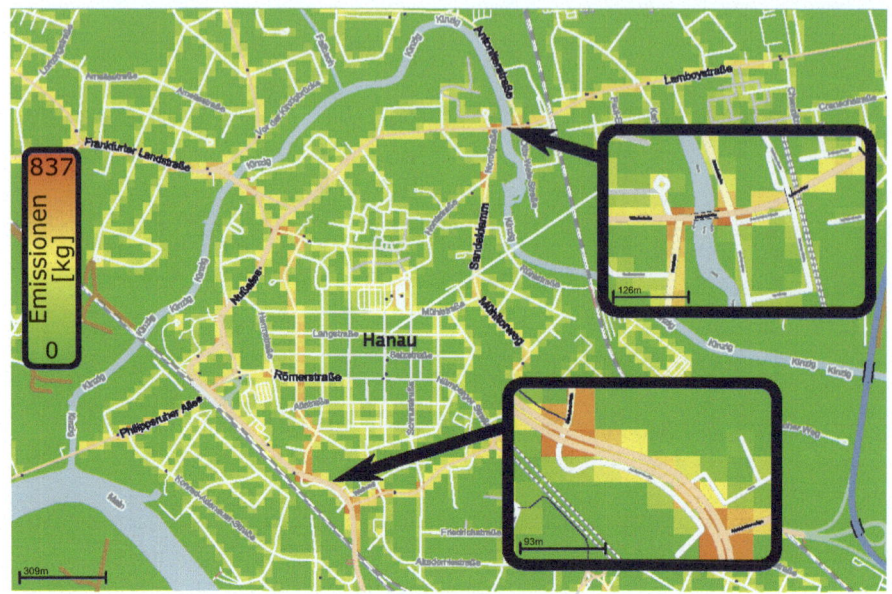

Abbildung 14.5: Kartenausschnitt der Stadt Hanau: Emissionskarte.

angegeben. Dies resultiert aus der Art des Verkehrsmodells, welches nicht das Verhalten von Autofahrern realistisch abbildet, sondern makroskopische Kenngrößen korrekt ermittelt. Um bessere Ergebnisse auf Autobahnen zu erzielen, müsste das grundlegende Zusammenspiel zwischen Beschleunigung und Trödeln abgeschwächt werden. In dieser Hinsicht erscheint die Betrachtung von Fahrzeugfolgemodellen (z.B. IDM oder Krauss, vgl. Abschnitt 3.1.1) lohnend, da diese versuchen, abrupte Geschwindigkeitsänderungen zu verhindern. Dieser Vorteil wird jedoch durch einen Verlust an Berechnungseffizienz und Erweiterbarkeit des Modells erkauft.

Im urbanen Bereich wurden realistische Ergebnisse erzielt. Es konnte gezeigt werden, dass Fahrräder und Fußgänger einen Effekt auf den Treibstoffverbrauch der simulierten Fahrzeuge haben und dass eine weitere Steigerung vorliegt, wenn die Simulation nicht in der Ebene stattfindet, sondern ein DGM mit Höheninformationen verwendet wird. Dieses Ergebnis zeigt die Stärke eines GIS-basierten Ansatzes: die einfache Erweiterbarkeit des Simulationssystems.

Die Menge der CO_2-Emissionen ist proportional zum Treibstoffverbrauch. Eine CO_2-Landkarte des Simulationsbereichs wurde erstellt. Die Ergebnisse

14.7 Zusammenfassung und Ausblick

zeigen klare Hotspots, die durch Betrachtung der Verkehrs- und Höhensituationen der jeweiligen Hotspots erklärt werden können. Die Untersuchung von CO_2-Hotspots kann für die Städteplanung interessant sein. Wenn beispielsweise ein neuer Kindergarten gebaut werden soll, wäre eine Position auf der Landkarte mit geringen Emissionswerten zu bevorzugen. Der Einfluss von Eingriffen in den Verkehr kann ebenso mit dieser Technologie untersucht werden. Zukünftige Fragestellungen könnten die folgenden sein:

- Welchen Einfluss auf die CO_2-Belastungen haben Umweltzonen, in denen nur noch bestimmte Verkehrsgruppen zugelassen sind? Diese Frage wird kontrovers diskutiert, vgl. [Cyrys et al., 2009] und [Laberer und Niedermeier, 2009].

- Die Stadt Frankfurt plante zwischen September und Oktober 2012 zwischen 22.00 und 06.00 Uhr in der Nacht auf Hauptverkehrsstraßen Tempo 30 einzuführen[5]. Das Vorhaben wurde jedoch kurzfristig verworfen[6]. Das Ziel war eine Lärmreduzierung für die Anwohner in diesen Gebieten. Es ist jedoch trivial zu zeigen, dass Tempo 30 bei störungsfreier Fahrt nicht Verbrauchsoptimal ist. Welche Auswirkungen hat diese Änderung auf die CO_2-Belastungen in diesen Gebieten?

- Deutschland ist das weltweit einzige Land ohne pauschale Tempobegrenzung auf Autobahnen. Ist dies vorteilhaft?

- Angenommen, ein Automobilhersteller entwickelte ein neues Automodell mit Elektroantrieb. Die grundlegenden Zusammenhänge bezüglich Energieverbrauch sind analog zu Verbrennungsmotoren zu bestimmen. Wie viele Kilometer kann ein solches Auto im Stadtverkehr zurücklegen? Genügt die Reichweite, um aus einem Vorort Frankfurts zum Arbeitsplatz innerhalb Frankfurts zu gelangen? An welchen Positionen auf der Landkarte müssten Akkuwechselstationen bzw. -aufladestationen platziert werden? Fragestellungen dieser Art können mit Hilfe von MAINSIM unter Berücksichtigung anderer Verkehrsteilnehmer untersucht werden.

In diesem Kapitel wurden weder Wind noch Wetter (Temperatur, Luftdruck, Regen) berücksichtigt. Emissionen blieben an dem Ort, an dem sie entstanden. Das folgende Kapitel koppelt MAINSIM an ein Simulationsmodell für Gasausbreitungen, um diese wichtigen Einflüsse zu untersuchen.

---

[5] http://heise.de/-1582034, abgerufen am 26.06.2012
[6] http://www.faz.net/aktuell/rhein-main/frankfurt-landesregierung-stoppt-tempo-30-versuch-11871443.html, abgerufen am 18.10.2012

15 Wind und Wetter

Eine Emissionskarte, wie in Abbildung 14.5 gezeigt, gibt Aufschluss über die Verteilung der Emissionsmengen, die von Autos im Messbereich ausgestoßen wurden. Es ist jedoch anzunehmen, dass das Wetter einen Einfluss auf die Verteilung der Emissionen hat. MAINSIM wird daher in diesem Kapitel an die atmosphärische Simulation SCIPUFF (Second-order Closure Integrated PUFF Model) [Sykes und Gabruk, 1997, Sykes et al., 1984] gekoppelt. Es werden zur Tripgenerierung QZM von Hessen Mobil genutzt. Abbildung 15.1 zeigt den Simulationsbereich[1]. Zur Verdeutlichung der Größe des Szenarios wurden die ungefähren Umrisse der Städte Hanau und Erlensee aufgezeigt, die im Rahmen dieser Arbeit bereits zur Simulation verwendet wurden.

Der Graph besteht aus 60.283 `EI`s und 46.818 `NI`s. Die Gesamt-Straßenlänge ist 6.316 km. Der Messbereich ist die Stadt Frankfurt am Main (rot hervorgehoben). Der Kartenausschnitt reicht von Rinderbügen im Norden bis Klein-Ostheim im Süden und von Hofheim im Westen bis Wittgenborn im Osten.

Abschnitt 15.1 gibt einen Überblick relevanter Literatur. Abschnitt 15.2 beschreibt die Nutzung von QZM in MAINSIM. Der Versuchsaufbau und die dadurch entstehenden Herausforderungen (Abschnitt 15.3), sowie die Ankopplung von MAINSIM an SCIPUFF (Abschnitt 15.4) werden erläutert. Die Verteilung des Windes im Messbereich und die Auswahl bestimmter Tage wird in Abschnitt 15.5 beschrieben. Die Ergebnisse der atmosphärischen Simulation werden in Abschnitt 15.6 diskutiert. Dieses Kapitel schließt mit einer Zusammenfassung und einem Ausblick in Abschnitt 15.7.

Das Kapitel basiert auf einer Kooperation mit Guido Cervone, Andreas Lattner, Pasquale Franzese und Nigel Waters. Teile der Ergebnisse werden im eingeladenen Buchkapitel [Cervone et al., 2013] erscheinen. Guido Cervone führte die atmosphärischen Simulationen und Auswertungen durch.

---

[1]Grenzen in WGS84: [8.44 : 9.27, 49.98 : 50.34]. Graph aus 60.283 `EI`s und 46.818 `NI`s.

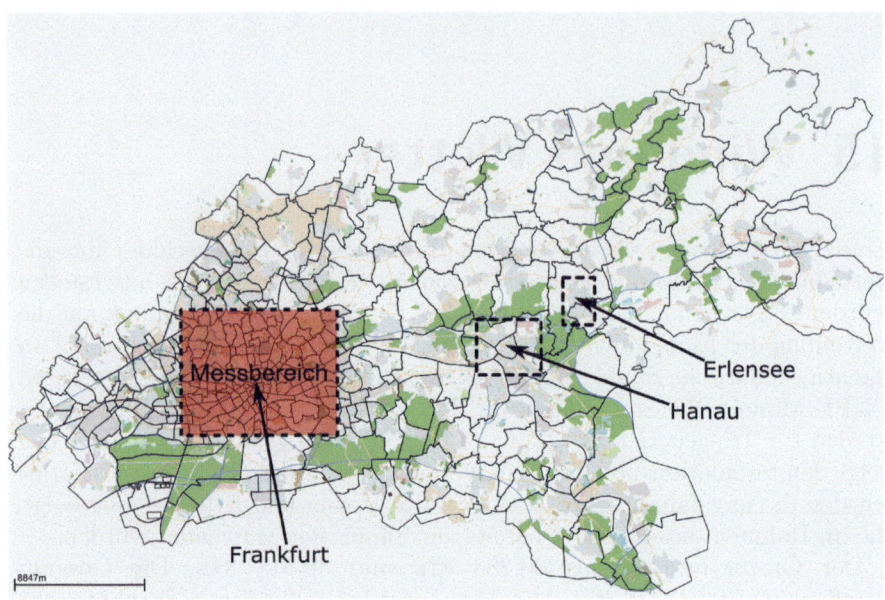

Abbildung 15.1: Simulationsbereich Frankfurt und Umgebung

15.1 Relevante Literatur

Verkehrs- und atmosphärische Ausbreitungsmodelle werden zur Vorhersage der Belastungen für die Luftqualität durch emittierte Schadstoffe genutzt. Es werden hierbei die Verteilung der Emissionsmengen, Spitzenkonzentrationen und Absetzungen berücksichtigt [Cervone et al., 2008]. Weitere beeinflussende Faktoren sind die Geländetopologie und lokale Mikrometeorologie.

Bei gleichbleibender Verkehrssituation verteilen sich Emissionen in Abhängigkeit zum lokalen Wetter unterschiedlich. Wichtige Faktoren sind der durchschnittliche Häuserabstand und die mittlere Gebäudehöhe, sowie Formfaktoren, die den Luftzug beeinflussen. Die durch Fahrzeuge hervorgerufenen Turbulenzen beeinflussen die Emissionsverteilung ebenfalls. Je nach Tageszeit und atmosphärischen Schichtungen kann die Verflüchtigung der Emissionen stark gehemmt werden. Dies führt zu einer signifikanten lokalen Belastung der Luftqualität [Franzese und Huq, 2011].

15.1 Relevante Literatur

In [Di Sabatino et al., 2008] wird eine Studie über die Verteilung von Emissionen in einer Straßenschlucht mit Hilfe des FLUENT[2]-Modells durchgeführt. Die Ergebnisse werden mit Resultaten des ADMS-Urban Modells [Carruthers et al., 1994] verglichen. Die Studie nutzt Abgase einer Abgasquelle und untersucht die Sensitivität der Ergebnisse auf die Windrichtung in Straßenschluchten.

In [Kumar et al., 2011] wird ein Überblick über urbane Simulationen der Ausbreitung von Nanopartikeln durch den Straßenverkehr gegeben. Es werden unterschiedliche Größenordnungen disktutiert: Fahrzeugverwirbelungen, Straßenschluchten, Nachbarschafts-Maßstab, Stadt-Maßstab und Tunnel. Aktuelle Ausbreitungsmodelle werden diskutiert und die Relevanz von Transformationsprozessen (Dilution (Verwässerungseffekt), Emission, Nucleation (Zellenbildung), usw.) wird in verschiedenen Skalierungen untersucht.

In [Schmidt und Schäfer, 1998] wird ein System zur Analyse von Verkehrsfluss und Luftverschmutzung vorgestellt. Das System nutzt zwei Komponenten: Eine mesoskopische Verkehrssimulation (DYNEMO) und das Imissionsmodell DYMOS. Resultate werden dreidimensional in einem GIS dargestellt. Ein Anwendungsbeispiel in der Nähe von Berlin wird gezeigt. CO-Emissionen von Autos auf verschiedenen Straßen mit unterschiedlichen Ozonkonzentrationen werden berechnet. In einer weiteren Studie wird ein Gebiet um München untersucht [Sydow et al., 1997].

Ein weiteres GIS-Framework wird in [Gualtieri und Tartaglia, 1998] vorgeschlagen. Trips werden über QZM generiert. Ein makroskopisches Verkehrsmodell bestimmt den Verkehrsfluss f, die Anzahl an Fahrzeugen N, die durchschnittliche Geschwindigkeit auf der Straße V_m und eine Emissionsabschätzungsfunktion E_g, die nach Fahrzeuggruppen g unterscheidet. c_g gibt den prozentualen Anteil der Fahrzeuge der Gruppe g an. Das beschriebene System verwendet ein Modell auf Basis der Gaußschen Verteilung von Luftschadstoffen und kann grundlegende Witterungsbedingungen modellieren. Als Simulationsergebnisse können vergleichbare Karten zu Abbildung 14.5 erstellt werden. Emissionen Q werden nach Gleichung 15.1 abgeschätzt.

$$Q = \sum_{g=1}^{N} \frac{c_g}{100} \cdot E_g(V_m) \cdot f \qquad (15.1)$$

Die Arbeit [Hatzopoulou et al., 2011] untersucht auf Basis von Abschätzungen der sozioökonomischen Entwicklung der Umgebung von Toronto die

---

[2] http://www.ansys.com/Products/Simulation+Technology/Fluid+Dynamics/ANSYS+Fluent, abgerufen am 18.10.2012

Emissionen durch Verkehr im Jahr 2031. Zur Tripgenerierung und Durchführung einer Verkehrssimulation wird Matsim (vgl. Abschnitt 4.4) verwendet. Zur Berechnung der Emissionsverteilung wird ein dreidimensionales Windmodell verwendet.

In [Al-Zanaidi et al., 1994] werden CO-Emissionen in Kuwait untersucht. Der Verkehr wird in dieser Studie nicht simuliert, sondern auf Basis von Flussmessungen hochgerechnet. Es werden Emissionsfaktoren pro gefahrenem Kilometer genutzt. Der Wettereinfluss auf die Verbreitung der Emissionen wird anhand gemessener Wetterdaten mit Hilfe des Simulationssystems ITCO berechnet. In [Singh et al., 1990] werden Simulationsdaten von ITCO mit Messdaten verglichen. Die vorhergesagten Verläufe der Emissionen über den Tag spiegeln Messdaten wider, weichen jedoch in den Absolutbeträgen ab.

15.2 Nutzung von Quelle-Ziel-Informationen

Die in Abbildung 15.1 gezeigten Zellen entsprechen der Einteilung zur Nutzung von Quelle-Ziel-Informationen über den Simulationsbereich. Die QZM wurden von Hessen Mobil zur Verfügung gestellt und sind in Matrizen für Pkw, Lkw und Transporter unterteilt. In diesem Experiment werden daher keine Fahrräder und Fußgänger simuliert.

Der Eintrag $QZM_{ij} = n$ gibt an, dass n Verkehrsteilnehmer innerhalb von 24 Stunden von Zelle i nach Zelle j fahren. Es handelt sich somit um statische QZM, die keine tageszeitlichen Schwankungen der Verkehrsmengen modellieren. Die QZM wurden mit Hilfe des EVA-Modells [Schnabel und Lohse, 2011] berechnet. Sie basieren auf den raumstrukturellen Potentialen in den Quell- und Zielbezirken. Die Potentiale basieren auf statistischen Daten über die jeweiligen Zellen - z.B. die Anzahl an Arbeitsplätzen. Jede Zelle j hat auf eine Zelle i eine Anziehungskraft, die mit steigender Distanz geringer wird. Dies modelliert den steigenden Aufwand, um von i nach j zu gelangen. Es existieren verschiedene Bewertungsfunktionen, die je nach Verkehrsteilnehmertyp unterschiedliche exponentielle Abklingfunktionen verwenden.

Wenn ein Verkehrsteilnehmer von Zelle i nach Zelle j fahren soll, wird in beiden Zellen eine EI zufällig gewählt, die als Start-, bzw. Zielstraße gilt.

Die Stadt Frankfurt am Main hat morgens eine starke Anziehungskraft auf Berufstätige im Umkreis der Stadt. Die Matrizen werden über ein einfaches Verfahren in dynamische QZM umgewandelt. Es findet eine Aufteilung in Zeitscheiben à eine Stunde statt. Diese Dauer ist willkürlich gesetzt und könnte geändert werden. Sie erscheint fein granular genug, um den

Verkehrsverlauf über den Tag nachzubilden. Ohne weitere Skalierung wird die Verkehrsmenge gleichverteilt zu:

$$QZM_{ij}^t = \frac{1}{24} \cdot QZM_{ij} \;\forall\; t \in \{0 \cdots 23\} \tag{15.2}$$

Eine nicht gleichmäßige Verteilung bei identischer Verkehrsmenge über 24 Stunden entsteht, wenn anstelle des Faktors 24^{-1} mit einem beliebigen 24-elementigen Vektor $\vec{s}$ skaliert wird, für den $\|\vec{s}\|_1 = 1$ und $\vec{s}_t \geq 0 \;\forall\; t \in \{0 \cdots 23\}$ gilt. Die Menge an Verkehrsteilnehmern innerhalb der Simulation kann dadurch beeinflusst werden, da bei ungleichmäßigerer Verteilung des Verkehrs Staus entstehen können, die auch über längere Zeiträume bestand haben können.

Um Berufsverkehr und sonstigen Verkehr separat betrachten zu können, wird vom Mittelpunkt Frankfurt am Mains mit einem Radius von 5 km jede in Abbildung 15.1 gezeigte Zelle als Berufsverkehrszone BZ markiert. Tupel QZM_{ij} bei denen $j \in BZ$ (Berufsverkehr in Hinrichtung) werden mit $\vec{s}^h$ skaliert, falls $i \in BZ$ (Berufsverkehr in Rückrichtung) wird mit $\vec{s}^r$ skaliert. Falls $(i \in BZ) \Leftrightarrow (j \in BZ)$, findet entweder eine Fahrt innerhalb Frankfurts statt oder Frankfurt ist weder Start- noch Zielgebiet. In diesem Fall wird nicht von Frankfurter Berufsverkehr ausgegangen und daher mit $\vec{s}$ skaliert. Abbildung 15.2 zeigt den zeitlichen Verlauf der Skalierung der QZM-Einträge.

Es ist ersichtlich, dass morgens eine starke Verkehrsspitze generiert wird, die anschließend abflaut, bis nachmittags der zweite Berufsverkehr beginnt. Der rückwärtige Berufsverkehr ist stärker gedehnt und dafür weniger intensiv. In den nächtlichen Stunden wird ein Minimum an Verkehr generiert.

Die QZM für Pkw wird wie beschrieben mit $\vec{s}$, $\vec{s}^h$ und $\vec{s}^r$ skaliert. Die QZM für Lkw und Transporter werden für alle Tupel QZM_{ij} mit $\vec{s}$ skaliert, da diese Fahrzeuggruppen nicht für den klassischen Berufsverkehr genutzt werden.

15.3 Herausforderungen des Szenarios

Ein Szenario dieser Größe birgt Herausforderungen. Die Verarbeitung des Kartenausschnitts zur Aufteilung in Layer verwendet knapp 3 GB Arbeitsspeicher. Die Berechnung des Graphen kann über eine Stunde Berechnungsdauer benötigen.

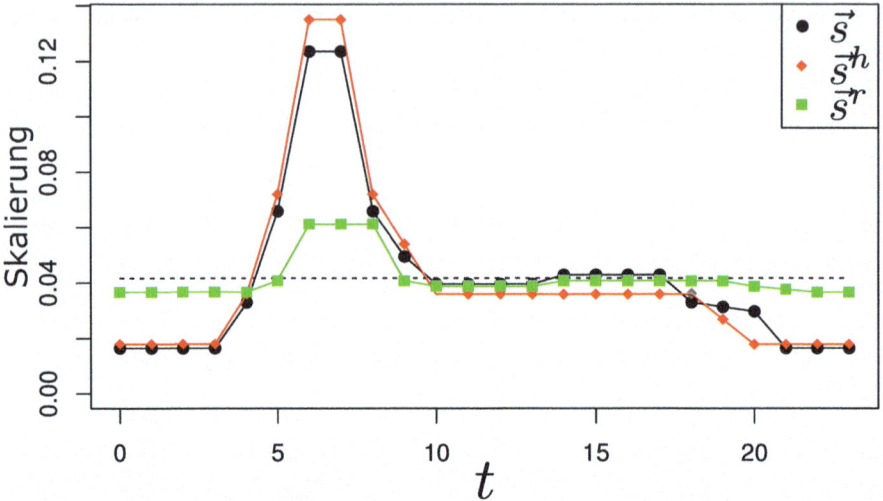

Abbildung 15.2: Skalierungsfaktoren von QZM zur Generierung von dynamischen QZM mit Zeitscheiben.

Bei einem Graphen mit knapp 50.000 `NI`s sind Optimierungen der Algorithmen zur Routenbestimmung notwendig. Ursprünglich wurde in MAINSIM ein gewöhnlicher A*-Algorithmus verwendet. Für dieses Szenario wurde ein bidirektionaler A*-Algorithmus implementiert, mit dem die Simulationsgeschwindigkeit ca. verdoppelt werden konnte.

Die Nutzung statischer QZM führt ähnlich zu dem in Abschnitt 10.3 beschriebenen Szenario zu Staus im Bereich „Am Erlenbruch" in Frankfurt am Main. Der Verkehr verteilt sich hingegen sehr effizient durch die Nutzung der gleitenden Mittelwerte über Reisedauerinformationen der jeweiligen `EI`s zur Kantengewichtsbewertung bei der Berechnung von Routen. Die Erweiterung auf dynamische QZM hat sich als schwierig herausgestellt, da die in Abbildung 15.2 gezeigten Skalierungen den Simulationsverlauf empfindlich beeinflussen.

Wenn der morgentliche Berufsverkehr etwas zu stark ausfällt, bilden sich Staus, die sich über Stunden halten können. Wird der abendliche Berufsverkehr zu stark gewählt, flaut die Verkehrsmenge in den Abendstunden nicht ab und auch in der Nacht existieren noch Staus. Die gezeigte Skalierung ist das Ergebnis von manueller Anpassung. Ziel der Anpassung war, den erwarteten Verlauf der Verkehrsmengen nachzubilden.

In diesem Szenario werden innerhalb der 24 Stunden Simulationszeit ca. 1,6 Mio. Trips generiert und die dazugehörigen Fahrzeugbewegungen simuliert. Über den Tagesverlauf schwankt die Simulationsgeschwindigkeit. Im Durchschnitt dauert ein Simulationslauf mit 7.200 Iterationen (zwei Stunden - Beginn um 22.00 Uhr Simulationszeit) Einschwingphase und 86.400 Iterationen (24 Stunden - Ende um 24.00 Uhr am simulierten Folgetag) Messphase unter Nutzung eines Intel E6750-Prozessors (2,66 Ghz) etwa zwei Tage.

Diese Simulationsdauer bedingt, dass eine Parallelisierung stattfinden muss. In diesem Experiment sind die Ergebnisse die Mengen an CO_2-Emissionen im Messbereich, in Zeitscheiben von 15 Minuten unterteilt. Um eine durchschnittliche CO_2-Karte des Messbereichs zu erzeugen, werden mehrere Instanzen von MAINSIM gestartet. Der Seed-Wert für den Generator der Zufallszahlen wird in jedem Simulationslauf auf das aktuelle Datum in Millisekunden gesetzt. Die Ergebnisse werden in CSV-Dateien gespeichert. Wenn ein Simulationslauf beendet ist, wird der nächste gestartet. Im Ergebnisordner werden die CSV-Dateien gesammelt.

Zur Auswertung werden die Dateien erneut eingelesen. Es werden eine Datei mit minimalen und eine Datei mit maximalen Emissionen ausgewählt. Die durchschnittlichen Emissionen aller Simulationsläufe werden in einer zusätzlichen Datei gespeichert.

15.4 Anbindung an atmosphärische Simulation

Die Emissionen der simulierten Autos werden im Messbereich von Abbildung 15.1 gemessen. Der Messbereich wird analog zum Vorgehen in Kapitel 14 in 100×100 Zellen zerlegt.

Es besteht keine wechselseitige Beziehung zwischen SCIPUFF und MAINSIM. Es genügt daher, die Ergebnisse der Verkehrssimulation als Eingabedateien für die atmosphärische Simulation zu verwenden. CSV-Ergebnisdateien der Verkehrssimulation werden über einfache Transformationsschritte durch einen Parser so konvertiert, dass SCIPUFF an den entsprechenden Positionen zu den gegebenen Zeitpunkten Gas-Quellen setzt, die mit angegebener Intensität CO_2 freigeben.

SCIPUFF kann sowohl unmittelbare Freisetzungen (z.B. eine Explosion), als auch kontinuierliche Freisetzungen (z.B. Rauch aus einem Kamin) simulieren. In diesem Fall werden kontinuierliche Emissionen angenommen.

Mittels SCIPUFF können anschließend verschiedene Wetterlagen simuliert werden. Die Ausgaben von SCIPUFF bestehen aus zeitabhängigen Konzentrationen. Als Ausgabeformat werden Matrizen verwendet. Mit Hilfe der Statistiksoftware R Project werden hieraus Äquipotentiallinien interpoliert und in einem CSV-Format gespeichert. Diese können anschließend innerhalb von MAINSIM eingelesen und in GIS-Layer exportiert werden. Die Layer können gemeinsam mit den Layern des simulierten Kartenausschnitts gerendert werden, um Erkenntnisse aus den Ergebnissen zu erlangen.

Der folgende Abschnitt beschreibt die Szenarien und deren Ergebnisse.

15.5 Windverteilung im Messbereich

Zur atmosphärischen Simulation werden Boden-Messdaten des Flughafens Frankfurt am Main aus dem Jahr 2011 genutzt. Das Jahr 2011 wurde gewählt, da es bei der Durchführung das jüngste vollständige Jahr war. Die Daten wurden heruntergeladen und zu SCIPUFF-Eingabedateien konvertiert. Die verwendeten Wetterdaten beinhalten die Windrichtung und -geschwindigkeit, Temperatur, Luftdruck und Niederschlagsbedingungen (keiner, Regen, Schneeregen, Schnee). Die wichtigsten Einflüsse resultieren aus dem Wind.

Abbildung 15.3 zeigt Messdaten über die Windrichtungen und -stärken im Messbereich als Durchschnitt für das gesamte Jahr 2011 (oben) und für einzelne Tage. Jede Zeile der Abbildung besteht aus zwei Graphen. Der linke Graph zeigt den Verlauf der Windgeschwindigkeit in m/s als Funktion über die Zeit. Der rechte Graph visualisiert ein Windrichtungshäufigkeitsdiagramm für den betreffenden Zeitraum.

Die Durchschnittsgraphen für das Jahr 2011 zeigen, dass der Wind im Messbereich hauptsächlich in nordöstlicher und südwestlicher Richtung auftritt. Die Windgeschwindigkeit variiert zwischen Windstille und 14 m/s im Maximum. Durchschnittlich wurden Windgeschwindigkeiten zwischen 6 und 8 m/s gemessen. Es ist keine klare Trennung der Windgeschwindigkeiten zwischen Tag und Nacht zu erkennen. Die folgenden vier Zeilen der Abbildung zeigen Tage mit unterschiedlichen Windausprägungen. Am 1. März 2011 kam der Wind hauptsächlich aus nordöstlicher Richtung mit einer durchschnittlichen Geschwindigkeit von 6 m/s und einer Spitze von 10 m/s gegen 16.00 Uhr. Am 6. August 2011 dominiert Wind aus dem Süden bei geringer Intensität. Am 17. Oktober 2011 variiert der Wind zwischen nordöstlicher und südwestlicher Richtung bei schwacher Intensität. Am 11. Mai 2011 wurde Wind aus nordwestlicher Richtung bei ebenfalls geringer Intensität gemessen. Dies ist ein für die Messregion ungewöhnlicher Tag.

15.5 Windverteilung im Messbereich

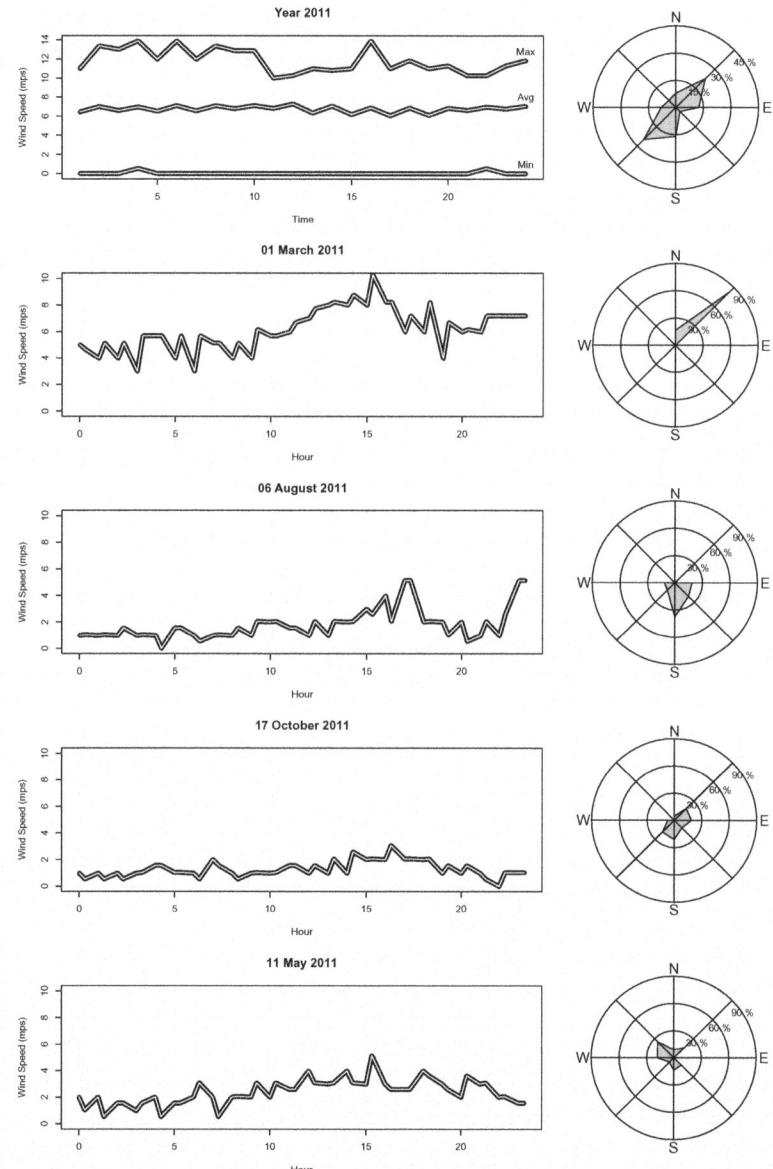

Abbildung 15.3: Windsensordaten [Cervone et al., 2013]

Abbildung 15.3 verdeutlicht, dass die Wetterbedingungen im Messbereich variieren und somit mehrere Einstellungen mittels SCIPUFF untersucht werden müssen.

15.6 Ergebnisse

Es wurden 48 Simulationsläufe von MAINSIM durchgeführt, um den variierenden Ergebnissen durch probabilistische Einflüsse des Verkehrsmodells zu begegnen. Die Simulationsergebnisse wurden anschließend analysiert und minimale, durchschnittliche und maximale Emissionsverläufe über den Messtag extrahiert.

Abbildung 15.4 zeigt die durchschnittlichen kumulierten CO_2-Emissionen für die Zellen der simulierten Region am Nachmittag. Es ist zu erkennen, dass Straßen mit hohem Verkehrsaufkommen im Normalfall die höchsten Emissionswerte erzielen. Es wird ein Schnappschuss gezeigt.

Durch Ankopplung an die atmosphärische Simulation entstehen Emissionen über die Zeit. Bei den Abbildungen 15.5 und 15.6 ist zu beachten, dass die Zeiteinheit verschoben ist. Ein Zeitschritt entspricht 30 Minuten. Insgesamt wurden somit nicht 48, sondern 24 Stunden simuliert.

Abbildung 15.5 zeigt die logarithmierten Äquipotentiallinien der durchschnittlichen Emissionen über die Zeit am 1. März 2011. Das Emissionsmaximum wird in dem Bereich gemessen, in dem die stärksten Emissionen während der Verkehrssimulation ermittelt wurden. Mit der Zeit treibt der Wind jedoch die Abgase nach Südwesten. Die nördlichen Areale bleiben unbeeinflusst, da die Windrichtung am 1. März 2011 konstant südwestlich war. Zum Vergleich zeigt Abbildung 15.6 bei identischer Verkehrssituation die Simulationsergebnisse für den 17. Oktober 2011. Die Windintensität war im Vergleich zum 1. März 2011 geringer, die Windrichtung hingegen variabel. Die Konturlinien zeigen eine im Uhrzeigersinn verlaufende Drehung der Ausbreitungsrichtung der Emissionen. Fast der gesamte Umkreis um das Messgebiet wird in diesem Szenario bis zu einem bestimmten Abstand beeinflusst.

Die interpolierten Äquipotentiallinien werden in den folgenden Abbildungen 15.7 und 15.8 mittels MAINSIM als Layer über den in Abbildung 15.1 gezeigten Kartenausschnitt projiziert. Es wird der Übersicht halber nur die westliche Hälfte des Kartenausschnitts dargestellt und die Darstellung des Bereichs auf die Zellen der QZM reduziert. Die Abbildung ist zeilenweise nach Datum und spaltenweise nach Zeitschritt (20, 30, 40 - entspricht 10, 15, 20 Stunden) unterteilt. Die Abbildung erlaubt die Analyse, welche Ge-

15.6 Ergebnisse

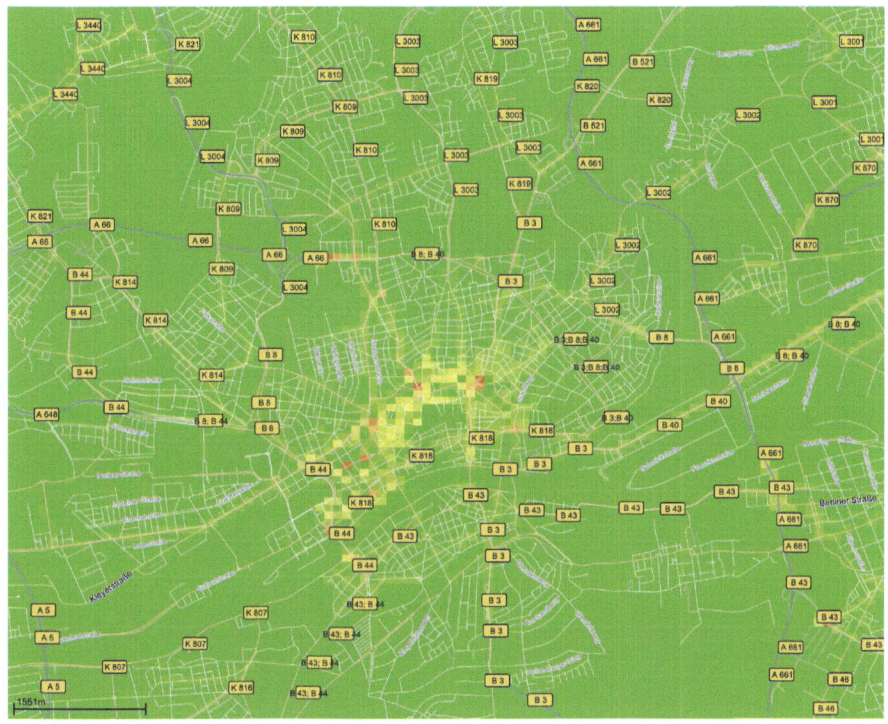

Abbildung 15.4: Emissionen durch Straßenverkehr: Durchschnittliche Emissionen im Zeitabschnitt 17.15 Uhr - 17.30 Uhr. Pro Zelle kumulierte Konzentrationen (grün: Minimum: 0, rot: Maximum: 8,19 kg).

biete durchschnittlich besonders durch CO_2-Emissionen belastet sind und welche Gebiete die höchsten Spitzenwerte erreichen. Diese Informationen könnten später genutzt werden, um die Verkehrsströme hinsichtlich der Zielgrößen „Reisedauer der Verkehrsteilnehmer" und „Emissionsbelastungen" zu optimieren.

In Abbildung 15.7 werden zur atmosphärischen Simulation die durchschnittlichen Emissionen aus den 48 Simulationsläufen von MAINSIM verwendet.

Abbildung 15.8 zeigt den Jahresdurchschnitt des Wetters und die Auswirkungen unterschiedlicher Verkehrsbelastungen anhand der ermittelten minimalen, durchschnittlichen und maximalen Emissionen innerhalb der 48

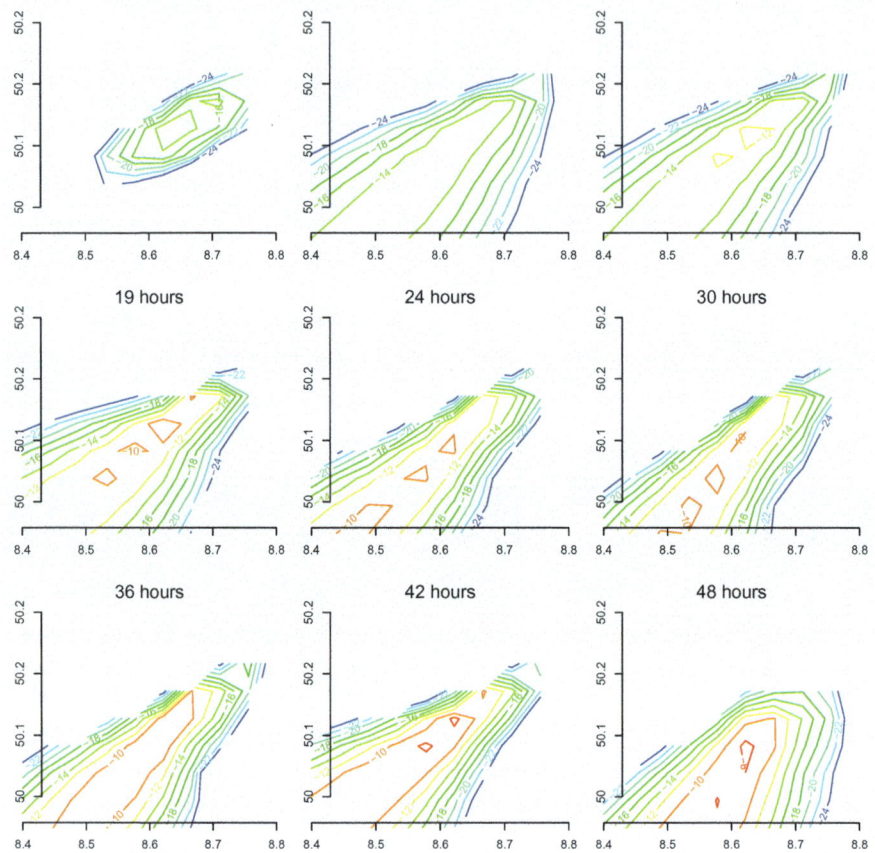

Abbildung 15.5: CO_2-Konturen: 1. März 2011 (log(kg)) [Cervone et al., 2013].

Verkehrssimulationsläufe. Zur Bestimmung des Jahresdurchschnitts des Wetters wurden die Wettereinflüsse aller Tage des Jahres 2011 mit identischen Emissionswerten simuliert und die resultierenden Ergebnismatrizen gemittelt. Die Ausbreitungsrichtung und -charakteristik der Emissionen ändert sich nicht bei Variation der Emissionsstärke. Das Ausmaß der Konzentrationen ist hingegen proportional zu den ermittelten Emissionen.

15.7 Zusammenfassung und Ausblick

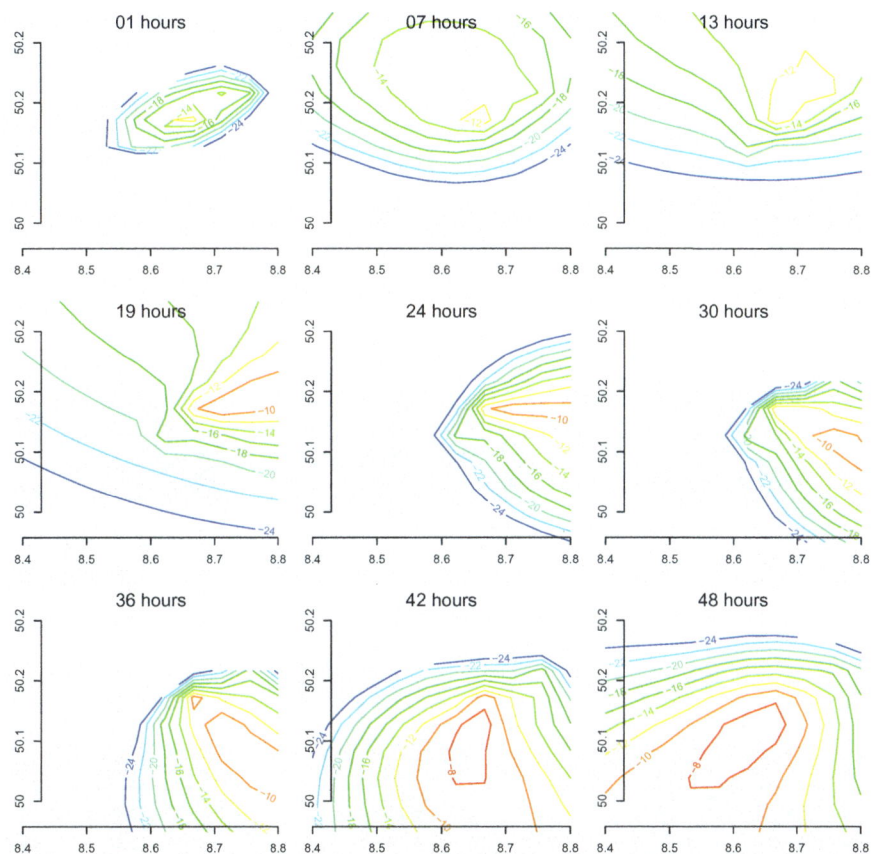

Abbildung 15.6: CO_2-Konturen: 17.10.2011 (log(kg)) [Cervone et al., 2013].

15.7 Zusammenfassung und Ausblick

In dieser Fallstudie wurde MAINSIM an die atmosphärische Simulation SCIPUFF angekoppelt, um die atmosphärischen Belastungen unter verschiedenen Wetterbedingungen zu vergleichen. Mit Hilfe der beschriebenen Verfahren können unterschiedliche Verkehrssituationen mit gemessenen oder zu erwartenden Wettercharakteristika kombiniert werden, um Luftverunreinigungen durch den Straßenverkehr vorherzusagen und zu erwartende Überschreitungen von Grenzwerten zu bestimmen.

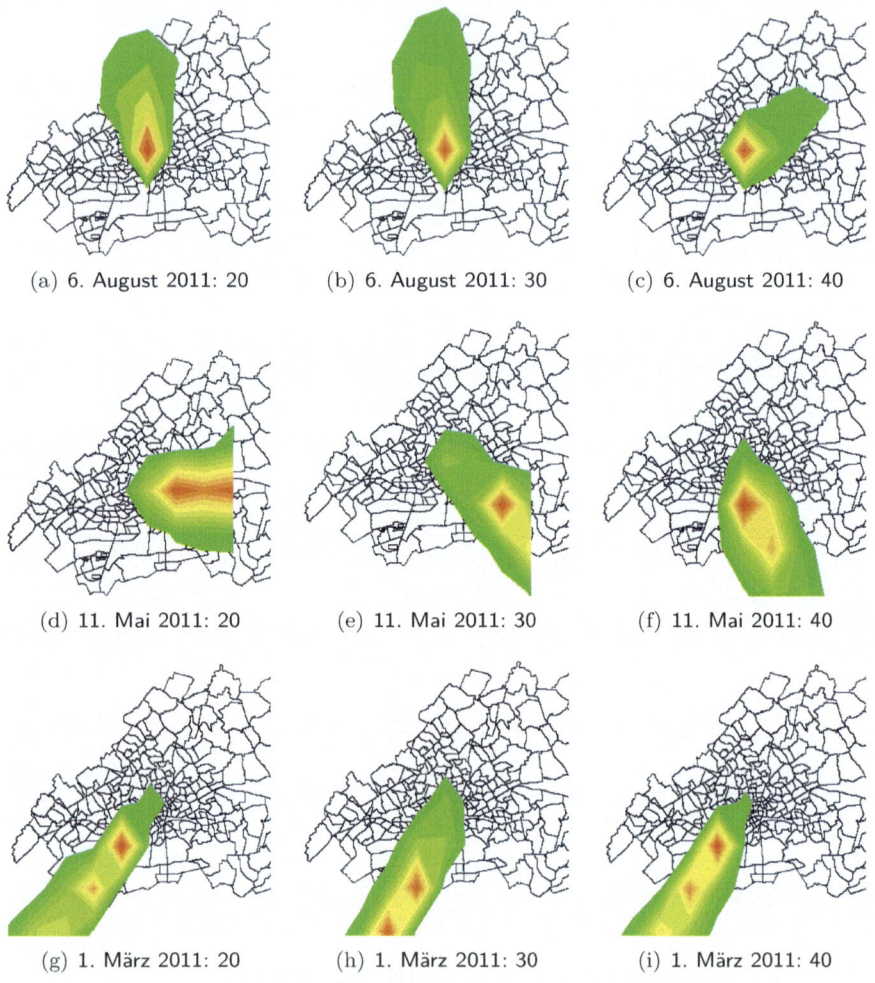

Abbildung 15.7: Verteilung der CO_2-Emissionen für verschiedene Tage.

Der Ansatz wurde im Bereich von Frankfurt am Main getestet. Hierfür wurde MAINSIM mit statischen QZM kalibriert, die in dynamische QZM separiert wurden. Das Szenario umfasste einen Straßengraphen mit knapp 50.000 `NIs`, auf dem innerhalb von 24 Stunden Messphase ca. 1.600.000 Trips von Fahrzeugen simuliert wurden. Die CO_2-Emissionen der Fahrzeuge im

15.7 Zusammenfassung und Ausblick

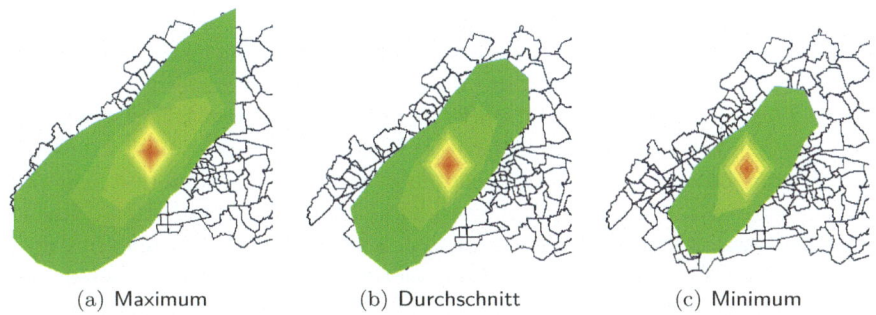

(a) Maximum (b) Durchschnitt (c) Minimum

Abbildung 15.8: Verteilung der CO_2-Emissionen für das Jahr 2011 unter Nutzung maximaler (links), durchschnittlicher (Mitte) und minimaler (rechts) Emissionen.

Messbereich wurden mit Hilfe eines DGM und des im vorherigen Kapitel 14 diskutierten Kraftstoffverbrauchs- und Emissionsmodells berechnet.

Zur Analyse des Wettereinflusses wurden reale Messdaten aus dem Jahr 2011 genutzt. Die Ergebnisse zeigen, dass es möglich ist, ein Verkehrssimulationssystem mit einer atmosphärischen Simulation zu koppeln. Verschiedene Verkehrssituationen und variierende atmosphärische Einflüsse führen zu unterschiedlichen Konzentrationen innerhalb und außerhalb des Messbereichs.

Die Ergebnisse zeigen deutlich, dass eine Analyse der CO_2-Emissionen innerhalb eines Messbereichs (vgl. Kapitel 14) nur für einen ersten Überblick genügt. Es muss ferner der Verkehr umliegender Bereiche simuliert werden, um die Wechselwirkungen, die durch Wettereinflüsse zwischen den Arealen entstehen, berücksichtigen zu können. Auch Bereiche, in denen kein Straßenverkehr vorhanden ist, können durch dessen Emissionen belastet werden. Gleichzeitig ist zu erkennen, dass der Simulationszeitraum nicht zu knapp begrenzt werden darf, da Emissionen sich über Stunden und Tage verteilen.

Um mit dem beschriebenen Verfahren Vorhersagen treffen zu können, muss in der Zukunft ein Vergleich von ermittelten Konzentrationen mit gemessenen Werten realer Sensoren durchgeführt werden und das System gegebenenfalls kalibriert werden. Die Kalibrierung ist mehrschichtig, da sowohl MAINSIM als auch SCIPUFF an die lokalen Bedingungen angepasst werden müssen. Dies ist aufgrund der Größe des Szenarios eine schwierige Aufgabe. Nachdem dieses Kapitel die Durchführbarkeit dieser Studie in ihrer Größe gezeigt hat, wäre die Nutzung in einem kleineren Szenario der Größenordnung eines Ortes zur Kalibrierung ein nächster Schritt.

In der Zukunft könnte mit dem beschriebenen Ansatz untersucht werden, ob bei unterschiedlichem zu erwartendem Wetter verschiedene Verkehrsleitstrategien notwendig sind, um die Performanz eines städtischen Verkehrssystems zu optimieren. An besonders windstillen Tagen ist zu erwarten, dass die Abgase sich langsam aus der Stadt verflüchtigen und daher die Luftqualität besonders leidet. Es könnten in der Folge bestimmte Areale mit vorgegebenen Grenzwerten belegt werden, die durch die simulierten Emissionen bei Betrachtung des Wetters eines Jahres nur n mal um maximal p % überschritten werden dürfen. Ein Optimierungsverfahren könnte versuchen, dieses Ziel durch wiederholte Simulationsläufe zu erreichen.

16 Zusammenfassung und Ausblick

Dieses Kapitel fasst die vorliegende Arbeit zusammen und gibt einen kurzen Ausblick. In dieser Arbeit sollte der Verkehr ganzer Städte mit minimalem Modellierungsaufwand untersucht werden können. Das Ziel war die Behandlung verschiedener Fragestellungen, die diese Größenordnung benötigen. Hierfür wird ein Verkehrssimulationssystem benötigt, das die in Kapitel 1 gestellten Anforderungen erfüllt. Die wichtigsten Eigenschaften sind:

- Eine automatische Simulationsgraphbestimmung aus Kartenmaterial
- Verkehrsmodelle, die die wichtigsten Verkehrsteilnehmertypen im urbanen Bereich *Auto, Fahrrad, Fußgänger* und deren Wechselwirkungen abbilden.
- Das System muss skalierbar sein.
- Es muss über Möglichkeiten der Erweiterbarkeit verfügen.

Die Betrachtung des Stands der Forschung in den Kapiteln 3 und 4 hat gezeigt, dass keines der bestehenden Verkehrssimulationssysteme große Szenarien unter Berücksichtigung multimodalen Verkehrs unter vertretbarem Aufwand simulieren kann. Es wurde daher ein Konzept entwickelt, das die durchgängige Modellierung verschiedener Verkehrsteilnehmertypen auf einem Straßengraphen ermöglicht und die obigen Anforderungen erfüllt. Das Konzept wurde im Rahmen einer prototypischen Implementierung namens MAINSIM getestet. Die grundlegende Architektur, wichtige Designentscheidungen und die Funktionsweise der entwickelten mikroskopischen Verkehrsmodelle wurden in den Kapiteln 5 bis 8 beschrieben.

Nach Evaluierung und Plausibilitätstests der Modelle wurden Fallstudien verschiedener Ausprägungen in den Kapiteln 10 bis 15 durchgeführt. Sie reichten von der Anwendung von maschinellen Lernverfahren im Bereich der Verkehrssimulation über die Abschätzung der Effekte, die Fußgänger auf den Straßenverkehr haben bis hin zur Berücksichtigung von Verhaltensweisen im Straßenverkehr, die nonkonform bezüglich Normen und Regeln sind. Es wurde ein neuartiges Routingverfahren besprochen. Der Benzinverbrauch der simulierten Autos wurde in Relation zum Einfluss nicht motorisiertem

Verkehrs berechnet. Die CO_2-Emissionen des Verkehrs wurden genutzt, um die Ausbreitung der Gase innerhalb Frankfurt am Mains zu simulieren.

Die Fallstudien zeigten, dass das entwickelte Konzept in die Lage versetzt, große Szenarien zu simulieren und die Interaktionen multimodalen Verkehrs in urbanen Szenarien zu berücksichtigen. Dies ist eine Erweiterung des Stands der Forschung. In den analysierten Szenarien konnte ein Einfluss von Fahrrädern und Fußgängern auf den Automobilverkehr gezeigt werden.

Ein weiteres Ergebnis ist, dass große Szenarien notwendig sind, um bestimmte Fragestellungen untersuchen zu können. Beispiele hierfür sind das in Kapitel 13 entwickelte Routingkonzept zur Optimierung der Verkehrsströme und die Abschätzung der durch den Straßenverkehr verursachten CO_2-Verteilung innerhalb einer Stadt (vgl. Kap. 15).

Angereichert mit Quelle-Ziel-Informationen kann MAINSIM genutzt werden, um den Verkehr ganzer Städte zu simulieren und makroskopische Kenngrößen zu ermitteln. Durch die Nutzung mikroskopischer Verkehrsmodelle können zusätzlich individuelle Größen, die z.B. eine bestimmte Verkehrsteilnehmergruppe betreffen, ausgegeben werden. MAINSIM kann direkt mit Geodaten arbeiten. Dies ermöglicht eine einfache Anreicherung der Simulationsmodelle mit externen Informationen.

Die entwickelten Verkehrsmodelle sind nicht darauf ausgelegt, den Verkehr exakt abzubilden, sondern makroskopisch plausible Kenngrößen zu ermitteln. Es wäre z.B. nicht möglich, die optimale Länge einer Auffahrt auf eine Autobahn zu ermitteln. Dies stellt keine Schwäche des Konzepts dar, sondern die Ausrichtung des Automodells zur Simulation großer Szenarien.

Simulationsergebnisse hängen stets von den Eingabedaten und den verwendeten Simulationsmodellen ab. Einen großen Einfluss hat im Bereich der Verkehrssimulation die Güte des Straßengraphen. Das entwickelte Konzept hat anhand der exemplarischen Entwicklung einer Importfunktion für OSM-Kartenmaterial gezeigt, dass eine automatische Graphgenerierung funktionieren kann. Zur Steigerung der Graphqualität muss in der Zukunft untersucht werden, wie zusätzlich realtätsgetreue Ampelschaltungen auf Basis maschinell lesbarer Schaltpläne in das Konzept integriert werden können.

In den Fallstudien wird teils der Verkehr in identischen Straßennetzen simuliert. Dennoch können ermittelte Geschwindigkeiten bzw. Reisedauern voneinander abweichen. Dies liegt an unterschiedlichen Verkehrsmengen und -zusammensetzungen, sowie der Weiterentwicklung von MAINSIM während der Durchführung der Studien. Einen großen Einfluss auf die fahrbaren Geschwindigkeiten hat beispielsweise die Analyse der Straßenkrümmungen, die erst für die Fallstudien der Kapitel 13 und 15 genutzt wurde.

16 Zusammenfassung und Ausblick

Kalibrierungsmethoden wurden im Rahmen der Evaluierung diskutiert. In der Literatur werden Verfahren für verschiedene Bereiche der Kalibrierung skizziert (vgl. [Chu et al., 2003, Rakha et al., 1996, Grubb et al., 1999, Duong et al., 2010, Hourdakis et al., 2003, Toledo et al., 2003]). Das Grundprinzip ist stets die Minimierung eines Fehlers gegenüber gemessenen Daten (z.B. Verkehrsfluss und Fließgeschwindigkeit). Wenn ein Verkehrsmodell kalibriert ist, können dennoch unrealistische Ergebnisse entstehen, wenn die Tripgenerierung auf Basis von Quelle-Ziel-Informationen nicht korrekt adjustiert ist. Auch die Kalibrierung bei der Generierung von dynamischen QZM aus statischen QZM könnte anhand von Messdaten automatisiert werden. In der Zukunft muss dieses Thema bearbeitet werden, damit MAINSIM für Planungszwecke in realen Szenarien eingesetzt werden kann.

Die Lösung, nahe beieinander liegende Ampeln auszudünnen, kann nur eine Notlösung sein. Ein Forschungsthema wäre die Untersuchung, wie die logischen Zusammenhänge an einer Kreuzung anhand der kartographierten Positionen von Ampeln erkannt werden können. Anschließend könnte zumindest für eine einzeln betrachtete Kreuzung eine realistische Ampelschaltung generiert werden, die einen Verbund von Ampel(anzeigen) steuert.

Eine ähnliche Aufgabe ist die Modellierung von U- und Straßenbahnen, Bussen oder Zugverkehr. Die genannten Verkehrsteilnehmertypen können einen Einfluss auf den Straßenverkehr haben, wenn sie beispielsweise an Ampeln bevorzugt werden (Straßenbahn) oder generell grün erhalten (U-Bahn) bzw. eine Schranke die Durchfahrt garantiert und gleichzeitig den restlichen Straßen- und Fußverkehr behindert. Fußgänger können in großen Mengen zu- oder aussteigen und lokal Störungen im Straßenverkehr verursachen.

Aggressionen wurden anhand der Fallstudien in Kapitel 12 untersucht. In den zugrundeliegenden mikroskopischen Verkehrsmodellen berücksichtigt jedoch nur das Modell für Fußgängerbewegungen Aggressivität. Die in Abschnitt 3.4.2 beschriebenen Verhaltensweisen sollten in der Zukunft integriert werden. Kommunikative Aggressionen sind nicht zwangsweise notwendig. Die Variierung der Sicherheitsabstände, Lückenakzeptanzwerte oder gefahrenen Geschwindigkeiten in Relation zur Verkehrssituation könnte hingegen Veränderungen des makroskopischen Verhaltens ergeben.

Verkehrsteilnehmer in MAINSIM halten an Ampeln, wenn diese von grün auf gelb umschalten. Menschen tendieren häufig dazu, zu beschleunigen und nur dann zu halten, wenn ein Passieren der Ampel unrealistisch erscheint. Die Auswirkungen dieses Verhaltens ließen sich über ein komplexeres Aggressionspotential untersuchen, welches den Verlauf der Fahrt und die Behinderungen, die ein Verkehrsteilnehmer erfährt, berücksichtigen.

Die Nutzung eines DGM ist nicht immer möglich, da Höheninformationen nicht in OSM verzeichnet werden und somit separat integriert werden müssen. Aus diesem Grund wurden bisher Steigungen des Straßenverlaufs für das Beschleunigungs- und Routenplanungsverhalten der Verkehrsteilnehmer nicht berücksichtigt. Reale Radfahrer bevorzugen Wege mit wenigen Steigungen. Manche Autos bzw. Lkw können eventuell Steigungen ab einem Grenzwinkel nicht mehr bewältigen. Diese Erweiterungen können über Anpassungen der Kantengewichte bei der Routenplanung, einer Skalierung der maximalen Beschleunigung mit einem vom Steigungswinkel abhängigen Faktor und einer Abfrage der maximalen Steigung für die Routenplanung integriert werden.

In [Aydin, 2004] werden Restzeitampeln (RZA) beschrieben, die anzeigen, wie lange ihre Phase noch andauern wird. Sie existieren z.B. in Hamburg für Fußgänger und wurden dort zwischen 2006 und 2007 auch für Autos getestet. Dies sollte u.a. den Verkehrsfluss erhöhen, indem z.B. der Gang bereits vor Umschalten der Ampeln eingelegt ist. Eine spürbare Beschleunigung des Anfahrprozesses an grünen Ampeln blieb aus, die Zahl der bei rot überfahrenen Ampeln sank jedoch[1]. RZA könnten zur Reduzierung des Kraftstoffverbrauchs und der Emissionsbelastung an Ampelkreuzungen beitragen, indem der Motor abgeschaltet wird, wenn die Ampel noch *genügend* lange rot sein wird. Zur Automatisierung könnten Ampeln per Funk mit Autos kommunizieren. Sobald die fahrzeugabhängige Dauer bekannt wird, ab der sich ein Abschalten des Motors lohnt, kann mittels MAINSIM untersucht werden, welche Ersparnis im Stadtverkehr durch RZA erzielbar wären.

In [Eilts, 2009] wurde eine Gesundheitsschädlichkeit von Straßenverkehrslärm bei Nacht für Kinder ermittelt. Die Autoren fordern daher Lärmschutzmaßnahmen für Wohngebiete. Geräuschemissionen hängen bei identischer Straße vom Fahrzeugtyp, -geschwindigkeit und -beschleunigung ab [Coensel und Botteldooren, 2007, Peeters und Blokland, 2007]. Eine Korrelationsanalyse zwischen CO_2- und Schallemissionen, sowie die Untersuchung der Nutzbarkeit von Optimierungsverfahren zur Minimierung der Emissionen ist ein wichtiges zukünftiges Forschungsthema.

---

[1] http://www.abendblatt.de/hamburg/article488326/Behoerde-stoppt-das-Projekt-Restzeitampel.html abgerufen am 06.08.2012

A Symbole und Abkürzungen

Symbole

$\perp$	Trödelfaktor
$\perp'$	Unachtsamkeitsfaktor
v_d	Bremsmaximum
v_K^{EI}	Maximalgeschw. auf `EI` durch Krümmung der Straße
ψ	Skalierung des Einflusses von v_K^{EI} auf ein Fahrzeug
$H_n(A)$	Abs. Häufigkeit von Ereignis A bei Stichprobengröße n
$h_n(A)$	Rel. Häufigkeit von Ereignis A bei Stichprobengröße n
ξ	Beschleunigungsfaktor
μ	Mittelwert
f	Wahrscheinlichkeitsdichtefunktion
σ	Standardabweichung
$\mathcal{N}(\mu, \sigma)$	Normalverteilung um μ mit σ
$\mathcal{N}_a^b(\mu, \sigma)$	Normalverteilung um μ mit σ begrenzt auf Intervall $[a, b]$
N	Nachbarschaft
$\vartheta(s)$	Bewertung der Spur s
t_l^l	Zeitliche Lücke für Abbiegevorgänge nach links
t_l^r	Zeitliche Lücke für Abbiegevorgänge nach rechts
t_l^g	Zeitliche Lücke für Abbiegevorgänge geradeaus
`EI`	`EdgeInformation`
`NI`	`NodeInformation`
$|\text{EI}|$	Länge von `EI` in $[m]$

Abkürzungen

GHR	Gazis-Herman-Rothery
GIS	Geoinformationssystem
IDM	Intelligent Driver Modell
LWR	Lighthill-Whitham-Richards
LUT	Lookup-Table
OSM	OpenStreetMap
OVM	Optimal-Velocity Modell
MAS	Multi-Agenten-Simulation
ML	Maschinelle(s) Lernverfahren
NSM	Nagel-Schreckenberg-Modell
QZM	Quelle-Ziel-Matrix
RZA	Restzeitampel(n)
SHP	Shapefile
XML	Extensible Markup Language
ZA	Zellulärer Automat

B Sicherheitsabstand

In diesem Anhang wurde das in Abschnitt 9.2.1 durchgeführte Experiment zur Bestimmung grundlegender Diagramme bezüglich Verkehrsdichte, -fluss und -geschwindigkeit auf einer einspurigen Straße ohne Geschwindigkeitsbegrenzung wiederholt. In Abbildung B.1 sind die Diagramme der linken Spalte identisch zu denen in Abschnitt 9.2.1. Zur Bestimmung der rechten Spalte wurde der Sicherheitsabstand auf den „halben Tachoabstand" erhöht (2 s).

Der Verkehrsfluss bei 2 s Sicherheitsabstand erreicht bei einer Verkehrsdichte von 12,62 Autos / km sein Maximum von 1362,24 Autos / h. Dies stellt eine deutliche Verringerung im Vergleich zu realen Messdaten dar. In der Abbildung wurden zu Vergleichszwecken stets die Funktionswerte bei der Verkehrsdichte mit maximalem Fluss unter Nutzung von 1,33 s Sicherheitsabstand angegeben.

Die weiteren Zeilen von Abbildung B.1 setzen den Trend fort, dass ein größerer Sicherheitsabstand zu höherer Staugefahr führt. Da die Autos bei größerem Sicherheitsabstand mehr Platz benötigen, steigt im übertragenen Sinne die Verkehrsdichte bei gleichbleibender Anzahl an Fahrzeugen, wenn der Sicherheitsabstand erhöht wird.

Der „halbe Tachoabstand" als Sicherheitsabstand wird in keinem der im Stand der Forschung betrachteten Modelle als Sicherheitsabstand genutzt, da die Ergebnisse der Modelle in diesem Fall unrealistisch werden.

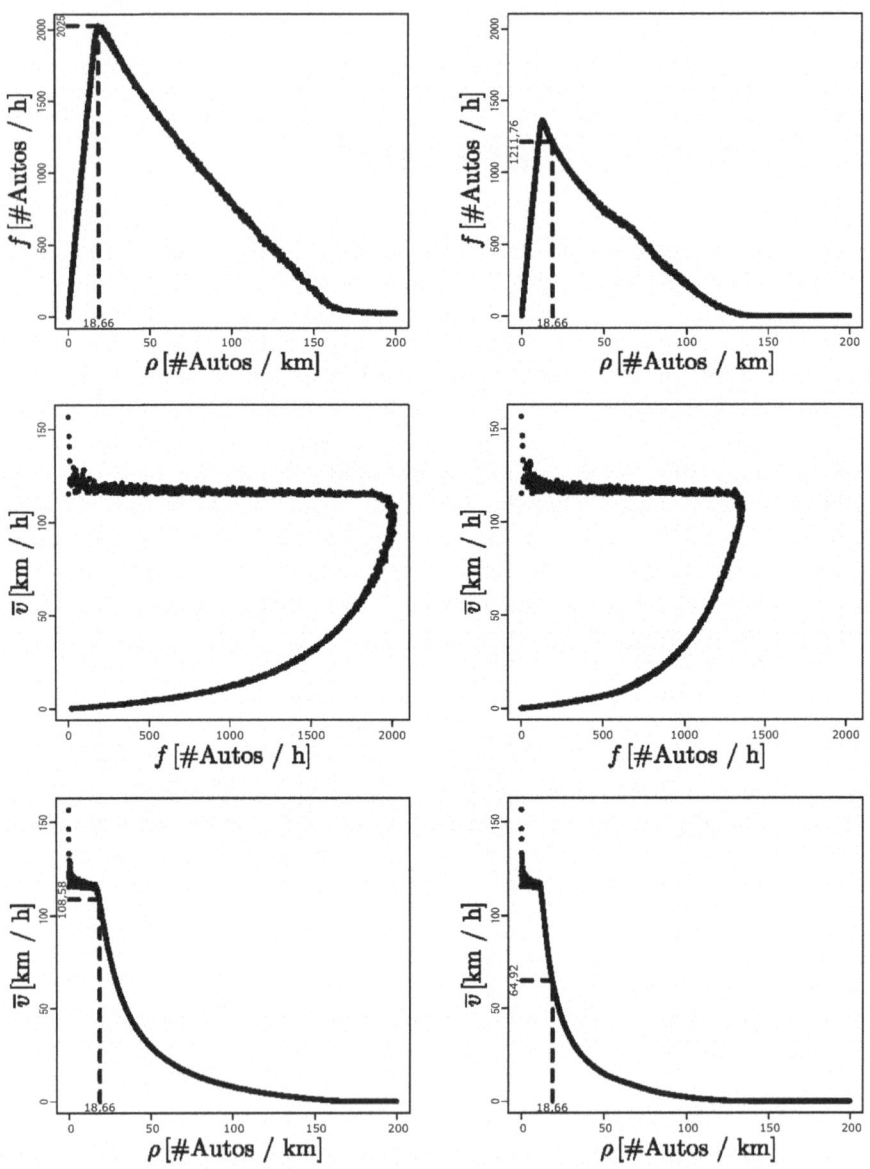

Abbildung B.1: Auswirkung der Wahl des Sicherheitsabstands auf grundlegende makroskopische Kenngrößen. Linke Spalte: 1,33 s. Rechte Spalte: 2 s.

C Fußgängerbewegung: ZA-Algorithmus

Dieser Anhang beschreibt den in [Blue und Adler, 2001] vorgestellten Algorithmus für Fußgängerbewegungen. Die grundlegende Funtkionsweise wird in Abschnitt 3.3.4 auf Seite 41 erläutert. Algorithmus C.1 präzisiert die Funktionsweise in Pseudocode. Die Prozedur update() aktualisiert die Positionen aller simulierten Fußgänger. Im ersten Schritt wird für jeden Fußgänger in Zeile 3 ermittelt, welche Spuren ausgehend von seiner aktuellen Spur derzeit nutzbar sind. Nutzbar sind alle Felder, die nicht belegt und zum aktuellen Feld benachbart sind. Wenn ein Feld von mehr als einem Fußgänger beansprucht wird, wird es zufällig einem von ihnen zugeteilt (siehe Abbildung C.1).

Die Zeilen 5 und 6 bestimmen, ob ein Spurwechsel durchgeführt wird. Es wird die Spur gewählt, die das beste Vorankommen verspricht. Hierfür wird zuerst mit Hilfe der Prozedur bestimmeLücken() für jeden Fußgänger f geprüft, wie groß die Lücken der benachbarten Spuren zu anderen Fußgängern sind. Falls auf einer Spur kein Fußgänger sein sollte, wird die Lücke auf eine Sichtweite von 8 Zellen begrenzt (Zeile 17). Bei Fußgängern, die f entgegenkommen, werden Lücken halbiert, um deren Fortbewegung Rechnung zu tragen (Zeile 19).

Es wird in Prozedur wähleSpur() die Spur gewählt, die die größte Lücke enthält. Hierfür wird jeder Spur s eine Nutzungswahrscheinlichkeit p_s zugeordnet. Falls auf der aktuellen Spur ein Fußgänger entgegenkommt, wird ein Spurwechsel zu einer freien benachbarten Spur erzwungen (Zeile 24). Hierbei werden Spuren, die Verkehr in der selben Richtung wie ein Fußgänger f enthalten, bevorzugt (Zeile 26). Dieser Schritt führt dazu, dass Spuren entstehen, die für jeweils eine Richtung bevorzugt werden. Falls mehrere Spuren die selbe maximale Nutzungswahrscheinlichkeit haben, wird geprüft, ob die aktuelle Spur unter diesen Spuren S enthalten ist und diese bevorzugt (Zeile 29). In Zeile 30 wird $spur_{neu}$ nach der berechneten Wahrscheinlichkeitsverteilung bestimmt.

Nachdem die Schleife über alle Fußgänger (Zeilen 4 bis 6) beendet ist, hat jeder Fußgänger parallel eine Spur bestimmt, die er betreten wird. Dieser

```
 1  procedure update()
 2    foreach Fußgänger f do
 3      ermittle nutzbare Spuren
 4    foreach Fußgänger f do
 5      bestimmeLücken();
 6      wähleSpur();
 7    foreach Fußgänger f do
 8      spur = spur_neu;
 9    foreach Fußgänger f do
10      v_f = min(gap, 4);
11      if gap < 2 ∧ gegenverkehr then
12        Mit Wsk p_tausch: v_f = gap + 1;
13    foreach Fußgänger f do
14      bewege mit v_f

15  procedure bestimmeLücken()
16    foreach Adjazente Spur s do
17      gap_s = 8;
18      if ∃ nächster Fußgänger f auf s in max. Abstand 8 then
19        gap_s = f_dir ≡ dir ? |f_pos − pos| : ⌊½ · |f_pos − pos|⌋

20  procedure wähleSpur()
21    foreach Adjazente Spur s do
22      p_s = gap_s;
23    if Gegenverkehr auf aktueller Spur s_a then
24      p_{s_a} = 0;
25      foreach Spur s mit Verkehr in selber Richtung do
26        p_s = 2 · p_s;
27    bestimme Spuren S mit maximaler p_s;
28    if aktuelle Spur s_a ∈ S then
29      setze p_{s_a} = 0,8, verteile 0,2 auf die restlichen Spuren
30    Wähle spur_neu nach Ws p neue Spur
```

Algorithmus C.1: ZA-Fußgängermodell (nach [Blue und Adler, 2001]).

C Fußgängerbewegung: ZA-Algorithmus

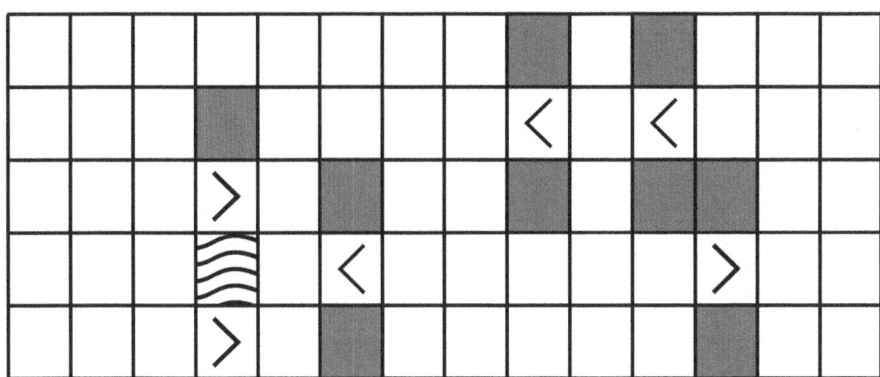

Abbildung C.1: ZA-Fußgängermodell: Spurwechselkonflikte. Fußgänger sind im Hinblick auf ihre Laufrichtung markiert. Felder sind grau markiert, wenn ein Spurwechsel dorthin möglich ist und mit Wellenlinien, falls sie mehrfach beansprucht werden.

Schritt wird nun in den Zeilen 7 und 8 durchgeführt. Die Geschwindigkeiten werden für alle Fußgänger in Abhängigkeit zur vorhandenen Lücke bestimmt (Zeilen 9 bis 12). Falls die Lücke zwischen zwei Fußgängern weniger als zwei Zellen beträgt, und diese in unterschiedliche Richtungen laufen, können sie mit der Wahrscheinlichkeit p_{tausch} aneinander vorbeilaufen.

Abschließend bewegen sich alle Fußgänger mit den berechneten Geschwindigkeiten (Zeilen 13 und 14).

D KFZ-NEFZ-Daten

Länge l [m], Masse m [kg] und NEFZ-Verbauchsdaten in Mix-, Stadt- und Landszenarien von 54 Fahrzeugen (Bj. 2011, 2012), gemäß Herstellerwebseiten nach [Taubert, 2012].

Automodell	l	m	Mix	Stadt	Land
BMW 116i	4239	1320	6,1	7,9	5,1
BMW 320i	4624	1505	6,4	8,3	5
BMW 520i	4899	1670	7	9,1	5,7
BMW 740i	5072	1935	9,9	13,8	7,6
BMW Z4 sDrive20i	4239	1470	6,8	8,9	5,6
BMW X3 xDrive20i	4648	1770	7,9	9,9	6,7
BMW X5 xDrive25i	4857	2145	10,1	13,1	8,3
VW take up!	3540	929	4,5	5,6	3,9
VW Polo Trendline	4064	1128	5,5	7,3	4,5
VW Golf TDI Comfortine	4296	1322	5,3	6,7	4,5
VW Passat TSI Comfortline	4874	1626	6,9	9,6	5,3
VW Touareg V8 TDI	4893	2297	9,1	11,9	7,4
Ford Galaxy 1,6-l-EcoBoost	4819	1734	7,2	9,1	6,1
Ford Fiesta 1,25l Duratec	3950	1041	5,4	7,1	4,3
Ford Focus 1,6l Duratec TI-VCT	4234	1307	6	8,1	4,8
Opel Astra 1.6 Turbo	4419	1400	6,8	8,8	5,6
Opel Insignia 1.6	4830	1503	7,4	10,3	5,7
Opel Antara 2.4	4596	1800	8,8	11,7	7,1
Opel Meriva 1.4	4288	1361	6,1	7,8	5,1
Opel Corsa 1.2 ecoFLEX	3999	1163	5,5	7,2	4,5
Mercedes A 160 BlueEFFICENCY	3883	1325	6	7,5	5,1
Mercedes B 180 BlueEFFICENCY	4359	1395	5,9	8	4,7
Mercedes C 180 BlueEFFICENCY	4591	1480	6,7	9,3	5,2
Mercedes ML 350 4MATIC	4804	2130	8,5	10,9	7,1
Mercedes S 350 BlueEFFICENCY	5096	1910	7,6	10,2	6
Mercedes SLK 55 AMG	4010	1610	8,4	12	6,2
Fiat Panda Classic 1.2 8V	3653	1015	6	7,3	5,2

Fortsetzung auf der nächsten Seite

Automodell	l	m	Mix	Stadt	Land
Fiat Punto 1.6 16V	4065	1090	5,7	7,4	4,7
Fiat Bravo 1.4 16V	4336	1350	5,7	7,3	4,6
Fiat Sedici 2.0 MULTIJET	4115	1425	5,3	6,6	4,7
Mitsubishi Colt 1.1 ClearTec Motion	3880	1015	4,9	6	4,3
Mitsubishi Lancer 1.6 ClearTec Inform	4570	1335	5,5	7	4,7
Mitsubishi Pajero 3.2 DI-D Inform	4385	2160	7,8	9,5	6,9
Mitsubishi L200 2.5DI-D Inform	5040	1845	7,5	8,9	6,8
Mazda 2 1.3l MZR	3920	1035	5	6,2	4,3
Mazda 3 2.0l MZR DISI	4460	1258	6,7	9,1	5,3
Mazda 6 1.8l MZR	4785	1425	6,6	9,3	5,0
Mazda CX-7 2.3l MZR DISI	4700	1815	10,4	14	8,4
Renault Twingo 1.2 16V 75	3602	890	5,1	7,3	4,7
Renault Clio 2.0 16V 200	4017	1062	8,2	11,2	6,5
Renault Megane dCi 130	4295	1395	5,1	6,2	4,5
Renault Espace dCi 175	4656	1807	7	8,8	6,3
Renault Laguna TCe 170	4695	1377	6,5	12,5	8,7
Citroen C1 1.0 EGS	3440	925	5	5,4	4
Citroen C6 V6 HDi 240	4908	1995	7,3	10	5,8
Citroen C3 Picasso VTi 120	4078	1279	6,4	9	4,9
Dacia Sandero 1.6 MPI LPG 85	4024	1207	7,4	9,9	6,2
Dacia Logan MCV 1.6 MPI 85	4450	1240	7,3	9,8	6,1
Dacia Duster 1.6 16V 105	4315	1325	8	10,4	7
Dacia Lodgy 1.6 MPI 85	4498	1165	7,1	9,4	5,7
Skoda Fabia 1,2 l 51kW	4111	1095	5,5	7,3	4,5
Skoda Yeti 1,2 TSI 77kW	4360	1340	6,4	7,6	5,9
Skoda Octavia 1,8 TSI 118kW	4666	1350	6,9	9,5	5,5
Skoda Superb 2.0 TSI DSG 147kW	4938	1555	7,9	10,6	6,3

Tabelle D.1: NEFZ-Verbrauchsdaten versch. Fahrzeuge nach [Taubert, 2012].

Literaturverzeichnis

[Abdi, 2007] Abdi, H. (2007). *Encyclopedia of Measurement and Statistics*, Kapitel Bonferroni and Sidak corrections for multiple comparisons. Salkind, N. J., Herausgeber, Thousand Oaks (CA).

[Abdul Kareem, 2002] Abdul Kareem, Y. (2002). "Comparative Study Of Gap Acceptance At Priority Intersections". *Journal Of Science, Engineering And Technology, Enugu, Nigeria*, 3(1), S. 1–6.

[AblEU, 1970] AblEU (1970). "Zur Angleichung der Rechtsvorschriften der Mitgliedstaaten über Maßnahmen gegen die Verunreinigung der Luft durch Emissionen von Kraftfahrzeugen". Amtsblatt der Europäischen Union. 70/220/EWG.

[AblEU, 2008] AblEU (2008). "Mitteilung über die Anwendung und die künftige Entwicklung der gemeinschaftlichen Rechtsvorschriften über Emissionen von Fahrzeugen für den Leichtverkehr und über den Zugang zu Reparatur- und Wartungsinformationen (Euro 5 und Euro 6)". Amtsblatt der Europäischen Union. 2008/C 182/08, Punkt 10.

[Ahn, 1998] Ahn, K. (1998). *Microscopic Fuel Consumption and Emission Modeling*. Dissertation, Virginia Polytechnic Institute and State University.

[Ahn et al., 2002] Ahn, K.; Rakha, H.; Trani, A. und Van Aerde, M. (2002). "Estimating Vehicle Fuel Consumption and Emissions based on Instantaneous Speed and Acceleration Levels". *Journal of Transportation Engineering*, 128(2), S. 182–190.

[Al-Jameel, 2009] Al-Jameel, H. (2009). "Examining and improving the limitations of Gazis-Herman-Rothery car following model". In *Salford Postgraduate Annual Research Conference*.

[Al-Zanaidi et al., 1994] Al-Zanaidi, M. A.; Singh, M. P. und El-Karim, M. (1994). "Traffic CO-Dispersion Pattern in Kuwait". *Atmospheric Environment*, 25A, 5/6, S. 909–914.

[Alves et al., 2010] Alves, D.; van Ast, J.; Cong, Z.; De Schutter, B. und Babuška, R. (2010). "Ant Colony Optimization for traffic dispersion routing". In *Intelligent Transportation Systems (ITSC), 2010 13th International IEEE Conference on*, S. 683–688.

[An et al., 1997] An, F.; Barth, M.; Norbeck, J. und Ross, M. (1997). "Development of Comprehensive Modal Emissions Model Operating Under Hot-Stabilized Conditionss". *Transportation Research Record*, 1587(1), S. 52–62.

[Arias et al., 2009] Arias, A. P.; Hanebeck, U. D.; Ehrhardt, P.; Hengst, S.; Kretz, T. und Vortisch, P. (2009). "A Framework for Evaluating the VISSIM Traffic Simulation with Extended Range Telepresence". In *Proceedings of the 22nd Annual Conference on Computer Animation and Social Agents (CASA 2009)*, S. 13–16, Amsterdam.

[Ashton, 1971] Ashton, W. D. (1971). "Gap-Acceptance Problems at a Traffic Intersection". *Journal of the Royal Statistical Society. Series C (Applied Statistics)*, 20(2), S. 130–138.

[Ather, 2009] Ather, A. (2009). *A Quality Analysis of OpenStreetMap Data*. Dissertation, M. Eng. Dissertation, Department of Civil, Environmental & Geomatic Engineering, University College London.

[Aydin, 2004] Aydin, M. O. (2004). "Traffic Light Displaying Remaining Time". United States Patent 2004/0189491 A1.

[Bachem et al., 1994] Bachem, A.; Nagel, K. und Rickert, M. (1994). "Ultraschnelle mikroskopische Verkehrssimulationen". *Parallele Datenverarbeitung aktuell: TAT 94*, 173, S. 460–469.

[Baek et al., 2009] Baek, S. K.; Minnhagen, P.; Bernhardsson, S.; Choi, K. und Kim, B. J. (2009). "Flow improvement caused by agents who ignore traffic rules". *Physical Review E (Statistical, Nonlinear, and Soft Matter Physics)*, 80(1).

[Balmer, 2007] Balmer, M. (2007). *Travel demand modeling for multi-agent traffic simulations: Algorithms and systems*. Dissertation, ETH Zürich, Switzerland.

[Balmer et al., 2004] Balmer, M.; Raney, B. und Nagel, K. (2004). "Agent-Based Activities Planning for an Iterative Traffic Simulation of Switzerland – Activity Time Allocation". *4th Swiss Transport Research Conference*.

[Balmer et al., 2008] Balmer, M.; Rieser, M.; Meister, K.; Charypar, D.; Lefebvre, N.; Nagel, K. und Axhausen, K. (2008). "MATSim-T: Architecture and Simulation Times". In Bazzan, A. L. C. und Klügl,

F., Herausgeber, *Multi-Agent Systems for Traffic and Transportation Engineering*.

[Bando et al., 1998] Bando, M.; Hasebe, K.; Nakanishi, K. und Nakayama, A. (1998). "Analysis of optimal velocity model with explicit delay". *Physical Review E*, 58, S. 5429–5435.

[Bando et al., 1994] Bando, M.; Hasebe, K.; Nakayama, A.; Shibata, A. und Sugiyama, Y. (1994). "Structure stability of congestion in traffic dynamics". *Japan Journal of Industrial and Applied Mathematics*, 11, S. 203–223. 10.1007/BF03167222.

[Bando et al., 1995] Bando, M.; Hasebe, K.; Nakayama, A.; Shibata, A. und Sugiyama, Y. (1995). "Dynamical model of traffic congestion and numerical simulation". *Phys. Rev. E*, 51(2), S. 1035–1042.

[Baqueiro et al., 2009] Baqueiro, O.; Wang, Y. J.; McBurney, P. und Coenen, F. (2009). "Integrating Data Mining and Agent Based Modeling and Simulation". In *Advances in Data Mining. Applications and Theoretical Aspects, 9th Industrial Conference, ICDM 2009*, 5633 Auflage von *Lecture Notes in Computer Science*, S. 220–231. Springer.

[Barrett et al., 1998] Barrett, C. L.; Eubank, S.; Nagel, K.; Rasmussen, S.; Riordan, J. und Wolinsky, M. (1998). "Issues in the representation of traffic using multi-resolution cellular automata". Technical report, Los Alamos National Laboratory Transims Report Series.

[Bartelme, 2005] Bartelme, N. (2005). *Geoinformatik: Modelle, Strukturen, Funktionen*. Springer, Berlin, 4. Auflage.

[Basford et al., 2002] Basford, L.; Reid, S.; Lester, T.; Thomson, J. und A., T. (2002). "Drivers' perceptions of cyclists". Technical Report 549, Prepared for Charging and Local Transport Division, Department for Transport. ISSN: 0968-4107.

[Batty, 2001] Batty, M. (2001). "Agent-based pedestrian modelling". *Environment and Planning B: Planning and Design*, 28, S. 321–326.

[Batty, 2007] Batty, M. (2007). *Cities and Complexity: Understanding Cities with Cellular Automata, Agent-Based Models, and Fractals*. The MIT Press.

[Bauke und Mertens, 2005] Bauke, H. und Mertens, S. (2005). *Cluster Computing : Praktische Einführung in das Hochleistungsrechnen auf Linux-Clustern (X.systems.press)*. Springer.

[Bauza et al., 2008] Bauza, R.; Gozalvez, J. und Sepulcre, M. (2008). "Operation and Performance of Vehicular Ad-hoc Routing Protocols in

Realistic Environments". In *Proceedings of the 2nd IEEE International Symposium on Wireless Vehicular Communications (WiVeC)*.

[Bazzan et al., 2008] Bazzan, A.; de Oliveira, D.; Klügl, F. und Nagel, K. (2008). "To Adapt or Not to Adapt – Consequences of Adapting Driver and Traffic Light Agents". In Tuyls, K.; Nowe, A.; Guessoum, Z. und Kudenko, D., Herausgeber, *Adaptive Agents and Multi-Agent Systems III. Adaptation and Multi-Agent Learning*, 4865 Auflage von *Lecture Notes in Computer Science*, S. 1–14. Springer Berlin / Heidelberg.

[Bazzan, 2009] Bazzan, A. L. (2009). "Opportunities for multiagent systems and multiagent reinforcement learning in traffic control". *Autonomous Agents and Multi-Agent Systems*, 18, S. 342–375.

[Bazzan et al., 2010] Bazzan, A. L. C.; de Brito do Amarante, M.; Sommer, T. und Benavides, A. J. (2010). "ITSUMO: an Agent-Based Simulator for ITS Applications". In Rossetti, R.; Liu, H. und Tang, S., Herausgeber, *Proc. of the 4th Workshop on Artificial Transportation Systems and Simulation*. IEEE.

[Bazzan et al., 2009] Bazzan, A. L. C.; Nagel, K. und Klügl, F. (2009). "Integrating MATSim and ITSUMO for Daily Replanning Under Congestion". In *Proceedings of the 35th Latin-American Informatics Conference, CLEI*, Pelotas, Brazil.

[Behrisch et al., 2011] Behrisch, M.; Bieker, L.; Erdmann, J. und Krajzewicz, D. (2011). "SUMO - Simulation of Urban MObility: An Overview". In *SIMUL 2011, The Third International Conference on Advances in System Simulation*, S. 63–68, Barcelona, Spain. ISBN 978-1-61208-169-4.

[Behrisch und Krajzewicz, 2008] Behrisch, M. und Krajzewicz, D. (2008). ""Simulation of Urban MObility" - SUMO Eine freie Verkehrssimulation". Technical report, Institut für Verkehrssystemtechnik.

[Bennett, 2010] Bennett, J. (2010). *OpenStreetMap*. Packt Publishing Ltd, Olton Birmingham, GBR. ISBN: 978-1-84719-750-4.

[Bertsche et al., 2009] Bertsche, B.; Göhner, P.; Jensen, U.; Schinköthe, W.; Wunderlich, H.-J.; Göhner, P.; Beck, A.; Kunz, S. und Wedel, M. (2009). "Zuverlässigkeit der Software in mechatronischen Systemen". In *Zuverlässigkeit mechatronischer Systeme*, VDI-Buch, S. 317–389. Springer Berlin Heidelberg. 10.1007/978-3-540-85091-5_7.

[Bloomberg und Dale, 2000] Bloomberg, L. und Dale, J. (2000). "A Comparison of the VISSIM and CORSIM Traffic Simulation Models". *Institute of Transportation Engineers Annual Meeting*, 1727, S. 52–60.

[Blue und Adler, 2001] Blue, V. J. und Adler, J. L. (2001). "Cellular automata microsimulation for modeling bi-directional pedestrian walkways". *Transportation Research Part B: Methodological*, 35(3), S. 293 – 312.

[Boccara et al., 1997] Boccara, N.; Fuks, H. und Zeng, Q. (1997). "Car accidents and number of stopped cars due to road blockage on a one-lane highway". *MATH.GEN.*, 30, S. 3329.

[Bönisch und Kretz, 2009] Bönisch, C. und Kretz, T. (2009). "Simulation of Pedestrians Crossing a Street". *Proceedings of the Eighth International Conference on Traffic and Granular Flow*, 8.

[Bossel, 2004] Bossel, H. (2004). *Systeme Dynamik Simulation: Modellbildung, Analyse und Simulation komplexer Systemen*. Books on Demand GmbH, Norderstedt. ISBN: 3-8334-0984-3.

[Boström und Nilsson, 2001] Boström, L. und Nilsson, B. (2001). "A review of serious injuries and deaths from bicycle accidents in Sweden from 1987 to 1994.". *The Journal of Trauma*, 50(5), S. 900.

[Bouckaert et al., 2010] Bouckaert, R. R.; Frank, E.; Hall, M. A.; Holmes, G.; Pfahringer, B.; Reutemann, P. und Witten, I. H. (2010). "WEKA–Experiences with a Java Open-Source Project". *Journal of Machine Learning Research*, 11, S. 2533–2541.

[Bowman und Vecellio, 1994] Bowman, B. L. und Vecellio, R. L. (1994). "Pedestrian walking speeds and conflicts at urban median locations". *Transportation Research Record: Journal of the Transportation Research Board*, 1438, S. 67–73.

[Brackstone und McDonald, 1999] Brackstone, M. und McDonald, M. (1999). "Car-following: a historical review". *Transportation Research Part F: Traffic Psychology and Behaviour*, 2(4), S. 181 – 196.

[Brewer et al., 2006] Brewer, M. A.; Fitzpatrick, K.; Whitacre, J. A. und Lord, D. (2006). "Exploration of Pedestrian Gap-Acceptance Behavior at Selected Locations". *Transportation Research Record: Journal of the Transportation Research Board*, 1982, S. 132–140. ISSN: 0361-1981.

[Brilon et al., 1999] Brilon, W.; Koenig, R. und Troutbeck, R. J. (1999). "Useful estimation procedures for critical gaps". *Transportation Research Part A: Policy and Practice*, 33(3-4), S. 161 – 186.

[Brockfeld et al., 2001] Brockfeld, E.; Barlovic, R.; Schadschneider, A. und Schreckenberg, M. (2001). "Optimizing Traffic Lights in a Cellular Automaton Model for City Traffic". *Physical Review E*, 64. 056132.

[Bull et al., 2004] Bull, L.; Sha'Aban, J.; Tomlinson, A.; Addison, J. und Heydecker, B. (2004). *Towards distributed adaptive control for road traffic junction signals using learning classifier systems*, S. 279–299. Springer: New York. ISBN: 3540211098.

[Bullock und Catarella, 1998] Bullock, D. und Catarella, A. (1998). "A Real-Time Simulation Environment for Evaluating Traffic Signal Systems". In *Transportation Research Record, TRB, National Research Council*, S. 130–135. Nr. 1634.

[Bungartz et al., 2009] Bungartz, H.-J.; Zimmer, S.; Buchholz, M. und Pflüger, D. (2009). *Modellbildung und Simulation*. eXamen.press. Springer Verlag, 1 Auflage. ISBN 978-3-540798095.

[Cappiello et al., 2002] Cappiello, A.; Chabini, I.; Nam, E. K.; Lue, A. und Abou Zeid, M. (2002). "A statistical model of vehicle emissions and fuel consumption". *Proceedings of the IEEE 5th International Conference on Intelligent Transportation Systems*, 617, S. 801–809.

[Carruthers et al., 1994] Carruthers, D.; Holroyd, R.; Hunt, J.; Weng, W.; Robins, A.; Apsley, D.; Thompson, D. und Smith, F. (1994). "UK-ADMS: A new approach to modelling dispersion in the earth's atmospheric boundary layer". *Journal of Wind Engineering and Industrial Aerodynamics*, 52(0), S. 139 – 153.

[Cartenì et al., 2010] Cartenì, A.; Cantarella, G. E. und Luca, S. D. (2010). "A Methodology for Estimating Traffic Fuel Consumption and Vehicle Emissions for Urban Planning". *12th World Conference for Transportation Research*.

[Cervone et al., 2013] Cervone, G.; Dallmeyer, J.; Lattner, A. D.; Franzese, P. und Waters, N. (2013). *CyberGIS: Fostering a New Wave of Geospatial Discovery and Innovation*, Kapitel Coupling Traffic Simulation and Gas Dispersion Simulation for Atmospheric Pollution Estimation. Wang, Shaowen und Goodchild, Michael F. (Herausgeber) Springer. (eingeladener Buchbeitrag, Veröffentlichung für Anfang 2013 geplant).

[Cervone et al., 2008] Cervone, G.; Franzese, P.; Ezber, Y. und Boybeyi, Z. (2008). "Risk assessment of atmospheric emissions using machine learning". *Natural Hazards and Earth System Science*, 8(5), S. 991–1000.

[Cetin et al., 2002] Cetin, N.; Burri, A. und Nagel, K. (2002). "Parallel Queue Model Approach to Traffic Microsimulations". In *In Proceedings of Swiss Transportation Research Conference*.

[Chapman, 2007] Chapman, L. (2007). "Transport and Climate Change: A Review". *Journal of Transport Geography,*, 15(5), S. 354–367.

[Charypar und Nagel, 2005] Charypar, D. und Nagel, K. (2005). "Generating complete all-day activity plans with genetic algorithms". *Transportation*, 32(4).

[Chen et al., 2005] Chen, D.; Yuan, Y.; Li, B. und Wu, J. (2005). "Validation and Comparison of Microscopic Car-Following Models Using Beijing Traffic Flow Data". In Wang, L. und Jin, Y., Herausgeber, *Fuzzy Systems and Knowledge Discovery*, 3614 Auflage von *Lecture Notes in Computer Science*, S. 491–491. Springer Berlin / Heidelberg. 10.1007/11540007_128.

[Chien et al., 2001] Chien, S. I.-J.; Mouskos, K. C. und Chowdhury, S. M. (2001). "Generating Driver Population for the Microscopic Simulation Model (CORSIM)". *Simulation*, 76(1), S. 40–45.

[Chowdhury et al., 2000] Chowdhury, D.; Santen, L. und Schadschneider, A. (2000). "Statistical Physics of Vehicular Traffic and Some Related Systems". *Physics Reports*, 329.

[Chowdhury und Schadschneider, 1999] Chowdhury, D. und Schadschneider, A. (1999). "Self-organization of traffic jams in cities: Effects of stochastic dynamics and signal periods". *Phys. Rev. E*, 59(2), S. 1311–1314.

[Chu et al., 2003] Chu, L.; Liu, H. X.; Oh, J.-S. und Recker, W. (2003). "A Calibration Procedure for Microscopic Traffic Simulation". *Proceedings of Intelligent Transportation Systems*, 2, S. 1574–1579. ISBN: 0-7803-8125-4.

[Ciari et al., 2007] Ciari, F.; Balmer, M. und Axhausen, K. (2007). "Mobility Tool Ownership and Mode Choice Decision Processes in MultiAgent Transportation Simulation". *Swiss Transport Research Conference*, 7.

[Coensel und Botteldooren, 2007] Coensel, B. D. und Botteldooren, D. (2007). "Microsimulation Based Corrections on the Road Traffic Noise Emission Near Intersections". *Acta Acustica United With Acustica*, 93, S. 241–252.

[Coffin und Morrall, 1995] Coffin, A. und Morrall, J. (1995). "Walking speeds of elderly pedestrians at crosswalks". *Transportation Rese-*

arch Record: Journal of the Transportation Research Board, 1487, S. 63–67.

[Cohen, 1995] Cohen, W. W. (1995). "Fast Effective Rule Induction". In *Proceedings of the 12th International Conference on Machine Learning*, Lake Taho, California.

[Cooper und Zheng, 2002] Cooper, P. J. und Zheng, Y. (2002). "Turning gap acceptance decision-making: the impact of driver distraction". *Journal of Safety Research*, 33(3), S. 321 – 335.

[Cormen et al., 2001] Cormen, T. H.; Stein, C.; Rivest, R. L. und Leiserson, C. E. (2001). *Introduction to Algorithms*. McGraw-Hill Higher Education, 2nd Auflage. ISBN 0-262-03293-7.

[Cresswell et al., 1978] Cresswell, C.; Griffiths, J. D. und Hunt, J. G. (1978). "Site evaluation of a pelican crossing simulation model". *Traffic Engineering and Control*, 19, S. 546–549.

[Cyrys et al., 2009] Cyrys, J.; Peters, A. und Wichmann, H.-E. (2009). "Umweltzone München – Eine erste Bilanz". *Umweltmedizin in Forschung und Praxis*, 14 (3), S. 127–132.

[da Silva et al., 2006a] da Silva, B.; Bazzan, A.; Andriotti, G.; Lopes, F. und de Oliveira, D. (2006a). "ITSUMO: An Intelligent Transportation System for Urban Mobility". In Böhme, T.; Larios Rosillo, V.; Unger, H. und Unger, H., Herausgeber, *Innovative Internet Community Systems*, 3473 Auflage von *Lecture Notes in Computer Science*, S. 224–235. Springer Berlin / Heidelberg.

[da Silva et al., 2006b] da Silva, B. C.; Junges, R.; de Oliveira, D. und Bazzan, A. L. C. (2006b). "ITSUMO: an Intelligent Transportation System for Urban Mobility". In *Proceedings of the fifth international joint conference on Autonomous agents and multiagent systems*, AAMAS '06, S. 1471–1472, New York, NY, USA. ACM.

[Daamen, 2004] Daamen, W. (2004). *Modelling passenger flows in public transport facilities*. Dissertation, Delft University. Dissertation, ISBN: 90-407-2521-7.

[Daganzo, 1981] Daganzo, C. F. (1981). "Estimation of gap acceptance parameters within and across the population from direct roadside observation". *Transportation Research Part B: Methodological*, 15(1), S. 1 – 15.

[Daganzo und Geroliminis, 2008] Daganzo, C. F. und Geroliminis, N. (2008). "An analytical approximation for the macroscopic fundamental diagram of urban traffic". *Transportation Research Part B-Methodological*, 42(9), S. 771–781.

[Dallmeyer, 2013] Dallmeyer, J. (2013). *Akteursorientierte multimodale Straßenverkehrssimulation*. Dissertation, Goethe Universität Frankfurt am Main, Institut für Informatik, Univ.-Bibliothek Frankfurt am Main.

[Dallmeyer et al., 2013] Dallmeyer, J.; Lattner, A. D.; Cervone, G. und Timm, I. J. (2013). "Simulation von Schadstoffemissionsverteilungen auf Basis multimodalen, akteursorientierten Verkehrs". In Wittmann, J. und Müller, M., Herausgeber, *Simulation in den Umwelt- und Geowissenschaften*, S. 75–87. Shaker Verlag. ISBN: 978-3-8440-2009-0.

[Dallmeyer et al., 2011] Dallmeyer, J.; Lattner, A. D. und Timm, I. J. (2011). "From GIS to Mixed Traffic Simulation in Urban Scenarios". In Liu, J.; Quaglia, F.; Eidenbenz, S. und Gilmore, S., Herausgeber, *4th International ICST Conference on Simulation Tools and Techniques, SIMUTools '11, Barcelona, Spain, March 22 - 24, 2011*, S. 134–143. ICST (Institute for Computer Sciences, Social-Informatics and Telecommunications Engineering), Brüssel. ISBN 978-1-936968-00-8.

[Dallmeyer et al., 2012a] Dallmeyer, J.; Lattner, A. D. und Timm, I. J. (2012a). *Data Mining for Geoinformatics: Methods and Applications*, Kapitel GIS-based Traffic Simulation using OSM. Cervone, Guido; Lin, Jessica und Waters, Nigel (Herausgeber) Springer. (akzeptierter Beitrag).

[Dallmeyer et al., 2012b] Dallmeyer, J.; Lattner, A. D. und Timm, I. J. (2012b). "Pedestrian Simulation for Urban Traffic Scenarios". In Bruzzone, A. G., editor, *Proceedings of the Summer Computer Simulation Conference 2012. 44rd Summer Simulation Multi-Conference (SummerSim'12)*, S. 414–421. Curran Associates, Inc.

[Dallmeyer et al., 2012c] Dallmeyer, J.; Lattner, A. D. und Timm, I. J. (2012c). "Selfish Road Users - Case Studies on Rule Breaking Agents for Traffic Simulation". In Timm, I. J. und Guttmann, C., Herausgeber, *Lecture Notes in Artificial Intelligence 7598*, S. 83 – 95. Springer.

[Dallmeyer et al., 2012d] Dallmeyer, J.; Schumann, R.; Lattner, A. D. und Timm, I. J. (2012d). "Don't Go with the Ant Flow: Ant-inspired Traffic Routing in Urban Environments". *Seventh International Workshop on Agents in Traffic and Transportation (ATT 2012), Valencia, Spain*.

[Dallmeyer et al., 2014] Dallmeyer, J.; Schumann, R.; Lattner, A. D. und Timm, I. J. (2014). "Don't Go with the Ant Flow: Ant-inspired Traffic

Routing in Urban Environments". *JITS Special Issue on Agents in Traffic and Transportation (selected papers from the 7th Workshop on Agents in Traffic and Transportation - ATT 2012*. (akzeptierter Beitrag).

[Dallmeyer et al., 2012e] Dallmeyer, J.; Taubert, C.; Lattner, A. D. und Timm, I. J. (2012e). "Fuel Consumption and Emission Modeling for Urban Scenarios". In Troitzsch, K. G.; Möhring, M. und Lotzmann, U., Herausgeber, *Proceedings of the 26th EUROPEAN Conference on Modelling and Simulation*, S. 567–573. ISBN 978-0-9564944-4-3.

[Dallmeyer und Timm, 2012] Dallmeyer, J. und Timm, I. J. (2012). "MAIN-SIM - MultimodAl INnercity SIMulation". *Poster and Demo Track of the 35th German Conference on Artificial Intelligence (KI-2012)*, S. 125–129.

[Das et al., 2005] Das, S.; Manski, C. F. und Manuszak, M. D. (2005). "Walk or wait? An empirical analysis of street crossing decisions". *Journal of Applied Econometrics*, 20(4), S. 529–548.

[Dell'Orco et al., 2003] Dell'Orco, M.; Ottomanelli, M. und Sassanelli, D. (2003). "Modelling uncertainty in parking choice behaviour". *82nd Annual Meeting of the Transportation Research Board*, 82, S. Paper no. 03-3776.

[Di Sabatino et al., 2008] Di Sabatino, S.; Buccolieri, R.; Pulvirenti, B. und Britter, R. (2008). "Flow and Pollutant Dispersion in Street Canyons using FLUENT and ADMS-Urban". *Environmental Modeling and Assessment*, 13, S. 369–381. 10.1007/s10666-007-9106-6.

[Dijkstra, 1959] Dijkstra, E. W. (1959). "A note on two problems in connexion with graphs". *Numerische Mathematik*, 1, S. 269–271. 10.1007/BF01386390.

[Dill und Gliebe, 2008] Dill, J. und Gliebe, J. (2008). "Understanding and measuring bicycling behavior: A focus on travel time and route choice". Technical report, Oregon Transportation Research and Education Consortium, Portland State University, Portland, OR.

[Dorigo und Blum, 2005] Dorigo, M. und Blum, C. (2005). "Ant colony optimization theory: A survey". *Theoretical Computer Science*, 344(2-3), S. 243–278.

[Dueker et al., 2004] Dueker, K. J.; Kimpel, T. J.; Strathman, J. G. und Trimet, S. C. (2004). "Determinants of Bus Dwell Time Determinants of Bus Dwell Time". *Journal of Public Transportation*, 7(1), S. 21–40.

[Duong et al., 2010] Duong, D. D. Q.; Saccomanno, F. F. und Hellinga, B. R. (2010). "Calibration of microscopic traffic model for simulating safety performance". *Compendium of papers of the 89th Annual Transportation Research Board Conference*.

[Ehlert und Rothkrantz, 2001] Ehlert, P. A. M. und Rothkrantz, L. J. M. (2001). "Microscopic traffic simulation with reactive driving agents". *ITSC 2001 2001 IEEE Intelligent Transportation Systems Proceedings Cat No01TH8585*, 40(5), S. 860–865.

[Eilts, 2009] Eilts, M. (2009). *Erhöhung des Risikos für Bronchitis im Kindesalter durch Lärm und Abgase aus dem Straßenverkehr*. Dissertation, Medizinische Fakultät Charité - Universitätsmedizin Berlin.

[Emmerich und Rank, 1997] Emmerich, H. und Rank, E. (1997). "An improved cellular automaton model for traffic flow simulation". *Physica A: Statistical and Theoretical Physics*, 234(3-4), S. 676 – 686.

[Esser und Schreckenberg, 1997] Esser, J. und Schreckenberg, M. (1997). "Microscopic Simulation of Urban Traffic Based on Cellular Automata". In *International Journal of Modern Physics C*, 8, 5 Auflage, S. 1025–1036. World Scientific Publishing Company.

[Faghri und Egyháziová, 1999] Faghri, A. und Egyháziová (1999). "Development of a Computer Simulation Model of Mixed Motor Vehicle and Bicycle Traffic on an Urban Road Network". *Transportation Research Record*, 1674, S. 86–93.

[Félez et al., 2007] Félez, J.; Maroto, J.; Romero, G. und Cabanellas, J. M. (2007). "A Full Driving Simulator of Urban Traffic including Traffic Accidents". *Simulation*, 83(5), S. 415–431.

[Fellendorf, 1994] Fellendorf, M. (1994). "VISSIM: A microscopic Simulation Tool to Evaluate Actuated Signal Control including Bus Priority". *64th Institute of Transportation Engineers Annual Meeting*.

[Fellendorf und Vortisch, 2001] Fellendorf, M. und Vortisch, P. (2001). "Validation of the Microscopic Traffic Flow Model VISSIM in Different Real-World Situations". *Annual Meeting, TRB, Washington, D. C.*

[Fiosins et al., 2011] Fiosins, M.; Fiosina, J. und Müller, J. P. (2011). "Change Point Analysis for Intelligent Agents in City Traffic". In *The Seventh International Workshop on Agents and Data Mining Interaction (ADMI2011) at the 10th International Conference on Autonomous Agents and Multiagent Systems (AAMAS2011)*. Springer-Verlag.

[Fitzpatrick et al., 2006] Fitzpatrick, K.; Brewer, M. A. und Turner, S. (2006). "Another look at pedestrian walking speed.". In *Proceedings of the 85th Annual Meeting of the Transportation Research Board, Washington, DC, USA*.

[Fouladvand und Radja, 2001] Fouladvand, E. M. und Radja, N. H. (2001). "Optimised Traffic Flow at a Single Urban Crossroads: Dynamical Symmetry Breaking". Technical Report cond-mat/0108149, Institute for Studies in Theoretical Physics and Mathematics, P.O. Box 19395-5531, Tehran, Iran.

[Fouladvand et al., 2005] Fouladvand, E. M.; Shaebani, R. M. und Sadjadi, Z. (2005). "Intelligent Controlling Simulation of Traffic Flow in a Small City Network". *Journal of Physics, Soc. Japan*, 73(physics/0511141), S. 3209–3214.

[Franzese und Huq, 2011] Franzese, P. und Huq, P. (2011). "Urban Dispersion Modelling and Experiments in the Daytime and Nighttime Atmosphere". *Boundary-Layer Meteorology*, 139, S. 395–409. 10.1007/s10546-011-9593-5.

[Frisch, 2004] Frisch, N. (2004). *Verfahren zur Unterstützung der Arbeitsabläufe bei der Crash-Simulation im Fahrzeugbau*. Dissertation, Universität Stuttgart.

[Fritsche, 1994] Fritsche, H.-T. (1994). "A model for traffic simulation". *Traffic Engineering*, 35, S. 317–321.

[Frondel et al., 2008] Frondel, M.; Schmidt, C. M. und Vance, C. (2008). "A Regression on Climate Policy – The European Commission's Proposal to Reduce CO_2 Emissions from Transport". In *Transportation Research Part A: Policy and Practice*, 45(10) Auflage, S. 1043–1051. ISBN 978-3-86788-045-9.

[Fu et al., 2006] Fu, L.; Sun, D. und Rilett, L. (2006). "Heuristic shortest path algorithms for transportation applications: State of the art". *Computers & Operations Research*, 33(11), S. 3324–3343.

[Fuks und Boccara, 1998] Fuks, H. und Boccara, N. (1998). "Generalized Deterministic Traffic Rules". *International Journal of Modern Physics C*, 9, S. 1.

[Fukui und Ishibashi, 1996] Fukui, M. und Ishibashi, Y. (1996). "Traffic Flow in 1D Cellular Automaton Model Including Cars Moving with High Speed". *Journal of the Physical Society of Japan*, 65(6), S. 1868–1870.

[Gates et al., 2006] Gates, T. J.; Noyce, D. A.; Bill, A. R. und Van Ee, N. (2006). "Recommended Walking Speeds for Pedestrian Clearance Timing Based on Pedestrian Characteristics". *Transportation Research Record*, 6.

[Gawron, 1998] Gawron, C. (1998). "An Iterative Algorithm to Determine the Dynamic User Equilibrium in a Traffic Simulation Model". *International Journal of Modern Physics C (IJMPC)*, 9(3), S. 393–408.

[Gazis et al., 1959] Gazis, D. C.; Herman, R. und Potts, R. B. (1959). "Car-Following Theory of Steady-State Traffic Flow". *Operations Research*, 7(4), S. 499–505.

[Gazis et al., 1961] Gazis, D. C.; Herman, R. und Rothery, R. W. (1961). "Nonlinear Follow-The-Leader Models of Traffic Flow". *Operations Research*, 9(4), S. pp. 545–567.

[Gehrke und Wojtusiak, 2008] Gehrke, J. D. und Wojtusiak, J. (2008). "Traffic Prediction for Agent Route Planning". In *Proceedings of the 8th international conference on Computational Science, Part III*, ICCS '08, S. 692–701, Berlin, Heidelberg. Springer-Verlag.

[Gerlough und Huber, 1975] Gerlough, D. L. und Huber, M. J. (1975). "Traffic flow theory". *Transportation Research Board*, S. 199–201.

[Geroliminis, 2008] Geroliminis, N. (2008). "A Macroscopic Fundamental Diagram of Urban Traffic: Recent Findings". In *Transportation Research Board: Symposium on the Fundamental Diagram: 75 Years (Greenshields 75 Symposium)*.

[Geroliminis und Sun, 2011] Geroliminis, N. und Sun, J. (2011). "Properties of a well-defined macroscopic fundamental diagram for urban traffic". *Transportation Research Part B: Methodological*, 45(3), S. 605–617.

[Gilbert, 2007] Gilbert, N. (2007). *Agent-Based Modelling and Simulation*, Kapitel 5: Computational Social Science, S. 115–133. The Bardwell Press. Phan, Denis and Amblard, Frédéric (Herausgeber), ISBN 978-1-905622-01-6.

[Goodchild, 2007] Goodchild, M. F. (2007). "Citizens as sensors: the world of volunteered geography". *GeoJournal*, 69, S. 211–221.

[Goos, 1998] Goos, G. (1998). *Vorlesungen über Informatik Band 4*. eXamen.press. Springer-Verlag GmbH, Heidelberg, 1 Auflage. ISBN: 3-540-60650-5.

[Goos und Zimmermann, 2006] Goos, G. und Zimmermann, W. (2006). *Vorlesungen über Informatik Band 1*. eXamen.press. Springer-Verlag GmbH, Heidelberg, 4 Auflage. ISBN: 978-3-540-24405-9.

[Gould und Karner, 2009] Gould, G. und Karner, A. (2009). "Modeling Bicycle Facility Operation: a Cellular Automaton Approach". *Transportation Research Record: Journal of the Transportation Research Board*, 2140, S. 157–164.

[Greenberg, 1959] Greenberg, H. (1959). "An Analysis of Traffic Flow". *Operations Research*, 7(1), S. 79–85.

[Greenshield, 1935] Greenshield, B. D. (1935). "A Study of Traffic Capacity". *Proceedings of the 14th Annual Meeting Highway Research Board 14*, 468, S. 448–477.

[Griffiths et al., 1984] Griffiths, J.; Hunt, J. und Marlow, M. (1984). "Delays at pedestrian crossings: 1. Site observations and the interpretation of data". *Traffic Engineering and Control*, 25, S. 355–371.

[Grubb et al., 1999] Grubb, P. E.; Hellinga, B. und Mallett, J. (1999). "Using Micro-Simulation Tools to Improve Transportation Decisions: Case Studies". *Proceedings of the AQTR-ITE Conference*.

[Gualtieri und Tartaglia, 1998] Gualtieri, G. und Tartaglia, M. (1998). "Predicting urban traffic air pollution: A GIS framework". *Transportation Research Part D: Transport and Environment*, 3(5), S. 329 – 336.

[Guerrier und Jolibois Jr, 1998] Guerrier, J. H. und Jolibois Jr, S. C. (1998). "The safety of elderly pedestrians at five urban intersections in Miami". In *Proceedings of the Human Factors and Ergonomics Society 42nd Annual Meeting, Chicago, IL, USA*.

[Guo et al., 2011] Guo, H.-W.; Gao, Z.-Y.; Zhao, X.-M. und Xie, D.-F. (2011). "Dynamics of Motorized Vehicle Flow under Mixed Traffic Circumstance". *Commun. Theor. Phys.*, 55, S. 719–724.

[Guo et al., 2012] Guo, H.-w.; Wang, W.-h.; Zhao, F.-c. und Guo, W.-w. (2012). "Analyzing influence of bicycles on traffic flow using microscopic simulation approach". *Journal of Beijing Institute of Technology*, 21(2), S. 210–215.

[Hafstein et al., 2003] Hafstein, S. F.; Pottmeier, A.; Wahle, J. und Schreckenberg, M. (2003). "Cellular Automaton Modeling of the Autobahn Traffic in North Rhine-Westphalia". In *I. Troch and F. Breitenecker (Eds.), Proc. of the 4th MATHMOD*, S. 1322–1331.

[Haight, 1963] Haight, F. A. (1963). *Mathematical Theories of Traffic Flow (Mathematics in Science and Engineering, Vol. 7)*. Mathematics in Science and Engineering. Academic Press New York/London.

[Haklay, 2010] Haklay, M. (2010). "How good is volunteered geographical information? A comparative study of OpenStreetMap and Ordnance Survey datasets". *Environment and Planning B: Planning and Design*, 37(4), S. 682–703.

[Hall et al., 1986] Hall, F. L.; Allen, B. L. und Gunter, M. A. (1986). "Empirical analysis of freeway flow-density relationships". *Transportation Research Part A: General*, 20(3), S. 197 – 210.

[Hall et al., 2009] Hall, M.; Frank, E.; Holmes, G.; Pfahringer, B.; Reutemann, P. und Witten, I. H. (2009). "The WEKA Data Mining Software: An Update". *SIGKDD Explorations*, 11(1), S. 10–18.

[Hamed, 2001] Hamed, M. M. (2001). "Analysis of pedestrians' behavior at pedestrian crossings". *Safety Science*, 38(1), S. 63 – 82.

[Hatzopoulou et al., 2011] Hatzopoulou, M.; Hao, J. und Miller, E. (2011). "Simulating the impacts of household travel on greenhouse gas emissions, urban air quality, and population exposure". *Transportation*, 38, S. 871–887.

[Heißing et al., 2011] Heißing, B.; Ersoy, M. und Gies, S. (2011). *Fahrwerkhandbuch: Grundlagen, Fahrdynamik, Komponenten, Systeme, Mechatronik, Perspektiven*, dritte Auflage. Vieweg+Teubner Verlag.

[Helbing, 1992] Helbing, D. (1992). "A Fluid Dynamic Model for the Movement of Pedestrians". *COMPLEX SYSTEMS*, 6, S. 391.

[Helbing, 1997a] Helbing, D. (1997a). "Empirical traffic data and their implications for traffic modeling". *Phys. Rev. E*, 55(1), S. R25–R28.

[Helbing, 1997b] Helbing, D. (1997b). *Verkehrsdynamik: Neue physikalische Modellierungskonzepte*. Springer Berlin. ISBN 978-3-54061-927-7.

[Helbing, 1998] Helbing, D. (1998). "Models for Pedestrian Behavior". *ArXiv Condensed Matter e-prints*.

[Helbing, 2001] Helbing, D. (2001). "Traffic and related self-driven many-particle systems". *Rev. Mod. Phys.*, 73(4), S. 1067–1141.

[Helbing, 2009] Helbing, D. (2009). "Derivation of a fundamental diagram for urban traffic flow". *The European Physical Journal B - Condensed Matter and Complex Systems*, 70, S. 229–241. 10.1140/epjb/e2009-00093-7.

[Helbing und Johansson, 2009] Helbing, D. und Johansson, A. (2009). "Pedestrian, Crowd and Evacuation Dynamics.". In Meyers, R. A., editor, *Encyclopedia of Complexity and Systems Science*, S. 6476–6495. Springer.

[Helbing und Molnár, 1995] Helbing, D. und Molnár, P. (1995). "Social force model for pedestrian dynamics". *Physical Review E*, 51(5), S. 4282–4286.

[Helbing und Tilch, 1998] Helbing, D. und Tilch, B. (1998). "Generalized force model of traffic dynamics". *Phys. Rev. E*, 58(1), S. 133–138.

[Hellinga, 1998] Hellinga, B. (1998). "Requirements for the Validation and Calibration of Traffic Simulation Models". *Proceedings of the Canadian Society for Civil Engineering Annual Conference held in Halifax, Nova Scotia*, IVb, S. 211–222. ISBN 0-921303-86-6.

[Hellinga et al., 1993] Hellinga, B.; Baker, M.; Van Aerde, M.; Aultman-Hall, L. und Masters, P. (1993). "Overview of a Simulation Study of the Highway 401 FTMS". Technical report, Transportation Systems Research Group Queen's University, Kingston, ON K7L 3N6 and Freeway Traffic Management Section Ontario Ministry of Transportation, Downsview, ON.

[Hellinga und Van Aerde, 1998] Hellinga, B. und Van Aerde, M. (1998). "Estimating Dynamic O-D Demands for a Freeway Corridor using Loop Detector Data". *Proceedings of the Canadian Society for Civil Engineering 1998 Annual Conference held in Halifax, Nova Scotia*, IVb, S. 185–197. ISBN: 0-921303-86-6.

[Hellinga, 1994] Hellinga, B. R. (1994). *Estimating Dynamic Origin-Destination Demands from Link and Probe Counts*. Dissertation, Queen's University Kingston, Ontario, Canada.

[Henderson, 1974] Henderson, L. F. (1974). "On the fluid mechanics of human crowd motion". *Transportation Research*, 8(6), S. 509 – 515.

[Hennermann, 2006] Hennermann, K. (2006). *Kartographie und GIS. Eine Einführung*. Wissenschaftliche Buchgesellschaft. ISBN 978-3-534-19692-0.

[Hennessy und Wiesenthal, 2001] Hennessy, D. A. und Wiesenthal, D. L. (2001). "Gender, Driver Aggression, and Driver Violence: An Applied Evaluation". *Sex Roles*, 44, S. 661–676. 10.1023/A:1012246213617.

[Himanen und Kulmala, 1988] Himanen, V. und Kulmala, R. (1988). "An application of logit models in analysing the behaviour of pedestrians and car drivers on pedestrian crossings". *Accident Analysis & Prevention*, 20(3), S. 187 – 197.

[Hirst und Graham, 1997] Hirst, S. und Graham, R. (1997). *The format and presentation of collision warnings*, Kapitel 11, S. 203–219. L. Erlbaum Associates Inc., Hillsdale, NJ, USA. ISBN: 0-8058-1956-8.

[Hoel, 1968] Hoel, L. A. (1968). "Pedestrian Travel Rates in Central Business Districts". *Traffic Engineering*, 38, S. 10–13.

[Holland et al., 2009] Holland, C. A.; Hill, R. und Cooke, R. (2009). "Understanding the role of self-identity in habitual risky behaviours: pedestrian road-crossing decisions across the lifespan". *HEALTH EDUCATION RESEARCH*, 24, S. 674–685.

[Holm et al., 2007] Holm, P.; Tomich, D.; Sloboden, J. und Lowrance, C. (2007). "Traffic Analysis Toolbox Volume IV: Guidelines for Applying CORSIM Microsimulation Modeling Software". Report no. fhwa-hop-07-079, U.S. Department of Transportation.

[Hoogendoorn et al., 2002] Hoogendoorn, S.; Bovy, P. und Daamen, W. (2002). *Pedestrian and Evacuation Dynamics*, Kapitel Microscopic pedestrian wayfinding and dynamics modelling, S. 124–154. Schreckenberg, M. und Sharma, S. D. (Herausgeber) Springer.

[Hoogendoorn und Bovy, 2005] Hoogendoorn, S. P. und Bovy, P. H. L. (2005). "Pedestrian Travel Behavior Modeling". *Networks and Spatial Economics*, 5, S. 193–216. 10.1007/s11067-005-2629-y.

[Hourdakis et al., 2003] Hourdakis, J.; Michalopoulos, P. G. und Kottommannil, J. (2003). "A Practical Procedure for Calibrating Microscopic Traffic Simulation Models". *Transportation Research Board Annual Meeting*.

[Hughes et al., 2003] Hughes, R.; Rouphail, N. und Chae, K. (2003). "Exploratory Simulation of Pedestrian Crossings at Roundabouts". *ASCE Journal of Transportation Engineering*.

[Hughes, 2003] Hughes, R. L. (2003). "The Flow of Human Crowds". *Annual Review of Fluid Mechanics*, 35(1), S. 169–182.

[Illenberger und Flötteröd, 2007] Illenberger, J. und Flötteröd, Gunnar Nagel, K. (2007). "Enhancing MATSim with capabilities of within-day re-planning". *IEEE Intelligent Transportation Systems Conference*.

[Ishaque, 2006] Ishaque, M. M. (2006). *Policies for Pedestrian Access: Multi-Modal Trade-off analysis using Micro-Simulation Techniques*. Dissertation, Centre for Transport Studies Imperial College London.

[Ishaque und Noland, 2008] Ishaque, M. M. und Noland, R. B. (2008). "Behavioural Issues in Pedestrian Speed Choice and Street Crossing Behaviour: A Review". In *Transport Reviews: A Transnational Transdisciplinary Journal*, 28(1) Auflage, S. 61–85.

[Jacob et al., 1999] Jacob, R.; Marathe, M. und Nagel, K. (1999). "A computational study of routing algorithms for realistic transportation networks". *J. Exp. Algorithmics*, 4.

[Jason und Liotta, 1982] Jason, L. A. und Liotta, R. (1982). "Pedestrian jaywalking under facilitating and nonfacilitating conditions". *Journal of Applied Behavior Analysis*, 15(15), S. 469–473.

[Jia et al., 2007] Jia, B.; Li, X.-G.; Jiang, R. und Gao, Z.-Y. (2007). "Multi-value cellular automata model for mixed bicycle flow". *The European Physical Journal B - Condensed Matter and Complex Systems*, 56, S. 247–252.

[Jiang et al., 2007] Jiang, R.; Hu, M.-B. und Wu, Q.-S. (2007). "Nagel–Schreckenberg traffic flow model based fuel consumption analysis". In *5th Asia Pacific conference on Transportation and Environment (5th APTE 2007), Singapore*.

[Jiang et al., 2003] Jiang, R.; Wang, X.-L. und Wu, Q.-S. (2003). "Dangerous situations within the framework of the Nagel–Schreckenberg model". *Journal of Physics A: Mathematical and General*, 36(17), S. 4763–4769.

[Johansson et al., 2007] Johansson, A.; Helbing, D. und Shukla, P. K. (2007). "Specification Of The Social Force Pedestrian Model By Evolutionary Adjustment To Video Tracking Data". *Advances in Complex Systems (ACS)*, 10(su), S. 271–288.

[Johnson et al., 2008] Johnson, M.; Charlton, J. und Oxley, J. (2008). "Cyclists and red lights - a study of behaviour of commuter cyclists in Melbourne". In *2008 Australasian Road Safety Research, Policing and Education Conference*.

[Johnson et al., 2011] Johnson, M.; Newstead, S.; Charlton, J. und Oxley, J. (2011). "Riding through red lights: The rate, characteristics and risk factors of non-compliant urban commuter cyclists". *Accident Analysis & Prevention*, 43(1), S. 323–328.

[Johnson et al., 2009] Johnson, M.; Oxley, J. und Cameron, M. (2009). "Cyclist bunch riding: A review of the literature". Technical report, Monash University Accident Research Centre. ISBN: 0-7326-2355-3.

[Jokinen et al., 2005] Jokinen, R.; Kosonen, I. und Luttinen, T. (2005). "An Integrated On-Line Simulation of Signalized Intersections". *Transportation Research Board, 84th Annual Meeting*.

[Karathodorou et al., 2010] Karathodorou, N.; Graham, D. J. und Noland, R. B. (2010). "Estimating the effect of urban density on fuel demand". *Energy Economics*, 32(1), S. 86–92.

[Kennedy et al., 2001] Kennedy, J.; Kennedy, J.; Eberhart, R. und Shi, Y. (2001). *Swarm Intelligence*. The Morgan Kaufmann Series in Evolutionary Computation. Morgan Kaufmann Publishers. ISBN 978-1-55860-595-4.

[Kerner, 2009] Kerner, B. S. (2009). *Introduction to Modern Traffic Flow Theory and Control: The Long Road to Three-Phase Traffic Theory*. Springer. ISBN: 978-3-64202-604-1.

[Kerner et al., 2002] Kerner, B. S.; Klenov, S. L. und Wolf, D. E. (2002). "Cellular automata approach to three-phase traffic theory". *Journal of Physics A: Mathematical and General*, 35(47), S. 9971.

[Kerner und Konhäuser, 1994] Kerner, B. S. und Konhäuser, P. (1994). "Structure and parameters of clusters in traffic flow". *Phys. Rev. E*, 50(1), S. 54–83.

[Kerner und Rehborn, 1997] Kerner, B. S. und Rehborn, H. (1997). "Experimental Properties of Phase Transitions in Traffic Flow". *Phys. Rev. Lett.*, 79(20), S. 4030–4033.

[Kesting und Treiber, 2008] Kesting, A. und Treiber, M. (2008). "Calibrating Car-Following Models using Trajectory Data: Methodological Study". *Transportation Research Record: Journal of the Transportation Research Board, Volume*, 2088, S. 148–156.

[Kesting et al., 2008] Kesting, A.; Treiber, M. und Helbing, D. (2008). "Agents for Traffic Simulation". *Arxiv preprint arXiv08050300*, physics.so, S. 325–356.

[Kesting et al., 2009] Kesting, A.; Treiber, M. und Helbing, D. (2009). *Multi-Agent Systems*, Kapitel 11: Agents for Traffic Simulation, S. 325–356. Uhrmacher, Adelinde M. und Weyns, Danny (Herausgeber) CRC Press, Taylor and Francis Group. ISBN: 978-1-4200-7023-1.

[Kesting et al., 2010] Kesting, A.; Treiber, M. und Helbing, D. (2010). "Enhanced intelligent driver model to access the impact of driving strategies on traffic capacity.". *Philosophical Transactions of the Royal Society -*

Series A: Mathematical, Physical and Engineering Sciences, 368(1928), S. 4585–605.

[Kim, 2006] Kim, I.-C. (2006). "Real-Time Search Algorithms for Exploration and Mapping". In Gabrys, B.; Howlett, R. und Jain, L., Herausgeber, *Knowledge-Based Intelligent Information and Engineering Systems*, 4251 Auflage von *Lecture Notes in Computer Science*, S. 244–251. Springer Berlin / Heidelberg.

[King et al., 2008] King, M. J.; Soole, D. W. und Ghafourian, A. (2008). "Relative risk of illegal pedestrian behaviours". *Australasian Road Safety Research, Policing and Education Conference*, S. 768–778.

[Kitazawa und Batty, 2004] Kitazawa, K. und Batty, M. (2004). "Pedestrian Behavior Modelling: An Application to Retail Movements using a Genetic Algorithm". *Proceedings of the 7th International Conference on Design and Descision Support Systems in Architecture and Urban Planning*.

[Knoblauch et al., 1996] Knoblauch, R. L.; Pietrucha, M. T. und Nitzburg, M. (1996). "Field Studies of Pedestrian Walking Speed and Start-Up Time". *Transportation Research Record*, 1538, S. 27–38.

[Knospe et al., 2000] Knospe, W.; Santen, L.; Schadschneider, A. und Schreckenberg, M. (2000). "Towards a realistic microscopic description of highway traffic". *Journal of Physics A: Mathematical and General*, 33(48).

[Knospe et al., 2002] Knospe, W.; Santen, L.; Schadschneider, A. und Schreckenberg, M. (2002). "A realistic two-lane traffic model for highway traffic". *Journal of Physics A: Mathematical and General*, 35(15), S. 3369–3388.

[Knospe et al., 2004] Knospe, W.; Santen, L.; Schadschneider, A. und Schreckenberg, M. (2004). "Empirical test for cellular automaton models of traffic flow". *Phys. Rev. E*, 70(016115).

[Kobbeloer, 2007] Kobbeloer, D. (2007). *Dezentrale Steuerung von Lichtsignalanlagen in urbanen Verkehrsnetzen*, 18 Auflage von *Kasseler Dissertation Schriftenreihe Verkehr*. Institut für Verkehrswesen Universität Kassel. ISBN 978-3-89958-323-6.

[Koizumi et al., 2010] Koizumi, Y.; Nishida, Y.; Motomura, Y.; Miyazaki, Y. und Mizoguchi, H. (2010). "Presenting Potential Injury Risk by Biomechanical Simulation Based on Bodygraphic Injury Data". *SIMU-*

Tools'10 3rd International ICST Conference on Simulation Tools and Techniques.

[Kolodziej, 2009] Kolodziej, A. (2009). "Umweltbundesamt: Daten zum Verkehr Ausgabe 2009". http://www.umweltdaten.de/publikationen/fpdf-l/3880.pdf, abgerufen am 31.07.2012.

[Kolodziej et al., 2009] Kolodziej, A.; Richter, N. und Erdmenger, C. (2009). "Daten zum Verkehr". Technical report, Bundesministeriums für Umwelt, Naturschutz und Reaktorsicherheit.

[Korf, 1990] Korf, R. E. (1990). "Real-time heuristic search". *Artificial Intelligence*, 42(2–3), S. 189–211.

[Kosonen, 1999] Kosonen, I. (1999). *HUTSIM – Urban Traffic Simulation and Control Model: Principles and Applications*. Dissertation, Helsinki University of Technology Transportation Engineering, Teknillinen korkeakoulu Liikennetekniikka Julkaisu 100 Espoo 1999. ISBN 951-22-4778-x.

[Kosonen und Bargiela, 1999] Kosonen, I. und Bargiela, A. (1999). "A Distributed Traffic Monitoring and Information System". In *Journal of Geographic Information and Decision Analysis*, 3(1) Auflage, S. 30–39.

[Kosonen und Bargiela, 2000] Kosonen, I. und Bargiela, A. (2000). "Simulation Based Traffic Information System". *ITS World Congress in Torino*, 7.

[Krajzewicz et al., 2006] Krajzewicz, D.; Bonert, M. und Wagner, P. (2006). "The Open Source Traffic Simulation Package SUMO". In *RoboCup 2006 Infrastructure Simulation Competition, RoboCup 2006, Germany, Bremen*.

[Krajzewicz et al., 2005a] Krajzewicz, D.; Brockfeld, E.; Mikat, J.; Ringel, J.; Rössel, C.; Tuchscheerer, W.; Wagner, P. und Wösler, R. (2005a). "Simulation of modern Traffic Lights Control Systems using the open source Traffic Simulation SUMO". In *Proceedings of the 3rd Industrial Simulation Conference 2005; J. Krüger, A. Lisounkin, G. Schreck (Herausgeber); EUROSIS-ETI*, S. 299–302. ISBN: 90-77381-18-X.

[Krajzewicz et al., 2005b] Krajzewicz, D.; Hertkorn, G.; Ringel, J. und Wagner, P. (2005b). "Preparation of Digital Maps for Traffic Simulation; Part 1: Approach and Algorithms". In *Proceedings of the 3rd Industrial Simulation Conference 2005, EUROSIS-ETI, J. Krüger, A. Lisounkin, G. Schreck (Herausgeber)*, S. 285–290. ISBN 90-77381-18-X.

[Krajzewicz et al., 2002a] Krajzewicz, D.; Hertkorn, G.; Rössel, C. und Wagner, P. (2002a). "An Example of Microscopic Car Models Validation using the open source Traffic Simulation SUMO". In *Proceedings of Simulation in Industry, 14th European Simulation Symposium*.

[Krajzewicz et al., 2002b] Krajzewicz, D.; Hertkorn, G.; Rössel, C. und Wagner, P. (2002b). "SUMO (Simulation of Urban MObility); An opensource traffic simulation". In *Al-Akaidi, A. (Herausgeber) Proceedings of the 4th Middle East Symposium on Simulation and Modelling (MESM2002), SCS European Publishing House*, S. 183–187.

[Krauß, 1997] Krauß, S. (1997). "Towards a Unified View of Microscopic Traffic Flow Theories". In *IFAC Transportation Systems*, S. 941–946.

[Krauß, 1998] Krauß, S. (1998). *Microscopic Modeling of Traffic Flow: Investigation of Collision Free Vehicle Dynamics*. Dissertation, Deutsches Zentrum fürr Luft– und Raumfahrt Hauptabteilung Mobilität und Systemtechnik, Köln.

[Krauß et al., 1997] Krauß, S.; Wagner, P. und Gawron, C. (1997). "Metastable States in a Microscopic Model of Traffic Flow". *Phys. Rev. E*, 55(304), S. 55–97.

[Krauss et al., 1996] Krauss, S.; Wagner, P. und Gawron, C. (1996). "Continuous limit of the Nagel-Schreckenberg model". *Phys. Rev. E*, 54(4), S. 3707–3712.

[Kretz et al., 2008] Kretz, T.; Hengst, S. und Vortisch, P. (2008). "Pedestrian Flow at Bottlenecks - Validation and Calibration of Vissim's Social Force Model of Pedestrian Traffic and its Empirical Foundations". *CoRR*, abs/0805.1788.

[Kumar et al., 2011] Kumar, P.; Ketzel, M.; Vardoulakis, S.; Pirjola, L. und Britter, R. (2011). "Dynamics and dispersion modelling of nanoparticles from road traffic in the urban atmospheric environmental review". *Journal of Aerosol Science*, 42(9), S. 580 – 603.

[Laagland, 2005] Laagland, J. (2005). "How To Model Aggressive Behavior In Traffic simulation". *Twente Student Conference on IT, Enschede*, 3.

[Laberer und Niedermeier, 2009] Laberer, C. und Niedermeier, M. (2009). "Wirksamkeit von Umweltzonen". ADAC-Untersuchung.

[Larsen und El-Geneidy, 2011] Larsen, J. und El-Geneidy, A. (2011). "A travel behavior analysis of urban cycling facilities in Montréal, Canada". *Transportation Research Part D: Transport and Environment*, 16(2), S. 172–177.

[Lattner, 2012] Lattner, A. D. (2012). "Towards Automation of Simulation Studies - Artificial Intelligence Methodologies for the Control and Analysis of Simulation Experiments". Habilitationsschrift zur Erlangung der Lehrbefähigung für das Fach Informatik.

[Lattner et al., 2012] Lattner, A. D.; Dallmeyer, J.; Paraskevopoulos, D. und Timm, I. J. (2012). "Approximation of Pedestrian Effects in Urban Traffic Simulation by Distribution Fitting". In Troitzsch, K. G.; Möhring, M. und Lotzmann, U., Herausgeber, *Proceedings of the 26th EUROPEAN Conference on Modelling and Simulation*, S. 574–580. ISBN 978-0-9564944-4-3.

[Lattner et al., 2011] Lattner, A. D.; Dallmeyer, J. und Timm, I. J. (2011). "Learning Dynamic Adaptation Strategies in Agent-based Traffic Simulation Experiments". In *Ninth German Conference on Multi-Agent System Technologies (MATES 2011)*, S. 77–88. Springer: Berlin, LNCS 6973, Klügl, F.; Ossowski, S. ISBN: 978-3-642-24602-9.

[Law, 2007] Law, A. M. (2007). *Simulation Modeling And Analysis*. McGraw-Hill International Edition. McGraw-Hill. ISBN 978-007-125519-6.

[Lee et al., 2004] Lee, H. K.; Barlovic, R.; Schreckenberg, M. und Kim, D. (2004). "Mechanical Restriction versus Human Overreaction Triggering Congested Traffic States". *Phys. Rev. Lett.*, 92(23), S. 238702.

[Lee und Kim, 2011] Lee, H. K. und Kim, B. J. (2011). "Dissolution of traffic jam via additional local interactions". *Physica A: Statistical Mechanics and its Applications*, 390(23-24), S. 4555 – 4561.

[Lee und El-Sharkawi, 2005] Lee, K. Y. und El-Sharkawi, M. A., Herausgeber (2005). *Modern Heuristic Optimization Techniques With Applications To Power Systems*. John Wiley & Sons. ISBN: 978-0471-45711-4.

[Li et al., 2009] Li, X.-G.; Gao, Z.-Y.; Jia, B. und Jiang, R. (2009). "Deceleration in advance in the Nagel-Schreckenberg traffic flow model". *Physica A: Statistical Mechanics and its Applications*, 388(10), S. 2051 – 2060.

[Lighthill und Whitham, 1955] Lighthill, M. J. und Whitham, G. B. (1955). "On Kinematic Waves. II. A Theory of Traffic Flow on Long Crowded Roads". *Proceedings of the Royal Society of London. Series A, Mathematical and Physical Sciences*, 229(1178), S. 317–345.

[Liu et al., 2005] Liu, M.; Wang, R. und Kemp, R. (2005). "Towards a Realistic Microscopic Traffic Simulation at an Unsignalised Intersection". In Gervasi, O.; Gavrilova, M.; Kumar, V.; Laganà, A.; Lee,

H.; Mun, Y.; Taniar, D. und Tan, C., Herausgeber, *Computational Science and Its Applications – ICCSA 2005*, 3481 Auflage von *Lecture Notes in Computer Science*, S. 1187–1196. Springer Berlin / Heidelberg. 10.1007/11424826_126.

[Longford, 2007] Longford, N. T. (2007). *Studying Human Populations An Advanced Course in Statistics*, Kapitel Maximum Likelihood Estimation, S. 37–66. Springer New York. ISBN 978-0-387-98735-4.

[Lownes und Machemehl, 2006] Lownes, N. E. und Machemehl, R. B. (2006). "VISSIM: a multi-parameter sensitivity analysis". In *Proceedings of the 38th conference on Winter simulation*, WSC '06, S. 1406–1413. Winter Simulation Conference.

[Madani und Moussa, 2012] Madani, A. und Moussa, N. (2012). "Simulation of Fuel Consumption and Engine Pollutant in Cellular Automaton". In *Journal of Theoretical and Applied Information Technology*, 35 (2) Auflage. ISSN: 1992-8645.

[Maerivoet und Moor, 2005] Maerivoet, S. und Moor, B. D. (2005). "Cellular automata models of road traffic". *Physics Reports*, 419(1), S. 1 – 64.

[Mahnke et al., 2008] Mahnke, R.; Liebe, C.; Kuhne, R. D. und Wang, H. (2008). "Traffic Flow Prospectives: From Fundamental Diagram to Energy Balance". In *Transportation Research Board: Symposium on the Fundamental Diagram: 75 Years (Greenshields 75 Symposium)*.

[McCartney und Carey, 1999] McCartney, M. und Carey, M. (1999). "Follow that Car! Investigating a Simple Class of Car Following Model". In *Teaching Mathematics and its Applications*, 19(2) Auflage. Oxford University Press. ISSN 0268-3679, Online ISSN: 1471-6976.

[Medina et al., 2005] Medina, J.; Moreno, M. und Royo, E. (2005). "Stochastic Vs Deterministic Traffic Simulator. Comparative Study for Its Use Within a Traffic Light Cycles Optimization Architecture". In Mira, J. und Álvarez, J., Herausgeber, *Artificial Intelligence and Knowledge Engineering Applications: A Bioinspired Approach*, 3562 Auflage von *Lecture Notes in Computer Science*, S. 99–111. Springer Berlin / Heidelberg.

[Meignan et al., 2006] Meignan, D.; Simonin, O. und Koukam, A. (2006). "MultiAgent Approach for Simulation and Evaluation of Urban Bus Networks". *Agents in Traffic and Transportation (ATT06)*, S. 50–56.

[Meignan et al., 2007] Meignan, D.; Simonin, O. und Koukam, A. (2007). "Simulation and evaluation of urban bus-networks using a multiagent approach". *Simulation Modelling Practice and Theory*, 15(6), S. 659–671.

[Meister et al., 2008] Meister, K.; Rieser, M.; Ciari, F.; Horni, A.; Balmer, M. und Axhausen, K. (2008). "Anwendung eines agentenbasierten Modells der Verkehrsnachfrage auf die Schweiz". *Heureka '08*.

[Miller und Horowitz, 2007] Miller, J. und Horowitz, E. (2007). "Freesim – a free real-time freeway traffic simulator". *Intelligent Transportation Systems Conference ITSC 2007 IEEE*, S. 18–23.

[Minderhoud und Bovy, 2001] Minderhoud, M. M. und Bovy, P. H. L. (2001). "Extended time-to-collision measures for road traffic safety assessment". *Accident Analysis & Prevention*, 33(1), S. 89 – 97.

[Minnesota Department of Transportation, 2008] Minnesota Department of Transportation (2008). *Advanced CORSIM Training Manual*. SEH No. A-MNDOT0318.00.

[Moussa, 2003] Moussa, N. (2003). "Car accidents in cellular automata models for one-lane traffic flow". *Phys. Rev. E*, 68(3), S. 036127.

[Nagatani, 1996] Nagatani, T. (1996). "Effect of car acceleration on traffic flow in 1D stochastic CA model". *Physica A: Statistical and Theoretical Physics*, 223(1-2), S. 137 – 148.

[Nagel, 1996] Nagel, K. (1996). "Particle hopping models and traffic flow theory". *Phys. Rev. E*, 53(5), S. 4655–4672.

[Nagel, 2001] Nagel, K. (2001). "Multi-modal traffic in TRANSIMS". In *in: Schreckenberg, M.; Sharma, S.D. (eds.), Pedestrian and Evacuation Dynamics*, S. 161–172. Springer.

[Nagel et al., 1999] Nagel, K.; Beckman, R. J. und Barrett, C. L. (1999). "TRANSIMS for urban planning". Los Alamos Unclassified Report LA-UR 98-4389.

[Nagel et al., 2001] Nagel, K.; Frye, R.; Jakob, R.; Rickert, M. und Stretz, P. (2001). "Dynamic traffic assignment on parallel computers". In *IN: FUTURE GENERATION COMPUTER SYSTEMS*, S. 637–648.

[Nagel und Rickert, 2001] Nagel, K. und Rickert, M. (2001). "Parallel implementation of the TRANSIMS micro-simulation". *CoRR*, cs.CE/0105004.

[Nagel und Schreckenberg, 1992] Nagel, K. und Schreckenberg, M. (1992). "A cellular automaton model for freeway traffic". In *Journal de Physique I*, 2(12) Auflage, S. 2221–2229. ISSN 1155-4304.

[Nagel et al., 1998] Nagel, K.; Wolf, D. E.; Wagner, P. und Simon, P. (1998). "Two-lane traffic rules for cellular automata: A systematic approach". *Physical Review E*, 58(2), S. 1425–1437.

[Narasimhan, 2007] Narasimhan, S. (2007). *Simulation and Optimized Scheduling of Pedestrian Traffic*. Dissertation, IPVS, Universität Stuttgart.

[Narzt et al., 2010] Narzt, W.; Wilflingseder, U.; Pomberger, G.; Kolb, D. und Hörtner, H. (2010). "Self-organising congestion evasion strategies using ant-based pheromones". *Intelligent Transport Systems, IET*, 4(1), S. 93–102.

[Neis et al., 2011] Neis, P.; Zielstra, D. und Zipf, A. (2011). "The Street Network Evolution of Crowdsourced Maps: OpenStreetMap in Germany 2007–2011". *Future Internet*, 4(1), S. 1–21.

[Neis und Zipf, 2008] Neis, P. und Zipf, A. (2008). "Zur Kopplung von OpenSource, OpenLS und OpenStreetMaps in OpenRouteService.org". In Blaschke, T.; Griesebner, G. und Strobl, J., Herausgeber, *Angewandte Geoinformatik 2008 Beiträge zum 20. AGIT-Symposium Salzburg, Austria*, S. 158–163, Salzburg. Wichmann Verlag, Heidelberg.

[Neumann und Wagner, 2008] Neumann, T. und Wagner, P. (2008). "Delay times in a cellular traffic flow model for road sections with periodic outflow". *The European Physical Journal B - Condensed Matter and Complex Systems*, 63, S. 255–264. 10.1140/epjb/e2008-00234-6.

[Ni, 2006] Ni, D. (2006). "A framework for new generation transportation simulation". In *Proceedings of the 38th conference on Winter simulation*, WSC '06, S. 1508–1514. Winter Simulation Conference.

[Niittymaki und Turunen, 1999] Niittymaki, J. und Turunen, E. (1999). "Many-Valued Similarity Modelling Traffic Signal Control". In *In: Mayor G, Suner J (Eds) Proceedings of the EUSFLAT-ESTYLF Joint Conference. Universitat de les Illes Balears, European Society of Fuzzy Logic and Technology*, S. 22–25.

[Niittymäki und Korkeakoulu, 2002] Niittymäki, J. und Korkeakoulu, T. (2002). *Fuzzy Traffic Signal Control –Principles and Experiences. In: Grahne G. (Ed.* Dissertation, Helsinki University of Technology Transportation Engineering.

[O'Flaherty und Parkinson, 1972] O'Flaherty, C. A. und Parkinson, M. H. (1972). "Movement on a City Centre Footway". *Traffic Engineering and Control*, 2, S. 434–438.

[Older, 1968] Older, S. J. (1968). "Movement of pedestrians on footways in shopping streets". *Traffic Engineering and Control*, 10, S. 160–163.

[Oreskes, 2004] Oreskes, N. (2004). "The Scientific Consensus on Climate Change". In *Science*, 306. Auflage.

[Ottomanelli et al., 2009] Ottomanelli, M.; Caggiani, L.; Giuseppe, I. und Sassanelli, D. (2009). "An Adaptive Neuro-Fuzzy Inference System for simulation of pedestrians behaviour at unsignalized roadway crossings". *14th Online World Conference on Soft Computing in Industrial Application*, 14.

[Ottomanelli et al., 2008] Ottomanelli, M.; Iannucci, G. und Sassanelli, D. (2008). *Studies in Computational Intelligence*, Kapitel 1: A discrete events based system for modelling pedestrian-vehicle interactions at pedestrian crossing. Adamski, Marian Andrzej, Springer. ISBN: 1860-949X.

[Owen et al., 2000] Owen, L. E.; Zhang, Y.; Rao, L. und McHale, G. (2000). "Traffic Flow Simulation Using Corsim". In Joines, J. A.; Barton, R. R.; Kang, K. und Fishwick, P. A., Herausgeber, *Proceedings of the 2000 Winter Simulation Conference*.

[Paksarsawan et al., 1992] Paksarsawan, S.; Montgomery, F. und Clark, S. (1992). "How TRAF-NETSIM Works". Technical report, Institute of Transport Studies, University of Leeds, Leeds, UK. Working Paper 380, ISSN 0142-8942.

[Peeters und Blokland, 2007] Peeters, B. und Blokland, G. v. (2007). "The Noise Emission Model For European Road Traffic". Deliverable 11 of the IMAGINE project.

[Pei et al., 2001] Pei, J.; Han, J.; Mortazavi-Asl, B. und Pinto, H. (2001). "PrefixSpan: Mining Sequential Patterns Efficiently by Prefix-Projected Pattern Growth". In *Proceedings of the 17th International Conference on Data Engineering*, ICDE '01, S. 215–224, Washington, DC, USA. IEEE Computer Society.

[Pelkmans et al., 2005] Pelkmans, L.; Verhaeven, E.; Spleesters, G.; Kumra, S. und Schaerf, A. (2005). "Simulations of fuel consumption and emissions in typical traffic circumstances". *SAE Technical Paper*.

[Pipes, 1953] Pipes, L. A. (1953). "An Operational Analysis of Traffic Dynamics". *Journal of Applied Physics*, 24, S. 274.

[Pipes, 1967] Pipes, L. A. (1967). "Car following models and the fundamental diagram of road traffic". *Transportation Research*, 1(1), S. 21 – 29.

[Plate et al., 2001] Plate, E.; Steinberg, G.; Haase, M. und Brunsing, J. (2001). "Chancen des Rad- und Fußverkehrs als Beitrag zur Umweltentlastung". Ein Leitfaden für die kommunale Praxis in kleinen und mittleren Kommunen 32, Bundesministeriums für Umwelt, Naturschutz und Reaktorsicherheit. Förderkennzeichen: 298 96 112.

[Prassas, 2003] Prassas, E. S. (2003). *Kutz, Myer (Herausgeber) Handbook of Transportation Engineering*, Kapitel 4: Software Systems and Simulation for Transportation Applications, S. 93–116. McGraw-Hill Professional Publishing. ISBN 978-0-07150-095-1.

[Prevedouros et al., 1997] Prevedouros, P. D.; D, P. und Wang, Y. (1997). "Simulation of a Large Freeway/Arterial Network with CORSIM, INTEGRATION and WATSim". In *Transportation Research Record: Journal of the Transportation Research Board*, 1678 / 1999 Auflage, S. 197–202. ISSN 0361-1981.

[PTV AG, 2005] PTV AG (2005). "VISSIM 4.10 User Manual". Technical report, PTV Planung Transport Verkehr AG.

[PTV AG, 2009] PTV AG (2009). "Neue Funktionalität in VISSIM 5.20". Technical report, PTV Planung Transport Verkehr AG.

[Quinlan, 1993] Quinlan, J. R. (1993). *C4.5 - Programs for Machine Learning*. Morgan Kaufmann Publishers, Inc.

[R Development Core Team, 2011] R Development Core Team (2011). *R: A Language and Environment for Statistical Computing*. R Foundation for Statistical Computing, Vienna, Austria. ISBN 3-900051-07-0.

[Ragland et al., 2006] Ragland, D. R.; Arroyo, S.; Shladover, S. E.; Misener, J. A. und Chan, C.-Y. (2006). "Gap acceptance for vehicles turning left across on-coming traffic: Implications for Intersection Decision Support design". Technical report, UC Berkeley: Safe Transportation Research & Education Center.

[Rajbhandari et al., 2003] Rajbhandari, R.; Chien, S. I. und Daniel, J. R. (2003). "Estimation of Bus Dwell Times with Automatic Passenger Counter Information". *Transportation Research Record: Journal of the Transportation Research Board*, 1841, S. 120–127. ISSN: 0361-1981.

[Rakha und Ahn, 2004] Rakha, H. und Ahn, K. (2004). "Integration Modeling Framework for Estimating Mobile Source Emissions". *Journal of Transportation Engineering*, 130(2), S. 183–193.

[Rakha und Crowther, 2002] Rakha, H. und Crowther, B. (2002). "A Comparison of the Greenshields, Pipes, and Van Aerde Car-Following and Traffic Stream Models". *Transportation Research Record, Traffic Flow Theory and Highway Capacity*, 1802.

[Rakha und Crowther, 2003] Rakha, H. und Crowther, B. (2003). "Comparison and calibration of FRESIM and INTEGRATION steady-state car-following behavior". *Transportation Research Part A: Policy and Practice*, 37(1), S. 1 – 27.

[Rakha et al., 1996] Rakha, H.; Hellinga, B.; Van Aerde, M. und Perez, W. (1996). "Systematic Verification, Validation and Calibration of Traffic Simulation Models". *Transportation Research Board Annual Meeting*, 75.

[Rakha et al., 2000] Rakha, H.; Van Aerde, M.; Ahn, K. und Trani, A. A. (2000). "Requirements for Evaluating Traffic Signal Control Impacts on Energy and Emissions based on Instantaneous Speed and Acceleration Measurements". *Transportation Research Board 79th Annual Meeting*, 79.

[Rakha et al., 1998] Rakha, H.; Van Aerde, M.; Bloomberg, L. und Huang, X. (1998). "Construction and calibration of large scale microsimulation model of the salt lake area". *Transportation Research Record*, 1644, S. 93–102.

[Rakha und Zhang, 2003] Rakha, H. und Zhang, Y. (2003). "The INTEGRATION 2.30 Framework for Modeling Lane-Changing Behavior in Weaving Sections". *83rd Transportation Research Board Meeting*, 83.

[Rakha und Van Aerde, 1996] Rakha, H. A. und Van Aerde, M. W. (1996). "A Comparison of the Simulation Modules of the TRANSYT and INTEGRATION Models". In *Transportation Research Record*, 1566 Auflage, S. 1–7, Washington, DC 20001 USA. Transportation Research Board. ISSN: 0361-1981.

[Raney et al., 2002a] Raney, B.; Cetin, N.; Völlmy, A.; Vrtic, M.; Axhausen, K. und Nagel, K. (2002a). "Truly Agent-Based Strategy Selection for Transportation Simulations". *Proceedings of the 82th Annual Meeting of the Transportation Research Board*, 82.

[Raney et al., 2003] Raney, B.; Cetin, N.; Vollmy, A.; Vrtic, M.; Axhausen, K. und Nagel, K. (2003). "An agent-based microsimulation model of Swiss travel: First results". *Networks and Spatial Economics*, 3, S. 23–41.

[Raney und Nagel, 2002] Raney, B. und Nagel, K. (2002). "Iterative Route Planning for Modular Transportation Simulation". In *in Proceedings of the Swiss Transport Research Conference, Monte Verita*.

[Raney et al., 2002b] Raney, B.; Voellmy, A.; Cetin, N.; Vrtic, M. und Nagel, K. (2002b). *Towards a Microscopic Traffic Simulation of All of Switzerland*, S. 371–380. P.M.A. Sloot et al. (Herausgeber), Computational Science – ICCS 2002 Part I, Lecture Notes in Computer Science 2329, Springer Heidelberg.

[Reuschel, 1950a] Reuschel, A. (1950a). "Fahrzeugbewegungen in der Kolonne". *Oesterreich. Ing. Archiv.*, 4, S. 193.

[Reuschel, 1950b] Reuschel, A. (1950b). "Fahrzeugbewegungen in der Kolonne bei gleichförmig beschleunigtem oder verzögertem Leitfahrzeug". *Zeitschrift des Österreichischen Ingenieur- und Architektur Vereines*, 95, S. 59–73.

[Ricci, 2005] Ricci, V. (2005). "Fitting Distributions with R". Release 0.4-21, http://cran.r-project.org/doc/contrib/Ricci-distributions-en.pdf, abgerufen am 13.04.2012.

[Richards, 1956] Richards, P. I. (1956). "Shock Waves on the Highway". *Operations Research*, 4(1), S. 42–51.

[Rickert und Wagner, 1996] Rickert, M. und Wagner, P. (1996). "Parallel Real-time Implementation of Large-scale, Route-plan-driven Traffic Simulation". *International Journal of Modern Physics C*, 7(308), S. 133–153.

[Rickert et al., 1996] Rickert, M.; Wagner, P. und Gawron, C. (1996). "Real-Time Traffic Simulation of the German Autobahn Network". In *Proceedings by World Scientific Publishing Singapore*.

[Rieck et al., 2010] Rieck, D.; Schünemann, B.; Radusch, I. und Meinel, C. (2010). "Efficient Traffic Simulator Coupling in a Distributed V2X Simulation Environment". In *3rd International Conference on Simulation Tools and Techniques, SIMUTools '10, Malaga, Spain - March 16 - 18, 2010*. ISBN 78-963-9799-87-5.

[Rieser, 2010] Rieser, M. (2010). *Adding Transit to an Agent-Based Transportation Simulation Concepts and Implementation*. Dissertation, Technische Universität Berlin.

[Robertson, 1983] Robertson, D. I. (1983). "Esso Energy Award Lecture, 1982: Coordinating Traffic Signals to Reduce Fuel Consumption". *Proceedings of the Royal Society of London. Series A, Mathematical and Physical Sciences*, 387(1792), S. 1–19.

[Rose, 2003] Rose, M. (2003). *Modellbildung und Simulation von Autobahnverkehr*. Dissertation, Universität Hannover.

[Ross, 1997] Ross, M. (1997). "Fuel Efficiency and the Physics of Automobiles". *Contemporary Physics*, 38(6), S. 381–394.

[Ross, 2006] Ross, S. M. (2006). *Simulation*. Elsevier Academic Press. Singer, Tom (Herausgeber), London, UK, 4 Auflage. ISBN: 978-0-12-598063-0.

[Rouphail et al., 2000] Rouphail, N. M.; Park, B. B. und Sacks, J. (2000). "Direct Signal Timing Optimization: Strategy Development and Results". Technical report, In XI Pan American Conference in Traffic and Transportation Engineering.

[Russell und Norvig, 2004] Russell, S. und Norvig, P. (2004). *Künstliche Intelligenz. Ein moderner Ansatz*, 2 Auflage. Pearson Studium. ISBN 978-3-8273-7089-1.

[Sacks et al., 2000] Sacks, J.; Rouphail, N. M.; Park, B. B. und Thakuriah, P. (2000). "Statistically-Based Validation of Computer Simulation Models in Traffic Operations and Management". *Journal Transportation and Statistics*, 5(1).

[Sanders, 2007] Sanders, L. (2007). *Agent-based Modelling and Simulation in the Social and Human Sciences, Phan, Denis and Amblard, Frédéric (Herausgeber)*, Kapitel 7: Agent Models in Urban Geography, S. 147–168. The Bardwell Press. ISBN: 978-1-905622-01-6.

[Sanders und Schultes, 2005] Sanders, P. und Schultes, D. (2005). "Highway Hierarchies Hasten Exact Shortest Path Queries.". In Brodal, G. S. und Leonardi, S., Herausgeber, *Algorithms - ESA 2005, 13th Annual European Symposium, Palma de Mallorca, Spain, October 3-6, 2005, Proceedings.*, 3669 Auflage von *Lecture Notes in Computer Science*, S. 568–579. Springer. ISBN 3-540-29118-0.

[Sanders und Schultes, 2006] Sanders, P. und Schultes, D. (2006). "Engineering highway hierarchies". In *Proceedings of the 14th conference* on *Annual European Symposium - Volume 14*, ESA'06, S. 804–816, London, UK, UK. Springer-Verlag.

[Satava, 2001] Satava, M.D., R. M. (2001). "Surgical Education and Surgical Simulation". *World Journal of Surgery*, 25, S. 1484–1489. 10.1007/s00268-001-0134-0.

[Schmidt und Schäfer, 1998] Schmidt, M. und Schäfer, R.-P. (1998). "An integrated simulation system for traffic induced air pollution". *Environmental Modelling & Software*, 13(3-4), S. 295 – 303.

[Schnabel und Lohse, 2011] Schnabel, W. und Lohse, D. (2011). *Grundlagen der Straßenverkehrstechnik und der Verkehrsplanung - Band 2 Verkehrsplanung*, dritte Auflage. Beutz Verlag Gmbh Berlin Wien Zürich. ISBN 978-3-410-17272-7.

[Schönauer und Schrom-Feiertag, 2010] Schönauer, R. und Schrom-Feiertag, H. (2010). "Mikrosimulation von Mischverkehr – Konzept MiMiSim und Ausblick auf MixME". In SCHRENK, M.; POPOVICH, V. V. und ZEILE, P., Herausgeber, *REAL CORP 2010 Proceedings*, S. 1157–1161.

[Schnieder und Becker, 2007] Schnieder, E. H. und Becker, U. (2007). *Verkehrsleittechnik : Automatisierung des Straßen- und Schienenverkehrs*. Springer-Verlag Berlin Heidelberg. ISBN 978-3-540-48541-4.

[Schramm et al., 2010] Schramm, D.; Hiller, M. und Bardini, R. (2010). *Modellbildung und Simulation der Dynamik von Kraftfahrzeugen*. Springer-Verlag Berlin Heidelberg. ISBN 978-3-540-89315-8.

[Schüle et al., 2004] Schüle, M.; Herrler, R. und Klügl, F. (2004). "Coupling GIS and Multi-agent Simulation - Towards Infrastructure for Realistic Simulation". In *Multiagent System Technologies, Second German Conference, MATES 2004, Erfurt, Germany, September 29-30, 2004, Proceedings*, S. 228–242.

[Seyfried et al., 2005] Seyfried, A.; Steffen, B.; Klingsch, W. und Boltes, M. (2005). "The fundamental diagram of pedestrian movement revisited". *Journal of Statistical Mechanics: Theory and Experiment*, 10.

[Sharkin, 2004] Sharkin, B. S. (2004). "Road Rage: Risk Factors, Assessment, and Intervention Strategies". *Journal of Counseling and Development*, 82, S. 191–199.

[Silverman et al., 2012] Silverman, D. T.; Samanic, C. M.; Lubin, J. H.; Blair, A. E.; Stewart, P. A.; Vermeulen, R.; Coble, J. B.; Rothman, N.; Schleiff, P. L.; Travis, W. D.; Ziegler, R. G.; Wacholder, S. und Attfield, M. D. (2012). "The Diesel Exhaust in Miners Study: A Nested

Case–Control Study of Lung Cancer and Diesel Exhaust". *Journal of the National Cancer Institute*.

[Singh et al., 1990] Singh, M. P.; Goyal, P.; Basu, S.; Agarwal, P.; Nigam, S.; Kumari, M. und Panwar, T. S. (1990). "Predicted and Measured Concentrations of Traffic Carbon Monoxide over Delhi". *Atmospheric Environment*, 24A, 4, S. 801–810.

[Sjostedt, 1967] Sjostedt, L. (1967). "Behaviour of Pedestrians at Pedestrian Crossings". *Stockholm: National Swedish Road Research Institute*.

[Speirs und Braidwood, 2004] Speirs, E. und Braidwood, R. (2004). "Quadstone Paramics V5.0 Technical Notes". Technical report, Quadstone Paramics Ltd.

[Stallard und Owen, 1998] Stallard, C. und Owen, L. E. (1998). "Evaluating adaptive signal control using CORSIM". In *Proceedings of the 30th conference on Winter simulation*, WSC '98, S. 1147–1154, Los Alamitos, CA, USA. IEEE Computer Society Press.

[Stanton und Wanless, 1995] Stanton, R. J. C. und Wanless, G. K. (1995). "Pedestrian movement". *Safety Science*, 18(4), S. 291 – 300. Engineering for Crowd Safety.

[Steierwald et al., 2005] Steierwald, G.; Kiinne, H. D. und Vogt, W. (2005). *Stadtverkehrsplanung. Grundlagen, Methoden, Ziele*. Springer-Verlag Berlin Heidelberg, 2., neu bearbeitete und erweiterte auflage Auflage. ISBN: 3-540-40588-7.

[Steland, 2010] Steland, A. (2010). *Basiswissen Statistik*. Springer-Verlag Berlin Heidelberg. ISBN: 978-3-642-02666-9.

[Sterling et al., 1995] Sterling, T.; Becker, D. J.; Savarese, D.; Dorband, J. E.; Ranawake, U. A. und Packer, C. V. (1995). "Beowulf: A Parallel Workstation For Scientific Computation". In *In Proceedings of the 24th International Conference on Parallel Processing*, S. 11–14. CRC Press.

[Stevanovic, 2010] Stevanovic, A. (2010). *Adaptive Traffic Control Systems: Domestic and Foreign State of Practice (NCHRP Synthesis 403, Transportation Research Board)*. National Academy of Sciences, Washington D.C.

[Stevanovic et al., 2008] Stevanovic, J.; Stevanovic, A.; Martin, P. T. und Bauer, T. (2008). "Stochastic optimization of traffic control and transit priority settings in VISSIM". *Transportation Research Part C: Emerging Technologies*, 16(3), S. 332 – 349. Emerging Commercial Technologies.

[Sturges, 1926] Sturges, H. A. (1926). "The Choice of a Class Interval". *Journal of the American Statistical Association*, 21(153), S. 65–66.

[Sugiyama et al., 2008] Sugiyama, Y.; Fukui, M.; Kikuchi, M.; Hasebe, K.; Nakayama, A.; Nishinari, K.; Tadaki, S. und Yukawa, S. (2008). "Traffic jams without bottlenecks - experimental evidence for the physical mechanism of the formation of a jam". *New Journal of Physics*, 10(3).

[Suhl und Mellouli, 2007] Suhl, L. und Mellouli, T. (2007). *Optimierungssysteme: Modelle, Verfahren, Software, Anwendungen (Springer-Lehrbuch)*. Springer-Verlag New York, Inc., Secaucus, NJ, USA. ISBN: 978-3-540-26119-3.

[Sydow et al., 1997] Sydow, A.; Lux, T.; Mieth, P. und Schäfer, R.-P. (1997). "Simulation of traffic-induced air pollution for mesoscale applications". *Math. Comput. Simul.*, 43(3-6), S. 285–290.

[Sykes und Gabruk, 1997] Sykes, R. I. und Gabruk, R. S. (1997). "A second-order closure model for the effect of averaging time on turbulent plume dispersion". *Journal of Applied Meteorology*, 36, S. 165–184.

[Sykes et al., 1984] Sykes, R. I.; Lewellen, W. S. und Parker, S. F. (1984). "A turbulent transport model for concentration fluctuation and fluxes". *J. Fluid Mech.*, 139, S. 193–218.

[Takayasu und Takayasu, 1993] Takayasu, M. und Takayasu, H. (1993). "$1/f$ noise in a traffic model". *Fractals*, 1(4), S. 860–866.

[Tanaboriboon und Guyano, 1991] Tanaboriboon, Y. und Guyano, J. A. (1991). "Analysis of pedestrian movements in Bangkok". *Transportation Research Record: Journal of the Transportation Research Board*, 1294, S. 52–56.

[Tanaboriboon et al., 1986] Tanaboriboon, Y.; Hwa, S. S. und Chor, C. H. (1986). "Pedestrian characteristics study in Singapore". *Journal of Transportation Engineering*, 112, S. 229–235.

[Tasca, 2000] Tasca, L. (2000). "A Review of the Literature on Aggressive Driving Research". *Aggressive Driving Issues Conference*.

[Taubert, 2012] Taubert, C. (2012). "Entwicklung eines Treibstoffverbrauchsmodells zur mikroskopischen Verkehrssimulation". Masterarbeit, Goethe Universität Frankfurt am Main.

[Tavares et al., 2009a] Tavares, L. D.; Vieira, D. A.; Saldanha, R. R. und Caminhas, W. M. (2009a). "Detecting Car Accidents based on Traffic Flow Measurements using Machine Learning Techniques". In *Anais do*

IX Congresso Brasileiro de Redes Neurais / Inteligencia Computacional (IX CBRN).

[Tavares et al., 2009b] Tavares, L. D.; Vieira, D. A.; Saldanha, R. R. und Caminhas, W. M. (2009b). "Simulating car accidents with Cellular Automata traffic flow model". In de Oliveira, P. P. und Kari, J., Herausgeber, *AUTOMATA 2009, 15th International Workshop on Cellular Automata and Discrete Complex Systems*, S. 272–281. ISBN: 978-1-905986-21-7.

[Timm, 2004] Timm, I. J. (2004). *Dynamisches Konfliktmanagement als Verhaltenssteuerung intelligenter Agenten*. Dissertation, University of Bremen. ISBN: 3-89838-283-4.

[Toledo et al., 2003] Toledo, T.; Koutsopoulos, H. N.; Davol, A.; Ben-Akiva, M. E.; Burghout, W.; Andréasson, I.; Johansson, T. und Lundin, C. (2003). "Calibration and Validation of Microscopic Traffic Simulation Tools: Stockholm Case Study". *Journal of the Transportation Research Board*, 1831, S. 65–75. ISSN 0361-1981.

[Treiber, 2011] Treiber, M. (2011). "Der simulierte Stau". *Spektrum der Wissenschaft, Verlagsgruppe Georg von Holtzbrinck*, 9, S. 82 – 85. ISSN 0170-2971.

[Treiber und Helbing, 1999] Treiber, M. und Helbing, D. (1999). "Explanation of Observed Features of Self-Organization in Traffic Flow". *preprint cond-mat/9901239*.

[Treiber und Helbing, 2002] Treiber, M. und Helbing, D. (2002). "Realistische Mikrosimulation von Straßenverkehr mit einem einfachen Modell". *16. Symposium Simulationstechnik (ASIM 2002), Rostock, Germany*.

[Treiber et al., 1999] Treiber, M.; Hennecke, A. und Helbing, D. (1999). "Derivation, properties, and simulation of a gas-kinetic-based, nonlocal traffic model". *Phys. Rev. E*, 59(1), S. 239–253.

[Treiber et al., 2000] Treiber, M.; Hennecke, A. und Helbing, D. (2000). "Congested Traffic States in Empirical Observations and Microscopic Simulations". *PHYSICAL REVIEW E*, 62, S. 1805.

[Treiber und Kesting, 2010] Treiber, M. und Kesting, A. (2010). *Verkehrsdynamik und -simulation*. Springer-Verlag Berlin Heidelberg. ISBN 978-3-642-05228-6.

[Treiber et al., 2005] Treiber, M.; Kesting, A. und Helbing, D. (2005). *Für eine neue deutsche Verkehrspolitik: Mobilität braucht Kommunikation, Stopka, Ulrike and Pällmann, Wilhelm (Herausgeber)*, Kapitel : Verkehr verstehen und beherrschen. Deutscher Verkehrs-Verlag, Internationales Verkehrswesen Auflage. ISBN 978-3-87154-335-7.

[Treiber et al., 2006] Treiber, M.; Kesting, A. und Helbing, D. (2006). "Delays, inaccuracies and anticipation in microscopic traffic models". *Physica A: Statistical Mechanics and its Applications*, 360(1), S. 71 – 88.

[Treiterer, 1975] Treiterer, J. (1975). "Investigation of Traffic Dynamics by Aerial Photogrammetry Techniques". Technical Report Ohio-Dot-09-75, Ohio State University, Engineering Experiment Station 2070 Neil Avenue Columbus, Ohio 43210. Final Report.

[Tupper et al., 2010] Tupper, S.; Knodler, M. A. und Hurwitz, D. S. (2010). "Revisiting Gap Acceptance". ITE 2010 Annual Meeting and Exhibit Presentations.

[Usher et al., 2010] Usher, J. M.; Liu, X. und Kolstad, E. (2010). "Simulation of Pedestrian Behavior in Intermodal Facilities". *Proceedings of SpringSim2010*, 2, S. 127–134. ISBN: 1-56555-342-X.

[Van Aerde und Associates, 2010a] Van Aerde, M. und Associates (2010a). *INTEGRATION© RELEASE 2.30 FOR WINDOWS: User's Guide – Volume I: Fundamental Model Features*. M. Van Aerde & Assoc., Ltd.

[Van Aerde und Associates, 2010b] Van Aerde, M. und Associates (2010b). *INTEGRATION© RELEASE 2.30 FOR WINDOWS: User's Guide- Volume II: Advanced Model Features*. M. Van Aerde & Assoc., Ltd.

[Van Aerde et al., 1996] Van Aerde, M.; Hellinga, B.; Baker, M. und Rakha, H. (1996). "INTEGRATION: An Overview of Simulation Features". *Transportation Research Board Annual Meeting*.

[Van Aerde und Rakha, 1995] Van Aerde, M. und Rakha, H. (1995). "Multivariate calibration of single regime speed-flow-density relationships". *Proceedings of 6th International Vehicle Navigation Information Systems Conference, IEEE*, 6.

[Varschen und Wagner, 2006] Varschen, C. und Wagner, P. (2006). "Mikroskopische Modellierung der Personenverkehrsnachfrage auf Basis von Zeitverwendungstagebüchern". *Tagungsband AMUS*, 81, S. 63–69.

[Vasić und Ruskin, 2011a] Vasić, J. und Ruskin, H. (2011a). "A Discrete Flow Simulation Model for Urban Road Networks, with Application to Combined Car and Single-File Bicycle Traffic". In Murgante, B.; Gervasi, O.; Iglesias, A.; Taniar, D. und Apduhan, B., Herausgeber, *Computational Science and Its Applications - ICCSA 2011*, 6782 Auflage von *Lecture Notes in Computer Science*, S. 602–614. Springer Berlin / Heidelberg. ISBN: 978-3-642-21928-3.

[Vasić und Ruskin, 2011b] Vasić, J. und Ruskin, H. (2011b). "Throughput and Delay in a Discrete Simulation Model for Traffic Including Bicycles on Urban Networks". *Proceedings of the ITRN2011*.

[Vasić und Ruskin, 2012] Vasić, J. und Ruskin, H. (2012). *Urban Development*, Kapitel 5: A CA-Based Model for City Traffic Including Bicycles, S. 79–92. Polyzos, Serafeim (Herausgeber) InTech. ISBN: 978-953-51-0442-1.

[Venables und Ripley, 2002] Venables, W. N. und Ripley, B. D. (2002). *Modern Applied Statistics with S*. Springer, New York, 4. Auflage.

[Virkler, 1998] Virkler, M. R. (1998). "Prediction and Measurement of Travel Time along Pedestrian Routes". *Transportation Research Record No. 1636, Bicycle and Pedestrian Research*, 1636, S. 37–42. ISSN: 0361-1981.

[Voellmy et al., 2001] Voellmy, A.; Vrtic, M.; Raney, B.; Axhausen, K. und Nagel, K. (2001). "Status of a TRANSIMS implementation for Switzerland".

[Wagner et al., 2011] Wagner, M.; Zöbel, D. und Meroth, A. (2011). "An adaptive Software and Systems Architecture for Driver Assistance Systems based on service orientation". *International Journal of Machine Learning and Computing*, 1(4), S. 359–366.

[Wagner, 1995] Wagner, P. (1995). "Traffic Simulations Using Cellular Automata: Comparison With Reality". In *Traffic and Granular Flow*. World Scientific.

[Wagner et al., 1996] Wagner, P.; Nagel, K. und Wolf, D. E. (1996). "Realistic Multi-Lane Traffic Rules for Cellular Automata". *PHYSICA A*, 234, S. 96–2586.

[Wahle et al., 2002] Wahle, J.; Chrobok, R.; Pottmeier, A. und Schreckenberg, M. (2002). "A Microscopic Simulator for Freeway Traffic". *Networks and Spatial Economics*, 2, S. 371–386. 10.1023/A:1020899528337.

[Walker, 2007] Walker, I. (2007). "Drivers overtaking bicyclists: Objective data on the effects of riding position, helmet use, vehicle type and apparent gender". *Accident Analysis & Prevention*, 39(2), S. 417 – 425.

[Wallentowitz, 2003] Wallentowitz, H. (2003). *Längsdynamik von Kraftfahrzeugen: Verkehrssystem Kraftfahrzeug, Leistungs- und Energiebedarf,*

Antriebsstrang, Fahrzeugdynamik. Vorlesungsumdruck Fahrzeugtechnik, zweite Auflage von *IKA-Schriftenreihe Automobiltechnik*. Forschungsgesellschaft Kraftfahrwesen. (Zitiert nach [Heißing et al., 2011, S. 44]).

[Wang et al., 1998] Wang, B.-H.; Kwong, Y.-R. und Hui, P.-M. (1998). "Statistical mechanical approach to Fukui-Ishibashi traffic flow models". *Phys. Rev. E*, 57(3), S. 2568–2573.

[Wang und Liu, 2005] Wang, R. und Liu, M. (2005). "A Realistic Cellular Automata Model to Simulate Traffic Flow at Urban Roundabouts". In Sunderam, V. S.; Albada, G. D. v.; Sloot, P. M. A. und Dongarra, J. J., Herausgeber, *Computational Science – ICCS 2005*, 3515 Auflage von *Lecture Notes in Computer Science*, S. 420–427. Springer Berlin / Heidelberg. 10.1007/11428848_56.

[Wang und Ruskin, 2006] Wang, R. und Ruskin, H. J. (2006). "Modelling Traffic Flow at Multi-Lane Urban Roundabouts". *International Journal of Modern Physics C*, 17(5), S. 693–710.

[Wang et al., 1997] Wang, Y.; Prevedouros, P. D. und D, P. (1997). "Comparison of INTEGRATION, TSIS/CORSIM and WATSim in Replicating Volumes and Speeds on Three Small Networks". *1998 Annual Meeting of the Transportation Research Board*.

[Wardrop, 1952] Wardrop, J. (1952). "Some theoretical aspects of road traffic research". *Proceedings of the Institution of Civil Engineers, Part II*, 1(36), S. 325–362.

[Watt, 2000] Watt, A. (2000). *3D Computer Graphics*, 3 Auflage. Addison-Wesley. ISBN 0-201-39855-9.

[WBGU, 2003] WBGU (2003). *Welt im Wandel - Energiewende zur Nachhaltigkeit, Hauptgutachten 2003*. Springer-Verlag, Berlin-Heidelberg. Wissenschaftlicher Beirat der Bundesregierung Globale Umweltveränderungen, ISBN 3-540-40160-1.

[Wegener et al., 2008] Wegener, A.; Piórkowski, M.; Raya, M.; Hellbrück, H.; Fischer, S. und Hubaux, J.-P. (2008). "TraCI: an interface for coupling road traffic and network simulators". In *Proceedings of the 11th communications and networking simulation symposium*, CNS '08, S. 155–163, New York, NY, USA. ACM.

[Weifeng et al., 2003] Weifeng, F.; Lizhong, Y. und Weicheng, F. (2003). "Simulation of bi-direction pedestrian movement using a cellular automata model". *Physica A: Statistical Mechanics and its Applications*, 321(3-4), S. 633 – 640.

[Westerdijk, 1990] Westerdijk, P. K. (1990). "Pedestrian and Pedal Cyclist Route Choice Criteria". Technical Report Working Paper 302, Institute of Transport Studies, University of Leeds.

[Wiedemann, 1974] Wiedemann, R. (1974). *Simulation des Straßenverkehrsflusses*. Institut für Verkehrswesen. Schriftenreihe. Heft 8. Institut für Verkehrswesen der Universität Karlsruhe. ISSN 0341-5503.

[Wiesenthal et al., 2000] Wiesenthal, D. L.; Hennessy, D. und Gibson, P. M. (2000). "The Driving Vengeance Questionnaire (DVQ): The Development of a Scale to Measure Deviant Drivers' Attitudes". *Violence and Victims*, 15(2), S. 115–136.

[Wilbur, 2004] Wilbur, T. (2004). "Identifying and Assessing Key Weather-Related Parameters and Their Impacts on Traffic Operations Using Simulation". Publication number: Fhwa-hrt-04-131, U.S. Department of Transportation.

[Williams et al., 1998] Williams, M. D.; Williams, M. D.; Thayer, G.; Thayer, G.; Smith, L. und Smith, L. (1998). "A Comparison of Emissions Estimated in the Transims Approach with those Estimated from Continuous Speeds and Accelerations".

[Willis et al., 2004] Willis, A.; Gjersoe, N.; Havard, C.; Kerridge, J. und Kukla, R. (2004). "Human movement behaviour in urban spaces: Implications for the design and modelling of effective pedestrian environments.". *Environment and Planning B Planning and Design*, 31(6), S. 805–828.

[Wilson und Grayson, 1980] Wilson, D. G. und Grayson, G. B. (1980). "Age-Related Differences in the Road Crossing Behaviour of Adult Pedestrians". Technical report, Laboratory Report 933, Transport and Road Research Laboratory, Crowthorne.

[Wooldridge und Jennings, 1995] Wooldridge, M. und Jennings, N. R. (1995). "Intelligent Agents: Theory and Practice". *Knowledge Engineering Review*, 10, S. 115–152.

[Wooldridge, 2009] Wooldridge, M. J. (2009). *An Introduction to MultiAgent Systems (second edition)*. Wiley & Sons. ISBN: 978-0-47051-946-2.

[Wu, 1997] Wu, J. (1997). "A real-time origin-destination matrix updating algorithm for on-line applications". *Transportation Research Part B: Methodological*, 31(5), S. 381–396.

[Yang et al., 2009] Yang, M.; Liu, Y. und You, Z. (2009). "Investigation of Fuel Consumption and Pollution Emissions in Cellular Automata". In *Chinese Journal of Physics*, 47 (5) Auflage, S. 589–597.

[Yang und Ma, 2002] Yang, X. und Ma, Y. (2002). "Car accidents determined by stopped cars and traffic flow". *Journal of Physics A: Mathematical and General*, 35(49), S. 10539–10547.

[Yilmaz und Ören, 2009] Yilmaz, L. und Ören, T. (2009). *Agent-Directed Simulation and Systems Engineering*. Wiley, Weinheim. ISBN: 978-3-527-40781-1.

[Yuhara und Tajima, 2006] Yuhara, N. und Tajima, J. (2006). "Multi-driver agent-based traffic simulation systems for evaluating the effects of advanced driver assistance systems on road traffic accidents". *Cognition, Technology & Work*, 8, S. 283–300. 10.1007/s10111-006-0045-9.

[Zhao und Gao, 2005] Zhao, X. und Gao, Z. (2005). "A new car-following model: full velocity and acceleration difference model". *Eur. Phys. J. B*, 47(1), S. 145–150.

[Zhou et al., 2006] Zhou, M.; Korhonen, A.; Malmi, L.; Kosonen, I. und Luttinen, T. (2006). "Integration of Geographic Information System for Transportation with Real-Time Traffic Simulation System: Application Framework". In *Transportation Research Record: Journal of the Transportation Research Board*, 1972 (1) Auflage, S. 78–84.

[Zhu et al., 2009] Zhu, H.; Lei, L. und Dai, S. (2009). "Two-lane traffic simulations with a blockage induced by an accident car". *Physica A: Statistical Mechanics and its Applications*, 388(14), S. 2903 – 2910.

[Zielstra und Zipf, 2010] Zielstra, D. und Zipf, A. (2010). "A Comparative Study of Proprietary Geodata and Volunteered Geographic Information for Germany". In *13th AGILE International Conference on Geographic Information Science 2010 Guimarães, Portugal*.

[Zilske et al., 2011] Zilske, M.; Neumann, A. und Nagel, K. (2011). "OpenStreetMap for Traffic Simulation". *State of the map Europe (SOTM-EU)*.

The manufacturer's authorised representative in the EU is Springer Nature Customer Service Centre GmbH, Europaplatz 3, 69115 Heidelberg, Germany. If you have any concerns regarding our products, please contact ProductSafety@springernature.com

Printed and bound by CPI Group (UK) Ltd, Croydon, CR0 4YY

23/03/2026

02076676-0004